KB060773

나무를 읽는 법

HOW TO READ A TREE

나무를 읽는 법

나무껍질과 나뭇잎이 알려주는 자연의 신호들

트리스탄 굴리 지음 · 이충 옮김

바다출판사

나의 대자들godsons, 조이, 헥터, 제이미에게:

행복한 여행이 되기를!

목차

일러두기

– 본서는 국립국어원 한국어 어문 규범을 따랐고, 외래어의 경우 외래어 표기법을 따랐다. 단, 외래어의 경우 이미 익숙한 이름 및 명칭은 관례를 따랐다.
– 이 책에 나오는 식물 명칭은 통상적인 명칭으로 표기했다.
– 한국어 명칭이 없거나 저자가 만들어 쓰고 있는 명칭의 경우 영어 명칭을 해석하거나 필요에 따라 영어 명칭을 그대로 표기했다.
– 각주는 저자 주이며, 옮긴이 주와 감수자 주는 본문 내에 별도로 표기했다.

1부 나무를 읽는 기술

나무tree는 우리에게 많은 것을 알려주고 싶어 한다. 땅과 물, 사람, 동물, 날씨 그리고 시간에 대해 알려주며, 자신의 삶과 장단점에 대해 우리에게 이야기하려 한다. 하지만 오로지 나무를 읽는 방법을 아는 사람에게만 그 이야기를 들려준다.

나는 수년 동안 나무로부터 관찰할 수 있는 의미 있는 특징들을 수집해 왔다. 그 시작은 자연항법natural navigation*과 나무가 나침반이 될 수 있다는 사실, 예를 들면 나무는 남쪽으로 더 많이 자란다는 집착에서 비롯되었다. 그런 집착은 나무가 우리를 위한 지도를 만드는 방법에 대한 호기심으로 이어졌다. 예를 들면, 강가에서 자라는 나무와 언덕 위에서 자라는 나무는 그 종류가 서로 다르다. 그 이후 우리 눈앞에 숨어 있는 미묘한 단서와 패턴에 대한 호기심으로 발전하게 되었다.

두 나무가 똑같을 수 있을까? 그럴 수는 없다. 그 이유는 무엇일까? 각 나무의 크기, 모양, 색깔, 패턴에서 나타나는 작은 차이 하나하나에는 나름의 이유가 있기 때문이다. 어떤 한 나무를 지나칠 때마다 독특한 특징을 발견할 수 있으며, 그 나

* 자연에서 얻는 단서만으로 전 세계를 돌아다니며 자신의 길을 찾는 분야를 뜻한다.

무가 그동안 어떤 일들을 겪었는지 우리가 서 있는 그 장소가 보여주는 단서를 통해 이해할 수 있다. 나무는 그 지역의 풍경을 그대로 담고 있다.

아주 작은 디테일이 더 큰 세상을 열어준다. 나뭇잎의 가운데에 옅은 선이 있으면, 이를 보고 근처에 물이 있다는 신호라는 것을 떠올린다. 잠시 후, 강이 보인다. 버드나무를 포함해 물 근처에서 잘 자라는 나무들의 잎사귀에는 갈비뼈 모양의 뚜렷한 흰 맥rib이 있다. 마치 가운데에 시냇물이 흐르는 모습과 유사하다.

이 책의 목표는 나무를 읽는 기술에 깊이 몰입하여 생각지도 못한 곳에서 어떤 의미를 발견해 내는 방법을 배우는 것이다. 일단 한번 발견하고 나면 다시는 놓치지 않을 것이다. 또한, 더 이상 똑같은 나무로 보이지도 않을 것이다. 그 과정은 너무나도 즐겁다.

우리는 곧 나무들이 알려주는 수백 가지의 신호들을 배우게 될 것이다. 그런 신호들을 스스로 찾아보는 것이야말로 나무들이 들려주고자 하는 이야기의 일부가 되는 가장 좋은 방법이니 꼭 찾아보기 바란다. 평생 그 신호들을 읽고, 기억하고, 즐기는 데 도움이 될 것이다.

1

마법은 이름에 있지 않다

나무를 읽는 기술은 각각의 수종을 식별하는 기술에 관한 것이 아니라, 특정 모양과 패턴을 인식하고, 그 의미를 이해하는 방법을 배우는 것이다. 많은 사람이 생각하는 것과 달리 각 나무의 이름 자체가 중요한 것은 아니다.

개별 수종은 사람들을 배제하고, 우리가 특정 장소나 지역에 한정되도록 만든다. 난온대 지역south temperate zone과 냉온대 지역north temperate zone에 공통으로 서식하는 토착 수종은 없다. 아마도 유라시아와 북미에 공통으로 서식하는 향나무juniper가 유일한 듯하다. 지구상에 존재하는 수많은 수종을 한눈에 알아볼 수 있는 사람은 존재하지 않는다. 지금까지도 없었고 앞으로도 없을 것이다. 수십만 종의 나무가 있다는 사실은 말할 것도 없고, 버드나무willow 한 종을 한눈에 식별하는 방법을 배우는 데에도 한평생이 넘게 걸릴 것이다.[1] 나무가 분류학상 어떤 과family에 속하는지 알고 있으면 도움이 될 수 있지만, 개별 수종을 안다고 해서 그다지 도움이 되지는 않는다.

앞으로 여러분에게 참나무oak, 너도밤나무beech, 소나무pine, 전나무fir, 가문비나무spruce, 벚나무cherry와 같은 일반적인 계통 이름을 언급할 것이다. 이런 나무들은 도처에 널리 퍼져 있다. 대부분 사람은 이 중 몇몇 수목 이름은 알고 있을 것이고, 나머지는 쉽게 추가해 나갈 수 있을 것이다. 나무를 처음 접해서 참나무와 소나무와 같은 수종을 아직 모르는 분들을 위해 책 말미에 몇 가지 팁을 수록했다. 별도의 언급이 없다면 유럽, 북미, 아시아의 인구 밀집 지역 대부분을 포함하는 냉온대 지역을 기준으로 삼은 것이다.

각각의 사례에서 모든 종species이나 아종subspecies에 적용되는 확실한 규칙이나 절대적인 법칙이 아니라 과 내에서 광범위한 특성들을 언급할 것이다. 여러분이 어떤 예외적인 경우를 생각해 낸다면 축하할 일이지만, 그것이 일반적인 규칙을 뒷받침하는 정도의 예외적인 사항이라는 점을 알아주면 좋겠다. 그러한 예외적인 경우를 모두 다루는 책이 있다면 정말 지루한 책이 될 것이며, 책이 나오면 곧바로 펄프로 되돌려지고 말 것이다.

어떤 나무는 다른 여러 이름을 가지고 있을 수 있으며, 어떤 문화권이냐에 따라 '정확한correct' 이름이 달라질 수도 있다. 원주민들은 식물에서 특별한 의미를 찾지만, 라틴어를 잘 사용하지는 않는다. 우리가 나무를 뭐라고 부르든, 우리 눈에 보이는 것이나 그 의미 자체를 바꿀 수는 없다.

자연 신호natural sign가 글로벌 언어임을 발견하는 일은 매우 흥미롭다. 서로의 언어가 통하지 않는 지구 반대편에 사는 누군가도 자연 속의 패턴을 알아볼 수 있다는 사실이 마음에 든다. 우리 조상들은 음성으로 된 초기 언어를 사용하기 수만 년 전에도 자연 신호를 능숙하게 읽어냈을 것이다.

마법이라는 단어에는 여러 가지 의미가 있다. '유흥을 위한 속임수'라는 의미도 있고, '일반적으로는 불가능할 것 같은 일을 가능하게 만드는 특별한 능력'이라는 의미도 있다.

한 그루의 나무뿌리는 우리가 그 나무의 이름을 모른다고 하더라도 숲을 빠져나가는 길을 우리에게 알려줄 것이다.

2

나무는 지도다

스페인 남부의 시에라 데 라스 니에베스 국립공원Sierra de las Nieves National Park 내에서 가장 완만한 능선ridge을 따라 북쪽으로 향했다. 길은 없었지만, 바위와 가시금작화덤불gorse bush 그리고 엉겅퀴 사이에 꼬여 있는 먼지투성이의 줄을 붙잡았다. 8월의 태양이 내리쬐는 열기가 대지를 뜨겁게 달구고 있었다.

날카로운 바위 때문에 땅바닥을 살펴야 했고, 몇 분마다 잠시 멈춰서 올려다보며 주변의 땅을 바라보곤 했다. 이런 행동은 오래된 습관 가운데 하나이다. 우리는 험난한 길일 때는 너무 많이, 쉬운 길일 때는 너무 적게 땅바닥을 살핀다. 이동할 때, 땅을 전체적으로 파악하려면 좋은 지형일 경우 내려다보고, 나쁜 지형일 경우 올려다보는 것이 도움이 된다. 하지만 험난한 길에서 위쪽을 살펴보기 전에 잠시 멈추지 않으면 바위에 얼굴이 부딪칠 수도 있다. 험난한 길이라면 나무를 지나갈 때, 그 뿌리는 볼 수 있지만 캐노피canopy(수목학에서 줄기를 제외한 가지와 잎으로 구성된 나무의 윗부분을 '수관樹冠', 나무 위쪽에 가지와 잎이 넓게 퍼져 구름처럼 보이는 숲의 상단 부분을 '캐노피' 또는 '임관林冠'이라고 하는데, 저자는 이 둘을 구분하지 않고 캐노피로 쓰고 있다—감수자)는 놓칠 수 있다. 쉬운 길이라면 모든 나무를 볼 수 있지만, 그 뿌리들은 보지 못하고 놓칠 수 있다.

주변의 땅을 살핀 것은 의미 있는 행동이었다. 언덕 사이에 가장 완만한 내리막길에서 패턴에 전혀 맞지 않는 녹색 수풀을 발견했다. 나는 그 수풀을 향해 아래로 이동했다. 갑자기 더 많은 새소리가 들리면서 새들이 보이기 시작했고, 앞쪽에는 창백한 색깔의 나비들이 춤을 추고 있었다. 공기 냄새에도 약간의 변화가 있었다. 나는 천천히 깊은숨을 들이마셨다. 특별하지 않은 익숙한 신록과 부패의 진한 냄새가 풍겼다. 잠시 후, 여러 가닥의 밧줄처럼 서로 얽히고설킨 동물의 흔적이 보였다. 몇 분 후, 나는 웅장한 호두나무walnut 숲 아래에 서 있었다. 주변 몇 킬로미터 내에서는 유일한 호두나무 숲이었다. 근처에는 염소들을 위해 돌로 만든 물통이 있었고, 그 주변의 젖은 진흙에는 염소 발굽 자국이 뒤섞여 있었다.

호두나무 숲이 보낸 신호는 변화를 의미했다. 호두나무 숲은 나를 포함한 모든 동물을 물로 이끌었다.

나무들은 땅에 대해 말해준다. 나무들이 변했다는 것은 물, 빛, 바람, 온도, 토양, 교란disturbance, 염분, 인간 또는 동물의 활동 수준 등 다른 요소들도 변했음을 의미한다. 이러한 변화를 찾아내는 방법을 배우게 되면 나무가 만드는 지도를 보는 데 필요한 핵심 요소들을 알게 된다. 곧 그 핵심 요소들이 무엇인지 알게 되겠지만, 먼저 우리가 보게 될 두 가지의 큰 변화에 주목해 보자.

침엽수가 우위를 점하는 곳

호두나무 숲을 빠져나온 후, 시에라 데 라스 니에베스 국립공원에서 산행을 하는 동안 내가 본 큰 나무들은 모두 침엽수conifer였다. 그럴만한 이유가 있었다.

아주 오래전 별다른 일이 없다가 진화가 일어나기 시작했다. 바다에 해조류가 나타나고, 육지에는 이끼류mosses와 우산이끼류liverworts가 나타났다. 그 후 수억 년이 지나자 이끼류 위에 양치류ferns와 속새류horsetails의 잎이 자라났다.

진화는 문제를 해결하는 데 천재적인 능력을 발휘한다. 씨앗을 통해 다른 장소에서도 자손이 뿌리내릴 수 있다는 사실을 알아냈고, 그 결과 오늘날까지도 자라고 있는 대부분의 식물로 이어졌다. 그다음으로 나무처럼 줄기가 있으면 매년 지상에서 다시 싹을 틔우지 않고도 여러 계절 동안 경쟁 우위를 점할 수 있다는 사실도 발견했다. 짜잔! 그렇게 나무가 탄생했다.

초기 나무들은 겉씨식물gymnosperm에 속하며, 침엽수도 여기에 포함된다. 침엽수는 원뿔 모양으로 씨앗을 맺는다. 약 2억 년 후, 또 다른 그룹인 속씨식물angiosperm 또는 꽃식물flowering plant이 나타났으며, 대부분의 활엽수broadleaf tree가 여기에 포함된다. 활엽수는 침엽수보다 모양이 훨씬 더 다양하지만 쉽게 꽃을 피우고, 열매를 맺는 경향이 있다. 대부분의 침엽수는 상록수evergreen지만, 활엽수는 대부분 낙엽수deciduous tree로 매년 잎이 떨어졌다가 다시 자라난다.

일반적으로 나무들을 보면, 이 두 가지 주요 그룹 중 어디에 속하는지 쉽게 식별할 수 있다. 나뭇잎이 짙은 색의 바늘 모양이라면 침엽수일 가능성이 크다. 잎이 넓고 평평해서 침엽수나 야자수palm처럼 보이지 않는다면 활엽수일 가능성이 매우 크다. 야자수는 그들만의 세계가 있으니 나중에 다시 살펴보도록 하자.

침엽수와 활엽수는 수많은 서식지에서 서로 경쟁하고 있으며, 서식지의 구조적 차이에 따라 어느 그룹이 성공할지 좌우된다. 일반적으로 침엽수가 활엽수보다 더 강하다. 활엽수가 어려움을 겪는 여러 상황에서도 침엽수는 살아남을 수 있다. 상록 침엽수는 일 년 내내, 심지어 매우 광량이 낮은 수준에서도 광합성을 할 수 있으므로 여름에 시원하고 일조량이 적은 지역에서도 활엽수보다 더 잘 자랄 수 있다. 적도에서 멀어질수록 햇빛이 약해지므로 침엽수가 우세할 가능성이 크다. 예를 들어 미국이나 잉글랜드보다 캐나다와 스코틀랜드에서 더 많은 침엽수를 볼 수 있다*.

---

* 더 높은 위도에서 극지로 갈수록 반대로 활엽수가 다시 나타난다. 이러한 극한의 상황에서는 나무가 일 년 내내 잎을 유지할 수 없다.

침엽수는 물을 잘 보존할 수 있는 짧고 얇은 잎을 가지고 있어 건조한 지역에서도 활엽수보다 더 잘 견딘다. 이런 이유로 스페인의 건조한 산비탈에서 침엽수를 많이 볼 수 있었다. 또한, 침엽수의 비율이 미국과 영국보다 멕시코와 그리스에서 더 높은 이유도 이 때문이다. 이에 대해 좀 더 자세히 살펴보자.

넓은 지역에 활엽수가 살기에 충분한 비가 내리는데도 활엽수를 많이 볼 수 없다면, 어떤 식으로든 수분이 사라지고 있을 가능성이 있다. 모래나 바위가 많은 토양은 침엽수에 유리한데, 이는 수분이 너무 빨리 빠져나가기 때문에 활엽수에는 적합하지 않을 수 있다.

고지대는 계곡보다 건조한 경향이 있기 때문에 산비탈에는 침엽수가 주를 이루는 반면, 강변에는 활엽수가 늘어서 있는 것을 볼 수 있다. 침엽수는 활엽수보다 짙은 녹색을 띠기 때문에 주변 풍경에 흥미롭고 다채로운 패턴을 만들어낸다(침엽수는 대부분 상록수이며, 잎에 두껍고 질긴 껍질과 왁스가 있어 더 어둡게 보인다).[2] 여러분도 여러 번 보았을 테지만, 이런 차이를 눈치채지는 못했을 것이다. 우리가 옅은 색의 활엽수들이 강의 경로를 따라 줄처럼 빽빽이 늘어서 있는 이유를 이해하게 되면 매우 만족스러울 것이다. 그리고 이러한 만족감은 우리가 활엽수를 찾거나 발견할 가능성을 더 높게 만든다. 짙은 녹색과 연한 녹색의 숲을 단순히 보는 것이 아니라, 그것이 하나의 신호라는 것을 이해하게 된다. 우리는 색 변화의 의미를 알고 있으며, 우리의 뇌도 이를 좋아한다. 신경

강 주변의 활엽수와 더 높고 더 건조한 지대의 침엽수

과학자들이 도파민이라고 부르는 기분 좋은 느낌으로 보상을 받기 때문이다. 하지만 우리는 단순히 "아!"와 같은 감탄사를 낼 뿐이다.

식물은 뿌리에서 상부로 수분과 영양분을 운반하는 수액sap을 가지고 있지만, 이 수액이 만들어지는 방식에 대해서는 많은 오해가 있다. 나무는 증산 작용transpiration이라는 과정을 통해 잎에서 대기 중으로 수분을 방출한다. 이로 인해 나무의 하부보다 상부에 있는 잎의 도관vessel이 더 낮은 압력을 받게 된다. 수액은 아래쪽에서 위쪽으로 밀려 올라가는 것이 아니라 상부의 낮은 압력으로 인해 나무 위쪽으로 당겨지는 것이다. 온화한 기후에서는 이런 시스템이 안정적이고 섬세하지만, 영하의 온도에서는 어떤 식물이든 어느 정도의 취약성을 드러내게 된다.

어떤 식물이 영하의 온도에서도 살아남는다고 하더라도, 해동 과정에서 기포bubble 또는 공동cavitation이 발생하여 도관이 막힐 수 있다. 활엽수는 수액을 빠르고 효율적으로 운반하는 넓고 개방된 도관을 가지고 있지만, 크기가 커서 특히 동결되기 쉽다. 침엽수는 추운 온도에 더 강한 가도관tracheid(헛물관이고도 한다. 물관부의 통로 조직으로 방추형이며, 이들 세포벽에 있는 벽공으로 물과 무기 양분이 이동한다—옮긴이)이라고 하는 좁은 구조를 이용하여 뿌리로부터 물을 운반한다. 기포의 크기가 작으면 작을수록 더 빨리 재용해되기 때문이다. 산 아래에서 위를 올려다보면, 활엽수가 침엽수에 자리를 내준 지대를 볼 수 있다. 완벽한 직선으로 구분되는 것은 아니지만, 그 구분 선 위쪽으로 갈수록 활엽수는 생존하기가 점점 더 어려워지기 때문에 침엽수가 활엽수를 압도하게 된다.

습한 지역인데 일 년 내내 따뜻해서 수액이 동결될 위험이 없다면, 침엽수보다 활엽수가 더 잘 자랄 가능성이 높다. 열대 지방에서 침엽수보다 활엽수를 훨씬 더 많이 볼 수 있는 이유도 이 때문이다.

왜 모든 나무가 침엽수처럼 동결과 해동에 저항성을 가진 도관을 형성하는 방향으로 진화하지 않았는지 궁금하다면, 진화에서 흔히 그렇듯이 효율성과 생존에서 해답을 찾을 수 있다. 활엽수는 더 효율적인 시스템을 가지고 있기 때문에 생존만 할 수 있다면 더 잘 자랄 수 있다. "이기기 위해서는 그 안에 있어야 한다you've got to be in it to win it"라는 속담이 있다.

침엽수는 견고하지만, 비효율적인 사륜구동 차량에 비유할 수 있고, 활엽수는 훨씬 효율적이지만 험한 지형에서는 산산조각이 되어버리는 현대식 자동차에 비유할 수 있다.

동결 도관 법칙freezing vessel rule에는 몇 가지 재미있는 예외가 있다.[3] 자작나무birch와 단풍나무maple는 수액이 동결되는 문제를 해결하기 위해 독창적인 방법을 고안해낸 활엽수이다. 자작나무와 단풍나무는 좁은 관에 양압positive pressure을 만들어 수액을 위로 끌어올린다. 이렇게 하면 봄에 결빙으로 인해 생긴 기포를 제거함으로써 도관을 효과적으로 청소할 수 있다. 이것이 바로 자작나무와 단풍나무가 우리가 예상하는 것보다 훨씬 더 북쪽에서도 살아남은 이유이다. 좋은 예로 러시아의 아한대림boreal forest을 들 수 있다. 이 아한대림에는 침엽수가 많지만, 자작나무도 넓은 지역에 분포한다. 양압은 이런 나무들이 껍질에 상처를 내면 흘러나오는 수액을 가지고 있음을 의미한다. 이렇게 얻어지는 것이 자작나무와 단풍나무 시럽이다.

활엽수가 침엽수에 자리를 내준 것을 발견하게 되면, 우리는 환경이 점점 더 척박해졌다고 가정한 뒤, 그 이유와 방법을 스스로 질문할 수 있을 것이다. 온도, 토양, 수분 또는 여러 가지 요소의 복합적인 작용 등이 그 해답일 수 있다. 그리고 그 해답은 나무들이 우리에게 제공하는 전체 지도의 일부일 수 있다.

이러한 변화를 발견함으로써 지각심리학psychology of perception적 측면에서 이해도를 높일 수 있다. 누군가에게 어떤 풍경에 대해 설명해 보라고 하면 '나무'라는 단어만 언급할 뿐, 눈앞에 펼쳐진 숲의 변화는 인식하지 못할 수도 있다. 같은 사람에게 그 풍경에 다른 나무들이 있는지 물어보면 그제야 활엽수에서 침엽수로 바뀌는 변화에 대해 이야기한다. 우리는 인식할 수 있는 것에 대해 엄청난 수준의 통제력을 가지고 있지만, 그것은 단지 하나의 선택 사항일 뿐이다. 이러한 질문을 던질만한 사람은 우리 주변에 없다.

오늘 숲속에서

나는 스페인에서 소규모 탐험을 할 때, 후반부에 어느 숲속으로 모험을 떠났다. 쉽지 않았다. 가시덤불 사이로 길을 찾아야 했기 때문에 처음 10분은 매우 느리게 흘러갔다. 가시덤불의 높이는 허리 높이 정도였지만 나를 괴롭혔다. 다음으로 머리 높이의 산사나무hawthorn가 나왔고, 이어서 조금 더 키가 큰 나무(아마도 쐐기풀 나무nettle tree인 것 같다), 내 키의 두 배에 달하는 털가시나무holm oak가 있었다. 그리고 마침내 내 위로 우뚝 솟은 소나무 숲에 도착했다.

숲에 들어설 때마다 눈으로 보게 될 것으로 기대되는 특정한 패턴들이 있다. 일반적으로 숲 안쪽으로 들어갈수록 나무들의 키가 커진다. 노출된 나무들이 겪는 강한 바람을 가장자리에 있는 나무들이 가장 많이 받기 때문에 더 작게 자란다. 따라서 키가 큰 나무들은 주로 숲의 중앙에 있다.

숲에 들어가면 수종도 달라진다. 숲의 중심부에 자라는 나무와 숲의 가장자리에 자라는 나무의 종류가 다르다. 대부분 나무는 토끼나 거북이의 전략 중 하나를 따른다. 토끼의 전략을 따르는 나무들을 일명 "개척자pioneer"라고 부른다. 토끼의 전략을 따르는 나무들은 수백만 개의 작은 씨앗을 생산하며, 씨앗들은 종종 공중에 떠다니다가 땅에 떨어지곤 한다. 이들은 재빠르게 삶을 시작한 다음 빠르게 성장한다. 그러나 토끼의 전략을 따르는 나무들은 빠른 성장 방식에 대한 대가로 크고 튼튼한 줄기에는 투자를 하지 않기 때문에 키가 자라는 데 한계가 있다. 개척자 나무의 좋은 예로 자작나무, 버드나무, 오리나무alder, 그리고 수많은 포플러poplar를 들 수 있다.

거북이의 전략을 따르는 나무들은 일명 '극상極相(식물의 군집이 시간에 따라 변해가는 과정에서 마지막으로 나타나는 안정된 군집을 의미한다—감수자)' 나무로 알려져 있으며, 개척자 나무와는 다른 접근 방식을 취한다. 이들은 훨씬 더 큰 씨앗을 생산하고, 장기적으로 승리할 것을 알기 때문에 느리고 꾸준한 게임을 한다. 참나무가 좋은 예이다. 개척자 나무는 숲의 가장자리와 개간지에서 볼 수 있지만, 극상 나무는 더 오래된 숲의 중심부에서 볼 수 있다. 만약 여러분이 캐노피가 높은 나무들이 있는 오래된 숲속으로 걸어 들어간다면, 숲의 가장자리에 있는 키 작은 개척자 나무들을 지나 키가 큰 극상 나무들을 만나게 되리라고 예상할 수 있을 것이다.

대부분의 개척자 나무는 극상 나무보다 더 밝은색을 띠며, 많은 그늘을 만들지 않는다. 자작나무와 참나무를 한번 생각해 보자. 자작나무는 껍질이 얇지만, 하늘에서 들어오는 빛을 참나무보다 훨씬 더 많이 받아들인다. 이 때문에 숲 안으로 들어갈수록 점점 어두워지는 현상이 더 두드러지게 나타난다. 가장자리의 개척자 나무들을 지나오면 햇빛이 약간 줄어들지만, 극상 나무들과 만나는 지점에서는 급격히 줄어든다.

만약 여러분이 개척자 나무가 많은 공터를 걸어 들어간다면, 전환이 일어나고 있는 풍경 속에 서 있음을 의미한다. 우리의 후손들은 극상 나무들이 만든 더 큰 나무줄기와 더 깊은 그늘을 발견하게 될 것이다. 달리기 시합에서 거북이들이 승리하는 것처럼 말이다.

핵심 정보

이제 초점을 좁혀 수목 분류에서 제공되는 단서들을 찾아볼 차례이다. 다음은 우리가 찾아내야 할 주요 패턴에 관한 정보다.

습지

대부분의 나무는 뿌리가 물에 잠기면 가스 교환gas exchange에 방해를 받기 때문에 어려움을 겪지만, 오리나무, 버드나무, 포플러와 같은 계통에 속하는 나무들은 습한 토양에서도 잘 자란다.

아자이 테갈라Ajay Tegala는 잉글랜드 동부의 캠브리지셔주Cambridgeshire에 위치한 자연 보호 구역이자 9000여 종의 동식물이 서식하는, 유럽에서 가장 중요한 습지 가운데 하나인 위켄펜Wicken Fen에서 일하는 지역 산림 관리사forester이며, 자연주의자이기도 하다. 아자이는 "위켄펜에서 가장 키가 큰 나무"에 대해 언급한다. 이는 일종의 간접적인 칭찬에 해당한다. 이탄 습지wet peatland에 형성된 서식지에는 큰 나무가 많지 않기 때문이다. 아자이는 보호 구역 어디에서나 우람한 포플러를 볼 수 있어 이 나무에 대해 잘 알고 있다. 포플러에 대해 이야기할 때면 그의 목소리에서 흥분이 느껴진다.

마른땅

앞서 살펴본 것처럼 침엽수는 활엽수보다 건조한 환경에 더 잘 버틴다. 활엽수 중에서는 단풍나무, 산사나무, 너도밤나무, 주목yew, 호랑가시나무holly, 유카리eucalyptus 들이 건조한 토양에서도 잘 자란다.

나는 건조한 백악토chalky soil(백색 연토질 석회암으로 이루어진 토양을 뜻한다—옮긴이)에 살고 있는데, 재미있는 도전을 위해 집에서 출발해 최대한 많은 나무를 지나갈 수 있는 최단 경로를 찾아 나섰다. 주목에서 시작해 수많은 너도밤나무와 산사나무 한 그루, 한 쌍의 호랑가시나무 덤불 그리고 야생 단풍나무 한 그루를 지나가는 데 10분도 채 걸리지 않는 경로를 찾아냈다. 추가로 유카리를 보고자 한다면, 몇 시간 동안 걸어서 누군가의 정원에서 찾아야 했다. 유카리는 호주가 원산지이다. 10분 만에 여섯 종류 중 다섯 종류의 나무를 찾은 것도 나쁘진 않다. 점토나 화강암 위에 형성된 습한 토양에서 동일한 작업을 수행한다면 길고도 어려운, 아마도 무의미한 작업이 될 것이다. 나는 위켄펜의 이탄 습지에서 같은 도전 과제를 수행한다면 어떻게 하는 것이 좋을지 아자이 테갈라에게 물었다.

"정말 힘들 겁니다! 보호 구역 전체를 둘러봐도 주목과 너도밤나무가 한 그루도 없을 거라고 확신합니다. 호랑가시나무도 거의 없을 겁니다. 산사나무와 단풍나무 외에 다른 나무들을 보려면 아마도 엄청나게 긴 산책이 될 거예요!"

양극단을 좋아하는 나무

특이하게도 백자작나무silver birch는 습한 땅과 적당한 가뭄에도 잘 버틴다. 자작나무에 대한 나의 경외심은 굉장하다(나는 자작나무를 정말 존경한다). 가족 캠핑 여행에서 습하고 추울지라도 아무런 불평도 하지 않을 나무이기 때문이다.

많은 광량을 좋아하는 나무

대부분의 나무는 직사광선이 많거나 혹은 적은 곳을 선호한다. 일반적으로 침엽수는 빛이 많은 곳을 좋아하고, 활엽수는 약간의 그늘이 있는 곳에서 잘 자란다. 각 그룹 내에는 계층 구조가 있다. 소나무는 전나무보다 직사광선을 더 선호하고, 전나무는 가문비나무보다는 햇빛 더 좋아하고, 가문비나무는 솔송나무hemlock보다 햇빛을 더 필요로 한다.

소나무는 태양열을 느낀다Pines Feel the Sun's Heat.

> **PFSH**: 소나무(Pine), 전나무(Fir), 가문비나무(Spruce), 솔송나무(Hemlock)

포플러와 자작나무, 버드나무 그리고 대부분의 침엽수, 특히 소나무와 잎갈나무larch와 같은 계통에 속하는 나무들은 밝고 햇볕이 잘 드는 환경에서 잘 자란다.

빛을 좋아하는 나무들은 빈터에서 잘 자란다. 여러분은 멀리서도 소나무와 포플러, 자작나무, 버드나무 등을 자주 볼 수 있을 것이다. 이 나무들은 숲에서 자랄 때 밝은 남쪽에서 더 잘 자란다. 숲의 남쪽에 한 줄로 늘어선 소나무들을 흔히 볼 수 있다.

그늘에 강한 나무

그늘에서도 잘 자라는 나무는 거북이 전략을 쓰는 나무들이며, 전략의 핵심이 그늘에서 잘 견디는 것이기도 하다. 그늘에서도 잘 버티는 나무shade-tolerant tree(음수라고도 하며, 그 반대는 양수라고 한다—옮긴이)들은 빛을 좋아하는 나무light-loving tree들 밑에서 천천히 자라다가 종국에는 그 나무들을 추월해 경쟁 상대에게 그늘을 드리운다. 이 시점에서 게임은 거의 끝나고 결국 거북이가 승리한다. 경쟁 상대는 그늘에 제대로 대처하지 못한다. 너도밤나무, 주목, 호랑가시나무, 솔송나무는 그늘에서 잘 견딘다.

주목은 캐노피 높이보다 더 커지려고 애쓰지 않는다. 그냥 어깨를 으쓱하며 그늘에서 삶을 살아갈 뿐이다. 그것이 그들에겐 페어플레이인 것이다.

그늘에서 잘 견디는 나무들은 그늘을 드리우는 다른 나무와 함께 있으면 잘 자란다.

노출

나무마다 저온이나 고온에 대한 민감도가 다르다.

고도가 높아질수록 평균 기온이 떨어지고 평균 풍속은 증가한다. 앞서 언급했듯이 산중에 낮은 곳에서 높은 곳을 바라보면 활엽수가 침엽수에 자리를 내준 모습을 볼 수 있지만, 고도가 높아질수록 종류에 상관없이 나무들의 키가 더 작아진다는 것을 알 수 있다. 나는 이 두 가지 현상을 수목 고도계tree altimeter라고 부른다.

산에는 침엽수조차 자생하기 힘들거나 임업인들도 수확량이 너무 적어 상업적으로 나무를 재배하지 않는 고도가 있다. 깔끔해 보이는 조림지가 끝나는 지점이 바로 그곳이다. 침엽수는 조림지 위쪽에서도 살아남을 수 있지만, 아래쪽에 있는 나무들보다 키도 작고 모양도 단정하지 않다. 나무들 간 차이가 보이기 시작한다.

침엽수는 풍해wind injury에 취약하기 때문에 산 중턱에서는 활엽수와의 경쟁에서 이긴 침엽수를 흔히 볼 수 있지만, 그 경험으로 풍해를 입은 것처럼 보인다.[4] 이렇게 추운 고산지대에서 기형적이고 왜소하게 살아가는 침엽수를 독일어로 뒤틀린 나무라는 뜻의 크룸홀츠krummholz(또는 깃발형이라고 한다 —옮긴이)라고 부른다. 조금 더 위로 올라가면 기후가 너무 혹독해서 어떤 나무라도 견디기 힘들게 되고, 결국 수목 한계선tree line이라고 불리는 고도에서는 서식을 포기하게 된다.

더 더운 기후에서는 주요 삼나무cedar 종인 레바논시다Lebanon cedar, 개잎갈나무deodar 그리고 아틀라스개잎갈나무atlas 등이 따뜻한 산악 서식지에서도 잘 자란다.

토양

17세기에 출간된 나무에 관한 존 에벌린John Evelyn의 대표작 《실바Sylva》의 첫 장에는 나무가 자라는 토양에 대한 내용이 많이 나오지만, 21세기인 지금도 토양은 여전히 많은 공백이 존재하는 젊은 과학 분야이다. 다행히도 몇 가지 눈에 띄는 패턴을 쉽게 발견할 수 있다.

토양에는 영양이 풍부한 토양과 부족한 토양이 있다. 어떤 토양은 질산염과 같은 필수 미네랄처럼 식물이 건강하게 성장하는 데 필요한 영양분이 풍부하지만, 그렇지 못한 토양은 이러한 필수 화학 물질이 부족하다.

물푸레나무ash는 습기는 좋아하지만, 습지는 싫어하며 영양분에도 까다롭게 군다. 물푸레나무는 대부분의 나무보다 영양분이 더 풍부한 토양을 필요로 하고, 계곡의 위쪽보다 아래쪽에서 더 흔하게 관찰된다. 강물이 흐르는 계곡을 보면 일반적으로 강물 근처에 축축한 토양 지대가 있는데 물에 잠길 정도로 가까이 있지는 않지만, 높은 경사면에서 흘러내린 영양분이 풍부한 곳이다. 물푸레나무가 가장 좋아하는 장소가 바로 그곳이다.

호두나무는 깊고 영양분이 풍부한 토양을 좋아한다. 내가 스페인의 국립공원에서 본 호두나무들은 그 지역에서 자신들이 살 수 있는 유일한 장소를 찾아낸 셈이다. 물과 영양분이 두 개의 작은 봉우리 사이의 깊은 토양에 모여 있었다. 호두나무에 꼭 필요한 영양분을 공급해 주는 곳이었다. 호두 하나를 따서 아무 방향으로 던지더라도 호두나무가 자라기에는 너무 건조하고, 너무 얇고, 너무 열악한 토양에 떨어졌을 것이다.

느릅나무elm도 영양이 풍부한 토양을 좋아한다.

산성이나 알칼리성처럼 토양의 pH가 크게 바뀌면 우리가 볼 수 있는 나무도 완전히 달라질 수 있다. 토양의 pH에 따라 영양분의 풍부함도 달라지는데, 산성인 경우 일반적으로 영양분이 부족하다.

오리나무와 버드나무는 습한 땅에서도 잘 자랄 수 있으며, 산성 토양만 아니라면 솜털 자작나무downy birch가 잘 자라는 이탄 토양에서도 잘 버틸 수 있다. 침엽수는 산성 토양에서도 어느 정도까지는 잘 버틴다.

도시

도시 환경에서는 사람들의 발걸음과 자동차 통행량이 많아 나무가 살기 힘들지만, 눈에 보이지 않는 스트레스도 적지 않다. 주변 지역보다 따뜻하고 건조하며, 제설용 소금과 애완견의 배설물, 세상의 모든 땅을 파헤치려는 사람들이 즐비하기 때문이다.

단풍버즘나무London plane는 토양이 압축되어도 뿌리가 잘 견디고, 정기적으로 나무껍질(수피라고도 한다—옮긴이)이 벗겨져 다른 나무보다 더 많은 오염에도 견딜 수 있다는 이유로 전 세계 곳곳의 마을과 도시에 심겼다. 양버즘나무sycamore

는 단풍나뭇과에 속하는 나무로 도시 생활의 스트레스에 잘 대처한다. 불청객임에도 정원과 공원에서도 싹을 틔우는 것으로 유명하다.

어느 한 교회에서 강연을 하기 위해 잉글랜드 남서부 데번주Devon의 버들리 솔터턴Budleigh Salterton이라는 해안 마을을 방문한 적이 있다. 차를 주차하고 강연장을 찾아 나섰지만, 교회 이름과 교회가 위치한 지역만 기억날 뿐이었다. 이리저리 뛰어다니며 주목을 찾다가 주택가에 늘어선 몇 그루를 발견하고 틈새로 들여다보다 때마침 강연장을 찾을 수 있었다. 주목은 수 세기 동안 수많은 교회의 마당은 물론 마을의 다른 중요한 장소에도 심겨 왔다. 시골 지역에 주목이 있다는 것은 그 독성 때문에 방목하는 동물이 거의 없다는 것을 의미한다. 둘은 서로 함께할 수 없기 때문이다.

자연적인 환경에서는 나무가 일직선으로 늘어서서 자라는 일이 드물다. 강변을 따라 늘어선 나무들조차도 굴곡을 반영해 곡선 형태를 띤다. 따라서 나무들이 일직선으로 자란다는 것은 배후에 인간이 숨어 있음을 의미한다. 단적인 예로 마지막에 웅장한 무엇인가로 변하는 틀에 박힌 가로수 길을 들 수 있지만, 그 외에 더 많은 흥미로운 예들이 있다.

양버들Lombardy poplar은 대지나 마을, 농장의 가장자리를 표시하는 선상에 심는 경우가 많다. 양버들은 다른 나무보다 키가 크고 가느다란 가지가 하늘을 향해 뻗어 있어서 한번 보면 쉽게 알아볼 수 있다. 조금만 연습하면 본능적으로 나무들의 형태를 알아볼 수 있게 된다. 나는 숨은 마을의 위치를 파

양버들

악하는 데 나무의 형태를 자주 이용한다. 양버들은 물을 좋아하는 포플러 계열에 속하기 때문에 종종 물 주변에 문명이 존재한다는 단서가 되기도 한다.

우리는 풍경 속에 있는 점들을 연결할 때 정말 뿌듯함을 느낀다. 얼마 전 웨스트서식스주West Sussex에 있는 어느 언덕을 내려가면서 나무만 보고 마을을 찾아가는 도전을 했다. 북쪽 산기슭에서 풍부하고 촉촉한 토양에서 자라고 있는 물푸레나무를 발견했다. 조금 더 가니 버드나무가 개울을 따라 늘어서 있었다. 개울은 마을로 이어졌고, 지평선을 가로지른 자랑스러운 일련의 양버들을 보자 마을에 도착했음을 알았다.

교란

모든 식물은 교란에 민감하다. 폭풍이나 화재, 물, 사람들의 개간 또는 과도한 사용으로 인해 땅이 황폐해지면 어떤 나무들은 오랜 기간 동안 그곳에 서식하지 않는 반면, 또 다른 나무들은 그와 같은 교란이 끝나자마자 다시 자라나기도 한다. 버드나무, 오리나무, 잎갈나무, 자작나무, 산사나무는 교란된 지역에서도 잘 자란다.[5] 어린나무들이 많이 보이면 큰 교란이 일어났음을 의미한다.

이런 나무들은 모두 개척자 나무에 속하며 토끼의 전략을 따르는 나무로서 단기적으로는 승리하지만, 대부분은 극상나무에 속하며 거북이의 전략을 따르는 나무로 대체되어 백 년 내에 사라질 것이다. 이는 이들 나무가 특정한 종류의 지도를 형성한다는 것을 의미한다. 이 지도는 움직임과 격변을 암시하며, 최근 풍경에 큰 변화가 있었음을 알려준다. 우리는 그 원인을 찾아내야 한다.

잎갈나무는 침엽수로 군락을 이루는데, 사계절 내내 대부분의 다른 침엽수와는 상당히 다른 양상을 띤다. 여름에는 특유의 옅은 나뭇잎을 가지고, 침엽수로는 이례적으로 겨울에는 낙엽이 되어 바늘 모양의 잎은 사라진다. 사람들이 나무 사이로 리본을 자르고, 침엽수림을 통과하는 임업용 트랙을 표시하는 유용한 지도를 만들고자 하는 곳에 잎갈나무가 자란다. 지역 높은 곳에서 바라보면 어두운 나무들 사이로 닳은 차량의 흔적을 알 수 있는 옅은 잎갈나무 라인을 볼 수 있다. 종종 창고 주변이나 임업 작업이 진행 중인 지점에서 큰 잎갈나무 군락을 발견할 수도 있다.

산불이 발생하기 쉬운 지역에서는 다른 유형의 경쟁이 벌어진다. 어떤 나무도 불을 쉽사리 이길 수는 없지만, 일부 나무들은 다른 나무들에 비해 불에 더 잘 견디면서 불에 취약한 나무들보다 경쟁에서 우위를 점하는 방향으로 진화해 왔다. 예를 들어, 화재가 자주 발생하는 태평양 북서부 지역에서 자라는 미송Douglas fir은 대부분의 경쟁에서 우위를 점하고 있다.[6]

많은 야생의 산악 지형에서 까맣게 탄 소나무 줄기에 흥미로운 패턴들이 발견된다. 카나리제도Canary Island에 속하는 라 팔마La Palma와 같은 곳에 서식하는 소나무는 건조하고, 바위가 많은 지형에, 높은 고도에서도 잘 견딜 수 있을 뿐만 아니라 불에 잘 타지 않는 특성을 가지고 있다. 일단 산불이 나서 나무들 사이로 지나가면 한쪽이 반대편보다 더 많이 그을리고 상처를 입게 된다. 시간을 내서 불에 그을린 소나무의 어두운 면에 주목하게 된다면, 자연항법에서는 이와 같은 일관된 경향이 하나의 나침반 역할을 할 수 있게 된다.

해안

여러분이 바다 공기를 처음 들이마시기도 전에 이미 많은 식물을 죽일 만큼의 염분이 공기 중에 퍼져 있을 수 있다. 소금에 의한 피해는 내륙에서 12마일(20킬로미터) 떨어진 곳까지 영향을 미친다. 우리가 바다를 볼 수 있을 때쯤이면 대부분의 내륙 식물들은 이미 해양에 강한 종에게 자리를 내주었거나, 최소한 잎사귀에는 투쟁의 흔적이 남아 있을 것이다. 우리가 얼굴에서 염분을 느낄 수 있을 때쯤 되면 살아남아 있는 식물은 거의 없을 것이다. 단 정말 강한 놈들만 살아남아 있을 것이다. 바닷물이 튀고, 돌이 많은 바닷가에는 양배추와 비슷하게 생긴 갯배추sea kale처럼 믿을 수 없을 정도로 강인한 몇몇 하등 식물 종은 살아남아 있을 수 있겠지만, 염분에 민감한 식물들이 살 수 있는 곳은 아니다. 바다가 제공하는 농도의 염분을 필요로 하는 나무는 없지만, 그런 농도의 염분에도 잘 버틸 수 있는 식물들이 있기는 하다.

양버즘나무는 놀랍게도 바닷가에서도 잘 자라는데, 두껍고 미끌미끌한 잎과 뿌리가 염분에 견디는 성질을 가지고 있기 때문이다.[7] 웨일스 펨브로크셔주Pembrokeshire의 해안 길을 따라 30분 동안 곶headland에 가까워질 때까지 걸으면서 어떤 나무도 볼 수 없었던 기억이 난다. 그 순간 염분이 포함된 바람을 맞아 상처를 입은 듯 보였지만, 당당하고 도전적인 양버즘나무 한 그루를 발견했다. 해변에서 서 있는 양버즘나무의 잎은 갈색이었고 구겨져 있어 마치 염분에 '타버린' 상태였다.

집 근처에 있는 바다와 가까운 위치에 살아남은 나무는 위성류tamarisk뿐이다. 나는 역경을 이겨내는 나무는 어떤 나무든 아름답고 매력적이라고 생각한다. 얼마 전 잉글랜드 남동부 웨스트서식스주의 웨스트 위터링 해변West Wittering beach에서 돌풍에 몸을 뒤로 젖히고 맞서며 늘어선 위성류를 감상한 적이 있다. 9월이었는데, 매서운 적도풍equinoctial wind이 해변의 모래를 날리며, 수영을 하려는 사람들이나 심지어 서핑을 즐기려는 사람들조차도 물속에 들어가지 못하도록 만들고 있었다. 그런데 연분홍색 꽃송이 사이로 염분이 스쳐 지나가는데도 위성류는 그 대열을 유지하고 있었다.

많은 휴양지가 비슷해 보이는 이유 중 하나는 종종 아무런 영감도 불러일으키지 않는 건축물 때문이다. 또 다른 이유는 특정한 나무들만이 우리가 휴가지에서 좋아하는 더위나 바다, 모래와 같은 것들을 견딜 수 있기 때문이다. 야자수는 마케팅의 상징이 되었다. 야자수는 태양과 바다, 모래도 함께 암시하기 때문이다. 야자수는 거칠면서도 독특한 나무에 해당한다. 야자수는 자신만의 진화 경로, 즉 다른 나무들보다 풀에 더 가깝게 진화해 왔기 때문에 해변이나 가이드북에서 살아남을 수 있었다.

코코넛 야자수는 바다를 향해 기울어져 씨앗인 코코넛을 바닷물에 떨어뜨려 멀리 떨어진 해안이나 다른 섬에서 새롭게 뿌리내릴 수 있도록 준비한다. 대부분 해변에서는 바다에서 육지로 불어오는 시원한 바람인 '해풍sea breeze'을 경험할 수 있다. 코코넛 야자수의 몸통은 바다를 향해 기울어져 있지만, 윗부분은 주로 해풍 때문에 반대 방향으로 향한다. 따라서 몸통은 바다를 향해 기울어지고, 상부는 반대 방향으로 구부러져 지금의 특징적인 형태를 갖게 된다.

바다는 염분을 함유한 거친 바람을 몰고 오지만, 자연에는 항상 나쁜 점만 있는 것은 아니다. 겨울에는 따뜻한 공기를, 여름에는 시원한 공기를 가져다주곤 한다. 야자수는 서리frost를 싫어하고, 해안 근처에서 번성하며, 서늘하고 온화한 기후에서도 바다 가까이에 서식한다.

몇몇 지역에서는 해양성 기후가 내륙까지 영향을 미쳐 온대 우림temperate rain forest이라는 독특하고 희귀한 생물군계biome를 형성하곤 한다. 따뜻하고 습한 공기는 내륙으로 이동할 때 염분을 많이 잃게 되지만, 일반적으로 수분과 온화한 온도를 유지한다. 따라서 습도는 높고 온도 변화는 작다. 북미 지역의 서해안과 영국의 일부 지역 및 아일랜드의 대부분 지역을 포함한 유럽의 서해안에는 일부 온대 우림이 형성된다. 나는 데번주의 한 온대 우림 지대에서 비를 맞았지만, 행복한 하루를 보낸 적이 있는데, 그곳이 온대 우림이라고 불리는 이유를 쉽게 알 수 있었다. 온화한 정글처럼 무성한 초록빛이 강렬하기 때문이었다.

스페인 시에라 데 라스 니에베스에서의 여행이 끝날 무렵, 나는 차를 운전하며 열린 창문으로 소나무 숲의 향기를 맡으며 산을 벗어났다. 길은 구불구불하게 아래로 향했다. 소나무 지대는 참나무 지대로 바뀌어 해안까지 이어졌다. 차를 세우고 해변으로 걸어갔다. 바닷물 속으로 뛰어들기 전에 마지막으로 지나쳐온 나무는 야자수였다.

3
눈에 보이는 모양

어느 따뜻한 4월의 저녁, 나는 친구들과 동네 술집에서 저녁을 먹고 언덕을 넘어 집으로 걸어왔다. 해는 한 시간 전에 졌지만, 공기는 따뜻했으며, 구름도 거의 없었다. 누가 초대하지 않았는데도 별들이 쇼를 펼치고 있었다. 오리온의 밝은 별들이 화성과 합쳐지고, 서쪽에는 희미한 달이 떠올랐다. 분홍색과 주황색을 띤 마지막 노을이 나무들 뒤로 내려앉으면서 마지막 빛이 사라지고 있었다. 숲은 지평선 위에 짙은 검은색 선을 남겼지만, 내가 지나쳐온 나무들의 실루엣은 한결 더 멋있었다.

여러분들이 나와 함께 있었다면, 외로워 보이는 나무의 첨탑 모양을 발견하고는 바로 침엽수임을 알아차렸을 것이라고 확신한다. 그리고 몇 분 후에 우리가 지나칠 참나무의 동그란 모양을 보고 활엽수라고 자랑스럽게 말했을 것이다. 하지만 마지막 햇빛과 마을 사람들이 처음으로 밝힌 전구에 의해 역광을 받는 슬린던Slindon이라는 이름의 마을 끝자락에는 또 다른 형태의 나무가 서 있다. 두 그루의 자작나무의 가지들이 늘어진 채 매달려 있는 모습은 우리가 처음 본 두 나무의 형태와는 사뭇 다르게 슬퍼 보인다. 새뮤얼 테일러 콜리지Samuel Taylor Coleridge*는 자작나무를 "숲의 여인Lady of the Woods"이라고 불렀는데, 아마도 부드럽고 가느다란 나뭇가지들이 아래로 흘러내리는 모습에 여성적인 무언가를 보았기 때문일 것이다.[8]

1000피트(305미터) 공간 안에 크게 보면 서로 다른 세 가지 나무 형태가 있다. 그 가운데 기본적인 형태는 몇 가지나 있을까? 몇 개, 백 개, 무한대? 수천 종의 나무가 있지만, 1978년에 이루어진 나무 형태에 관한 학술 연구에 따르면 기본적인 형태는 25가지에 불과하다고 한다.[9] 좋은 생각이긴 하지만, 과학자마다 다른 수치를 주장할 수 있을 것이다. 하지만 그런 수치보다 더 중요하면서도 훨씬 더 흥미로운 점은 나무들이 그런 형태를 가진 이유에 있다.

우리 눈앞에 보이는 나무들은 그 나무들과 우리를 둘러싼 지역 세계를 반영한다. 이는 주변 환경의 선택압selective pressure 때문이다. 게임의 규칙은 간단하다. 살아남을 수 없다면 생존하지 못한다. 여기에는 하나의 필터만 적용되기 때문에 우

---

* 18세기 영국의 시인이자 비평가.

리는 승자만 보게 된다. 하지만 한 가지 흥미로운 질문이 떠오른다. 우리는 왜 똑같이 생긴 많은 나무를 볼 수 없는 것일까?

여기에는 세 가지 이유가 있다.

첫째, 토양과 기후가 온화할수록 필터가 덜 가혹하게 적용되므로 더 다양한 종이 살아남을 수 있다. 우리는 이로부터 기본적인 힌트를 얻을 수 있다. 하나의 풍경에서 모양이 다른 다양한 나무들을 볼 수 있다면, 주변 환경이 친절하고 생존하기 쉽다는 것을 의미한다. 그런 곳이라면 여러분은 또한 수많은 사람과 동물, 작은 식물까지도 볼 수 있을 것이다.

둘째, 각 나무는 주변 나무들과 다른 삶을 살고 있으며, 나무의 모양이 이를 반영한다. 앞서 마을 끝자락에 서 있는 두 그루의 자작나무는 분명 같은 종이지만 서로에게 가지를 드리우고 있음에도 불구하고 서로 다르게 보였고, 비대칭적인 형태를 가지고 있었다. 기후, 날씨, 빛, 물, 토양, 경쟁, 교란, 동물, 곰팡이 등 모두 나무의 모양에 영향을 미치는 요소들이다. 자작나무들이 서로 다른 모양을 하게 된 이유는 두 그루 중 오래된 나무는 남쪽 빛을 향해 자랐지만, 덜 오래된 나무는 더 오래된 나무의 그늘에 기대어 자랐기 때문이다. 이와 같은 현상은 한 쌍의 나무가 서로 가까이 자라는 것을 볼 때마다 발견할 수 있는 패턴이다. 더 오래된 나무는 남쪽의 빛을 향해 자라고, 덜 오래된 나무는 유일하게 남은 빛을 향해 자란다. 이는 이웃 나무들로부터 멀어지는 것을 의미한다.

셋째, 시간이 중요한 역할을 한다. 우리가 수십 년이 지난 후 다시 찾아온다고 하더라도 동일한 사물이나 동일한 나무를 볼 수 없을 수도 있다. 운이 좋게도 나에게 손자와 손녀가 생겨서 동일한 길을 걷게 된다고 하더라도 슬린던에 서 있는 나무들은 각각 다르게 보일 것이다. 자작나무들은 이미 사라지고 없을 가능성이 높다. 자작나무의 수명은 인간의 수명과 비슷하기 때문이다.

우리 눈앞에 보이는 모든 나무는 유전과 환경 그리고 시간이라는 세 가지 요인에 영향을 받는다. 이 세 가지 조형의 힘sculpting force을 찾아내는 방법을 배우면, 나무로부터 받은 인상을 이야기하게 되고, 그 이야기는 의미를 갖게 된다. 유전적인 요인부터 차례로 살펴보도록 하자.

위험 감수자들

자연 속에서 나무가 잘 살아남을 수 있는 이유는 무엇이고, 그 비결은 무엇일까? 이 질문에 답할 수 있다면, 우리가 보는 나무의 모양을 이해하는 시발점이 될 수 있을 것이다. 필요 없는 것을 하나씩 제거해 나가는 과정이 도움이 될 것이다. 다시 말해, 모든 나무가 공유하는 한 가지 요소만 찾아낸다면, 그 안에 중요한 단서가 있을 것이라는 의미이다.

잎, 나무껍질, 뿌리의 색깔이나 패턴은 나무 종류에 따라 매우 다양하기 때문에 해답이 아니다. 침엽수와 활엽수는 번식 방식이 완전히 다르기 때문에 나무가 번식하는 방식도 해답이 아니다. 모든 나무가 공유하는 한 가지 요소는 바로 반복된 계절과 긴 세월에 걸쳐 지속되는 줄기의 높이다.[10]

높이가 중요하다. 나무의 키가 클수록 빛을 충분히 받을 가능성이 높다. 그렇다면 당연히 가장 크게 자랄 수 있는 나무가 다른 모든 나무를 압도하게 될 것이고, 우리는 결국 큰 나무들로 둘러싸이게 될 것이다. 하지만 우리가 보는 현실은 그렇지 않다. 키가 커지려면 엄청난 양의 에너지가 필요하고, 엄청난 양의 물을 높은 곳으로 운반해야 한다. 또한, 키가 커지면 나무들은 바람에 취약해지고, 토양이 약할 경우에는 문제가 발생한다. 키가 적당할 정도로 성장하는 것이 필요해 보이지만, 그렇게 해서 문제가 해결된다면 우리가 적당히 키가 큰 나무들로 둘러싸여 있지 않은 이유는 무엇일까? 그 이유는 바로 '탑 쌓기 문제' 때문이다.

지루한 성격에 부유하며 약간 정신이 나간 듯한 친구가 여러분과 다른 친구 한 명을 초대하여 게임을 한다고 상상해 보자. 여러분에게 각각 나무로 만든 작은 벽돌 한 상자를 주고, 15분 안에 테이블 위에 가장 높은 나무 탑을 쌓으라고 한다. 탑이 무너지면 바로 게임에서 지게 된다. 승자는 1000파운드를 받고 패자는 한 푼도 받지 못한다. 서로 다른 방으로 보내져 서로를 볼 수도 없다. 어떻게 하면 이 게임에서 이길 수 있을까?

도전을 시작하고 몇 분이 지나면, 이 게임이 실력만큼이나 인성과 전략이 중요한 시험이라는 것을 알게 된다. 적당한 높이에 도달하자마자 멈출까? 아니면 계속 더 많이 쌓으려고 노력할까? 시간이 흘러갈수록 벽돌을 하나만 더 쌓아도 모든 것이 무너져 패배할 수 있다는 것을 깨닫게 된다. 하지만 안전한 플레이도 위험하기는 마찬가지다. 만약 그 친구가 여러분이 안전한 플레이를 할 것이라고 예상한다면, 그 친구는 조금 더 위험을 감수하고 당신을 이기려고 할 것이다. 2등에게는 아무런 상도 주어지지 않는다.

나무들도 전략적인 딜레마에 빠진다. 큰 키로 자라기 위해 모든 에너지를 투자했음에도 많은 빛이라는 보상을 받지 못하면 패배하게 된다. 자연은 친구도 사악한 천재도 될 수 있기 때문에 패배는 곧 죽음을 의미한다.

따라서 조금 멀리 떨어져서 숲을 보면 종종 다른 나무들보다 조금 더 높이 자란 한두 그루의 나무를 볼 수 있을 것이다. 이들은 위험을 무릅쓰고 나무 벽돌을 한 층 더 쌓아 올린, 위험을 감수하는 나무들이다. 이들은 햇빛이라는 보상을 받기 위해 기꺼이 폭풍우라는 위험을 감수한다. 모든 숲에는 주변 나무들보다 좀 더 위험을 감수하는 나무들이 있다. 산책하다 보면 참나무보다 너도밤나무가 위험한 바람에 맞서는 것을 더 좋아하며, 그런 너도밤나무가 참나무 위로 솟구쳐 자라는 경향이 있음을 목격한다.

작거나 혹은 크거나

많은 빛을 받기 위해 키가 커지는 게임을 한다면, 이길 수 있는 플레이를 해야 한다. 구조적으로 실패하거나 넘어지지 않고 최대한 높은 곳에 도달해야 한다. 하지만 다른 방법이 있다면 어떨까?

내가 열한 살쯤 됐을 때, 우리 학교에 용감하고 체중이 많이 나가는 아이가 있었다. 나는 그 아이를 잊을 수가 없다. 겨울이 되면 일주일에 한 번 정도 크로스컨트리cross-country 달리기를 해야 했는데, 대부분은 추위와 비를 맞으며 한 시간 동안 달리는 것을 별로 좋아하지 않았다. 우리는 투덜거리다가도 계속 달려야 했다. 그런데 제이크라는 이름의 그 아이는 크로스컨트리가 바보 같은 게임이라며 더 이상 하고 싶지 않다고 말했다. 하지만 제이크는 뛰어야 했다. 뛰는 것은 의무였다. 뛰지 않으면 원치 않는 더 큰 곤경에 처할 수 있었다. 그래서 제이크는 자신의 페이스를 유지하기로 했다. 제이크의 속도는 느렸다. 건성으로 조금 뛰다가 다시 걸었고 1, 2초간 멈추었다가 몇 분 더 뛰곤 했다.

달리기를 시작할 때마다, 우리는 뒤를 돌아보며 제이크가 시야에서 사라지는 모습을 보곤 했다. 그런 의도적인 방식으로 눈에 띄려는 제이크의 생각에 우리 모두 어리둥절했다. 서킷을 완주한 후에는 무릎에 손을 얹고 잠시 쉬면서, 땀을 뻘뻘 흘리며 진흙탕에서 고생한 얘기를 나누었다. 그렇게 몇 분이 지나 우리는 제이크가 나타나기까지 얼마나 더 걸릴지를 생각하며 뒤를 돌아보곤 했다. 제이크가 마지막 구부러진 곳을 뛰어올 때쯤, 우리가 샤워를 이미 끝낸 상태일 때도 있었는데, 그는 보통 웃고 있었지만 종종 슬퍼 보이기도 했다. 제이크가 박수를 받을 때마다 선생님들은 엄청나게 짜증을 냈는데, 그럴수록 우리는 더 크게 박수를 쳤다. 제이크는 순응하지 않았다. 나라면 그런 식으로 행동할 수 있는 용기를 내지 못했을 거다.

자연에도 비순응자nonconformist들이 있다. 같은 게임에서 다른 사람들을 이기려고 노력하는 대신, 게임 자체를 바꾸면 어떨까? 가능한 한 많은 빛을 받기 위해 키가 커지는 것이 목표가 아니라, 적은 빛을 최대한 활용하는 것이 목표가 된다면 어떨까? 그렇게 되면 하늘로 뻗는 경쟁에서 다른 모든 나무를 이길 필요가 없게 될 것이다.

어떤 나무들은 키가 많이 자라지 않는다. 그런 나무들은 보통 성인 키보다 조금 더 자란 뒤, 그 이후로는 그 작은 키를 유지한다. 이 글을 쓰고 있는 지금, 창문 너머로 내 키보다 조금 더 큰, 이미 성숙한 개암나무hazel의 잎을 만질 수 있다. 이 개암나무는 우리 키보다 100피트(30미터) 위에 우뚝 솟은 여러 그루의 너도밤나무가 만든 그늘에서 자라고 있다. 제이크 같은 나무인데, 키 큰 나무들의 지나친 열정을 비웃는 소리가 들리는 듯하다. 옛 속담에 "영리한 나무는 문제를 해결하고, 현명한 나무는 그 문제를 피한다A clever tree solves a problem. A wise tree avoids it"라는 말이 있다.[11]

친구나 파트너와 의견이 일치하지 않는 경우와 같은 수많은 상황에서는 타협하는 것이 최선의 해답이 될 수 있지만, 자연에서는 종종 타협이 자살 행위가 될 때도 있다. 높이와 빛의 게임에서 나무가 처할 수 있는 최악의 상황은 많은 에너지를 사용하여 키 큰 나무의 절반 높이로 자란 후 성장을 멈추는 것이다. 에너지를 많이 사용하고도 빛 흡수량이 적기 때문에 에너지가 금방 고갈될 것이다. 나무는 높이와 타협할 수 없다. 그렇기 때문에 키가 큰 나무도 많고 키가 작은 나무도 많지만, 그 중간에 있는 나무들은 드물다. 키가 작은 나무는 보통 성인 사람 키보다 조금 큰 8피트(2.5미터) 정도이고, 키가 큰 나무의 높이는 다양하지만 100피트(30미터) 이상까지는 쉽게 성장할 수 있다. 작은 나무와 큰 나무 사이에 있는 나무는 대부분 수령이 어린 큰 나무일 가능성이 높다. 자연적인 환경에서 성숙한 나무는 둘 중 하나에 속하는 경향을 보인다.

작은 나무들이 중간 크기의 나무들보다 더 좋은 이유가 하나 더 있다. 실제로 나무가 있는 중간지점보다는 숲의 바닥 근처에 더 유용한 빛이 존재한다. 그 이유는 단순한 광학적 효과 때문이다. 높은 캐노피에 존재하는 작은 틈새로 스며드는 빛은 원뿔 모양으로, 위쪽은 좁고 아래쪽으로 내려올수록 더 넓어진다. 태양이 캐노피 위로 이동하면 지면을 따라 원뿔 모양의 빛도 이동한다. 즉, 지상에는 넓고 오래 지속하는 약한 빛이 존재한다. 키 큰 나무의 중간 위치에서 볼 수 있는 짧게 유지되는 밝은 빛보다 더 많이 의존할 수 있는 빛인 셈이다.

여기서 한 가지 명확히 해야 할 것이 있는데, 내가 나무의 선택을 의인화하는 이유는 전략과 같은 일부 개념을 설명할 때, 게임을 하는 우리 자신을 상상하면 훨씬 더 이해하기 쉽기 때문이다. 분명한 사실은 나무는 우리처럼 생각하거나 전략을 세우지 않는다. 나무가 생명을 시작하기 훨씬 전부터 진화에 의해 그런 선택이 강요되었기 때문이다. 그런 결정은 이미 개별 종의 유전자에 담겨 있다. 나무는 첫 잎사귀가 나오기 전에 이미 큰 나무가 될지 작은 나무가 될지 프로그램되

크거나 작은 나무들

어 있다. 어떻게 이런 일이 일어나는지 궁금하다면 진화의 메커니즘으로 간단하게 해답을 얻을 수 있다.

초기 단계에 있는 어떤 종의 나무가 있고, 무작위 돌연변이random mutation로 인해 한 해에 서로 다른 유전자를 가진 세 가지 씨앗이 생산된다고 가정해 보자. 각 씨앗은 키가 크거나 작거나 중간인 유전자를 가지고 있을 것이다. 이 세 가지 씨앗은 모두 좋은 토양에 떨어져 발아한다. 하지만 키가 큰 나무와 키가 작은 나무만이 씨앗을 생산할 수 있을 만큼 오래 살 수 있다. 중간 크기의 나무는 그늘에서 살기에는 키가 너무 커진다. 그래서 죽는다. 죽으면서 키가 중간인 유전자도 함께 사라진다. 따라서 다음 세대에는 매우 키가 큰 나무와 작은 나무로만 구성된다. 여기서 살펴본 예에서는 진화가 일어나는 데 두 세대가 걸렸다. 실제 자연에서는 진화가 일어나는 데 수천 년이 걸릴 수도 있지만, 그 효과는 동일하다. 진화 과정을 통해 나쁜 전략은 사라지는 것이다.

원뿔 모양과 공 모양

나무의 키가 작거나 커지도록 하는 것처럼 그와 동일한 진화적 압력이 다른 많은 영역에서도 작용하고 있다.

침엽수의 모양은 원뿔 모양인 반면, 대부분의 활엽수는 둥근 편이다. 침엽수는 높은 위도에서 생존하고 겨우내 잎을 유지하도록 진화해 왔다. 많은 눈snow에 대처할 수 있도록 진화한 것일 수도 있다. 눈은 가지가 아래로 흐르는 날씬한 나무로부터 미끄러져 내려와 쌓인 다음, 평평한 가지를 가진 폭이 넓은 가지를 부러뜨린다. 키가 크고 날씬하면 하늘 높이 올라가지 않는 낮은 태양으로부터 빛을 받아들이는 데도 도움이 된다. 온도가 높고 건조한 지역인 경우라면, 태양이 하늘에서 가장 높이 위치할 때인 한낮의 복사열을 줄이는 데 그런 원뿔 모양이 도움이 된다.

나무들은 끝단의 통제를 받는다. 가장 높은 곳에 위치한 나무의 생장 부위를 끝눈apical bud(정아라고도 하며, 나무줄기의 끝에 있는 눈을 뜻한다—옮긴이)이라고 한다. 끝눈은 일종의 식물 호르몬인 옥신auxin이라는 화학 물질을 분비하는데, 이 식물 호르몬은 줄기를 따라 아래로 내려가면서 나무의 모든 원가지main branch(주지라고도 한다—옮긴이)가 어떻게 자랄 것인지를 지시한다.

수종마다 그 방식은 다르지만, 몇 가지 일반적인 경향은 쉽게 알 수 있다. 침엽수의 상단에는 일종의 절대 권력자가 존재한다. 침엽수가 분비하는 옥신은 아래쪽에 있는 모든 곁가지에게 천천히 생장해야 한다는 강력한 메시지를 보낸다. 이 때문에 대부분의 침엽수는 키가 크고 가늘다. 가장 아래쪽에 있는 가지가 가장 오랫동안 천천히 자라기 때문에 나무의 하부가 상부보다 더 넓게 된다. 많은 침엽수가 첨탑 모양인 것은 바로 이런 이유 때문이다.

활엽수에는 힘이 약하고 지배력이 낮은 권력자가 존재한다. 활엽수의 끝눈은 온화한 메시지를 보낸다. 곁가지가 자라나는 것은 괜찮지만 상단보다 빨리 자라면 안 되고, 약간 퍼져서 자라는 것은 허용된다. 참나무와 너도밤나무 그리고 대부분의 활엽수가 침엽수보다 더 둥근 모양인 이유가 바로 이 때문이다.

강력한 상단: 침엽수를 포함한 키가 크고 날씬한 나무.

약한 상단: 참나무를 포함한 둥근 캐노피.

커다란 변화가 일어나기 전까지는 이 모든 것이 잘 작동한다. 폭풍이나 정원사 또는 동물 때문에 나무의 상단이 잘려나가면, 권력자인 끝눈도 제거되는 셈이다. 옥신이 줄기를 따라 흘러내리지 않게 되고, 아래쪽 곁가지에 제동이 걸린다. 곁가지는 더 빨리 자라기 시작하고, 새로운 가지도 생겨난다. 이는 일종의 효과적인 생존 메커니즘이다. 이와 같은 메커니즘을 통해 나무가 어떤 재난을 겪게 되면, 전략을 바꾸고 다시 성장할 수 있게 된다.

가지치기는 흥미로운 패턴들을 만들어내는데, 예를 들어 가지들이 점점 촘촘해지는 이유는 가지치기를 할 때마다 점점 더 많은 작은 가지가 생겨나기 때문이다.[12] 또한, 가지치기는 상업적으로 나무를 키우는 사람들이 크리스마스트리를 더 무성하고 풍성하게 만드는 방법이기도 하다.[13] 나뭇가지에 대해 좀 더 자세히 살펴본 다음, 이러한 패턴들에 대해 다시 살펴볼 예정이니, 지금은 몇 가지 다르게 보이는 나무 모양을 찾아보고 나무 상단에 어떤 종류의 권력자가 있는지, 즉 지배적인지, 온순한지 눈여겨보자.

낙서는 남는다

이제는 우리의 사고방식을 바꿔야 할 때이다. 정확히 신화라고 할 정도는 아니지만, 나무가 자라는 방식에 대한 오해가 널리 퍼져 있다. 우리가 볼 수 있는 나무의 모양을 이해하려면 일단 정리가 필요하다.

발끝으로 서서 만질 수 있을 정도로 낮은 위치에 큰 가지가 있는 나무를 찾아보자. 그리고 최대한 높이 손을 뻗어 손톱으로 나뭇가지 아래쪽의 껍질을 긁어 보자. 여기서 한 가지 질문이 있다. 5년 후에 다시 찾아오더라도 여전히 그 나뭇가지를 만질 수 있을까? 키가 더 커지거나 줄어들거나 하지 않았고, 신발을 바꾸거나 실험을 혼동할 만한 다른 행동을 하지 않는다고 가정한다. 여러분이 다시 되돌아왔을 때, 그 나뭇가지가 땅에서 더 낮아졌는지, 더 높아졌는지, 아니면 같은 높이인지 알아보기 위해서이다.

아마 여러분도 어렸을 때, 해바라기처럼 엄청나게 빠른 속도로 자라는 식물의 씨앗을 심고 키우면서 즐거워했던 적이 있을 것이다. 우리는 묘목이 싹을 틔우고 꿈틀거리며 위로 자라 올라오는 모습을 보는 데 익숙하다. 일주일마다 식물의 작은 키가 눈에 띄게 커지는 모습을 포함해 거의 모든 행동을 관찰할 수 있다. 또한, 빠르게 자라는 식물의 모습을 동영상으로 본 적도 있을 것이다. 이는 흥미로운 경험이기는 하지만, 나무가 자라는 방식에 대한 잘못된 생각을 심어줄 수 있다.

나무들의 성장에는 두 가지 유형이 있으며, 1차 생장과 2차 생장으로 구분한다. 1차 생장은 해바라기의 성장과 완전히 동일하다. 새싹이 위로 자라오르면서 녹색 줄기를 형성한다. 하지만 일단 줄기가 나오고 나면, 나무들은 껍질을 만들면서 또 다른 유형의 성장을 이어간다. 2차 생장이란 기존의 나무껍질로 덮여 있던 줄기와 가지가 살이 찌면서 통통해지고 지름이 굵어지는 것을 말한다. 여기서 중요한 사실은 나무껍질이 생기고 나면, 해당 줄기 부분은 더 이상 위쪽으로 자라지 않는다는 점이다. 더 통통해질 뿐 키가 더 자라지는 않는다. 가지에서도 같은 원리가 작용한다. 가지 끝은 계속 길어지지만, 줄기에 가까운 부분은 더 통통해질 뿐 바깥쪽으로 자라지는 않는다.

줄기의 최상단에 위치한 끝눈은 위쪽으로 자라는 1차 생장을 통해 계속 키가 커지지만, 하단부는 그와 같은 생장을 하지 않는다. 만약 나무껍질을 긁어서 한 줄의 선을 새겨 넣는다고 하더라도 몇 해가 지나도 그 선의 위치(높이)는 달라지지 않는다. 나무껍질에 낙서하는 행동은 나무에 해롭기 때문에 권장하지 않지만, 그 나무에 새겨진 낙서는 10년이 지나도 그 위치가 위로 올라가지 않는다는 사실을 목격하게 될 것이다. 만약 낙서의 위치가 위로 상승했다면, 머리 위로 '젬마를 위한 레오Leo 4 Gemma'라는 낙서를 볼 수 있을 것 같지만, 그렇지 않다. 우리가 보게 될 낙서의 위치는 10년 전 사랑에 빠진 레오가 써넣었던 낙서의 높이 그대로일 것이다.

앞서 던진 질문에 답을 하자면, '그렇다'이다. 5년 후 여러분은 그 낮은 위치의 가지를 만질 수 있을 것이다. 사실상 그 가지는 더 통통해져 있겠지만, 더 높이 올라가지는 않았을 것이기 때문에 가지를 더 쉽게 만질 수 있을 것이다. 실제로 내가 낙서를 남긴 가지는 더 굵어지면서 높이가 더 낮아진다.

파라솔 효과

각 나무의 모양을 보면 그 나무의 전략을 엿볼 수 있다. 어떤 한 나무가 높이 경쟁에서 이기기 위해 전력을 다한다면, 그 나무는 필연적으로 수많은 밑가지를 가지게 될 것이고, 그 가지들은 윗가지들이 만들었거나 앞으로 만들 그늘에 있게 될 것이다.

이와 같은 전략을 취하는 나무들에는 문제가 하나 있다. 이런 나무들은 캐노피 위까지 올라가기 위해 모든 에너지를 쏟아부어야 하지만, 지금은 그늘진 아래쪽에 가지가 많아 아무런 도움이 되지 못한다. 우리는 아래쪽에 가지들이 일정 높이에 갇혀 있다는 것을 알고 있다. 캐노피 위로 결코 올라갈 수 없는 것이다. 그늘을 좋아하는 나무라면 괜찮겠지만, 키가 큰 나무는 그늘을 좋아하지 않는다. 깔끔한 해결책이 있다. 아래쪽의 가지를 잘라내 버리면 된다.

소나무처럼 직사광선을 많이 받는 나무는 키가 커지면서 윗가지들은 유지하고, 밑가지들은 없애버린다. 이렇게 하면 나무가 '위쪽이 무거워 보이는' 모양이 되는데, 나는 이를 "파라솔 효과parasol effect"라고 부른다. 이런 현상을 매우 극적으로 보여주는 수종이 소나무이지만, 대부분의 수종에서는 다양한 형태로 나타난다. 우리 집 오두막 창밖을 내다보면 너도밤나무는 모두 무성하게 자라지만, 땅 근처에는 가지가 거의 없음을 알 수 있다. 산사나무와 개암나무 등 키가 훨씬 작은

소나무 전나무 가문비나무 솔송나무

몇몇 수종은 여전히 밑가지들을 유지한다.

침엽수의 실루엣을 보면 모든 수종에서 이러한 효과를 관찰할 수 있을 것이다. 여러분은 소나무는 전나무보다, 전나무는 가문비나무보다, 가문비나무는 솔송나무보다 햇빛을 더 좋아한다는 사실을 기억하고 있을 것이다. 소나무는 태양열을 느낀다. 이처럼 실루엣을 통해 볼 수 있는 하나의 패턴이 있다. 솔송나무는 가문비나무보다 키가 작고, 가문비나무는 전나무보다 키가 작으며, 전나무는 소나무보다 키가 작다.

나는 정기적으로 개들을 산책시키는데, 산책 경로를 따라 초기에 미국 솔송나무western hemlock를 지나쳐 간다. 손가락 사이로 솔송나무 잎을 문지르면 진한 자몽 향이 나는데, 가끔 잎을 만져보며 향을 맡아보곤 한다. 20분 정도 지나면 언덕 위쪽 부근 공터에 우뚝 서 있는 유럽 소나무Scotch pine 한 그루를 만나게 된다. 솔잎 또한 산들바람을 타고 야생의 친숙한 느낌을 주는 흥미로운 냄새를 풍기는데, 레몬 향이 나면서 상쾌하지만 톡 쏘는 듯한 향이 있어 거의 약이나 마찬가지다. 그리고 실제로 약효가 있을 수도 있다. 솔잎은 수많은 병원균을 죽이는 것으로 알려져 있으며, 연구 결과에 따르면 사람에게도 좋은 영향을 준다고 한다. 솔잎을 몇 개 뽑아 손으로 으깬 뒤 깊게 호흡하면서 향을 들이마시는 게 좋을 수도 있지만, 실용적이지는 않다. 살아 있는 솔잎 중 가장 가까이 있는 솔잎의 위치가 내 머리 위로 50피트(15미터) 상공에 있기 때문이다.

일반적으로 성숙한 나무의 잎에 손이 닿을 수 있다면, 그 나무는 그늘에 잘 견디는 종임을 의미한다. 나는 이를 "낮은 잎, 낮은 태양Low leaves, low sun"이라는 문장을 이용해 기억하고 있다.

날씬해지는 그늘, 살찌는 햇살

지금까지 살펴본 대부분 추세는 미리 정해져 있고 대물림되는 것이다. 그런 추세들은 유전자에 기인한다. 전나무는 자연이 어떤 영향을 미치든 참나무와는 전혀 다르게 보일 것이다. 그러나 많은 패턴이 환경에 의해 결정되며, 그중에서도 햇빛이 가장 큰 영향을 미친다.

경쟁자들보다 우위에 서기 위해 얼마나 높이 자라야 하는지 나무는 정확히 알지 못할뿐더러, 필요 이상으로 높이 자라면 위험할 수도 있다. 나무들은 또 다른 간단한 해결책으로 이 문제를 해결한다. 빛의 수준을 감지하고 이에 반응하는 것이다. 나무는 일단 밝은 빛을 감지하게 되면, 더 이상 키가 커질 필요가 없으므로 계획을 조정한다. 빛이 닿는 곳까지만 자라는 것이다.

가장 윗부분인 줄기의 끝눈이 그늘에 있는 한, 키가 빨리 자라도록 화학적 메시지를 계속 보내고 아래쪽 가지가 자라지 않도록 억제한다. 그리고 햇빛이 가득 들어오는 것을 감지하자마자 메시지를 바꾼다. 위로 자라는 속도를 늦추고 가지들을 옆으로 자라게 한다. 이러한 현상이 실시간으로 일어나지는 않지만, 누적되면 그 효과는 현저하게 나타난다.

우리가 자주 보는 수종을 하나 선택해 보자. 숲이나 그늘진 곳에서는 키가 크고 가늘게 자라는 경향이 있지만, 햇빛이 잘 드는 개방된 환경에서는 키가 작고 넓게 자란다는 사실을 곧 발견할 수 있을 것이다. 임업인들은 이러한 효과를 최대한 활용하기 위해 나무를 촘촘하게 심는다. 나무의 줄기는 상업적 가치가 있는 부분이고, 곁가지는 목재 수확기에 방해가 되는 경우가 많다. 나무를 촘촘하게 심으면 필요한 빛을 덜 받게 된다는 의미인데, 이렇게 해서 나무들을 최고의 작물로 키운다는 것이 조금 아이러니하다. 하지만 효과는 있다. 옆으로 자라는 것은 최소화하면서, 키가 크고 곧은줄기로 자라기 때문이다.

여러분이 폭풍이나 벌목으로 생긴 새로운 틈새로 나무들이 확장해 나가는 것을 볼 수 있는 이유가 바로 이 때문이다. 갑작스럽게 조도가 급상승하면, 나무들은 위로 치솟는 속도를 늦추고 옆으로 자라는 속도를 높이면서 자신들의 성장 방식을 바꾼다.

탁 트인 공간에서 자라는 키가 크고 날씬한 참나무나 숲속에 자라는 작고 넓게 퍼진 참나무처럼 때로는 앞서 언급한 규칙에 위배되는 듯 보이는 나무를 볼 수도 있을 것이다. 이는 풍경이 바뀌었음을 의미하는 하나의 단서에 해당한다. 탁 트인 공간에 있는 날씬한 참나무는 지금은 사라진 나무들에 둘러싸여 자란 반면, 숲속의 통통한 참나무는 오랜 세월 동안 그 자리를 지켜왔지만, 지금은 더 빨리 자라는 나무들에 둘러싸여 있음을 알 수 있다.

나무에는 몇 개의 층이 필요할까?

1000번을 본다고 하더라도 단 한 번도 발견할 수 없는 것이 있을까? 있다. 이제부터 이에 해당하는 좋은 예를 살펴보도록 하자.

밝은 햇볕이 가득 내리쬐는 곳에 위치한 나뭇잎이 그 절반의 햇볕만 쬘 수 있는 위치의 나뭇잎보다 두 배 정도 더 잘 자랄 것이라고 생각하기 쉽다. 하지만 실제로 대부분 나뭇잎은 약 20퍼센트 정도의 햇빛만 있으면, 자신들의 임무를 최대한으로 수행할 수 있다.[14] 나무가 햇볕으로 잎을 밀어내는 데 얼마나 많은 노력을 기울이는지를 고려했을 때, 상부에 있는 잎이 햇빛을 모두 받고 있다면, 하부에 있는 잎은 이미 하루의 대부분을 그늘에서 보내야 할 것이다.

자작나무나 산사나무처럼 밝고 탁 트인 공간에서 자라도록 진화한 나무들은 다양한 밝기의 빛을 수없이 받을 것이다. 대부분 키가 큰 나무처럼 캐노피를 통과해 자라도록 진화한 나무들은 잎이 나올 때까지는 빛을 거의 받지 못하다가 잎이 나오면 꼭대기 부근에서만 빛을 받을 수 있게 될 것이다. 이는 서로 빛을 받는 환경이 다른 것을 의미하며, 다른 유형의 두 나무가 같은 형태 전략을 사용한다고 하면 이상한 말처럼 들릴 수도 있다. 하지만 그렇지 않다.

나무의 형태는 '다층multilayer' 아니면 '단층monolayer'이다. 너도밤나무처럼 그늘에서 자라다가 캐노피 꼭대기까지 성장하도록 특화된 나무들은 평평한 구조를 가지고 있다. 이런 나무들은 대부분 가지를 비슷한 높이로 유지하며 '하나'의 층으

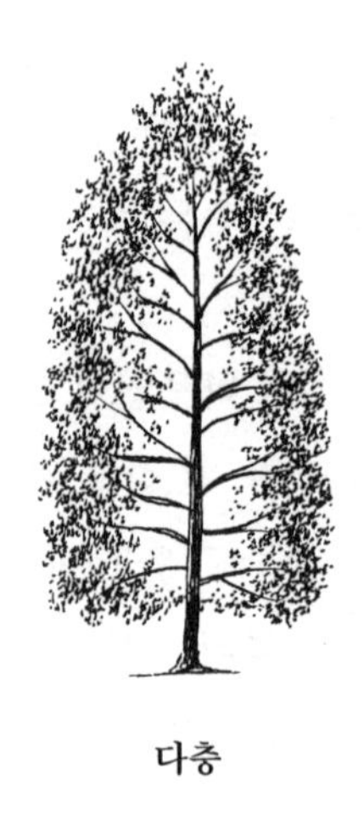

다층

단층

로 뻗어나가게 한다. 반면, 자작나무와 같이 탁 트인 공간에서 자라는 나무는 가지를 다양한 높이의 '여러' 층으로 자라게 한다.

대부분의 사람이 이런 효과를 관찰하고자 나서더라도 처음에는 모든 나무가 다층으로 보일 것이다. 그 이유는 우리가 많이 보게 되는 나무들이 개방된 환경에서 자라는 나무들이기 때문이며, '살찌는 햇빛' 효과에서 보았듯이 밝은 공간에서는 나무들이 좀 더 둥근 형태로 적응하기 때문이다. 반면, 활엽수림 안으로 들어가서 위를 올려다보면 단층 나무들이 많이 보일 것이다. 대부분 가지가 너무 높아서 여러분이 돌로 맞히기 어려울 정도라면 나무들이 단층임을 의미한다. 나뭇가지가 위에서 아래로 퍼져 있고 돌을 던져서 여러 나뭇가지를 맞힐 수 있다면 이는 다층 나무임을 의미한다.

어떻게 그리고 왜 이 두 가지 모양으로 진화했는지를 시각화하려면 다소 어려움이 있다. 하지만 햇빛을 물방울로 바꾸어 상상해 보면 조금 더 쉽게 이해할 수 있다.

몇 달 전, 부엌 천장에서 물이 떨어지는 것을 발견했다. 가슴이 철렁 내려앉았다. 우선 문제의 원인이라고 의심되는 위층의 벽장으로 달려갔다. 온수 탱크의 바닥 부근에 있는 밸브에서 물이 떨어지고 있었다.

다행히 물방울이 느리게 떨어지고 있었기 때문에 더 이상 물이 떨어지지 않도록 밸브 아래에 그릇을 쐐기로 박아 넣었다. 그런 다음, 이리저리 만지작거려도 아무런 변화가 없어서 친절한 난방 기술자인 톰에게 전화를 걸었다. (톰은 매우 독특한 사람이다. 그는 원자력 야금학atomic energy metallurgy 박사 과정을 하면서 동시에 가정용 난방 시스템 일도 하고 있었는데, 그 이야기는 다음 기회에 하기로 하자.) 톰은 가능한 한 빨리 오겠다고 약속했지만, 최소 24시간은 걸릴 것 같았다.

"괜찮아요." 내가 말했다.

"물방울이 천천히 떨어지고 있어 한 그릇에 모두 담을 수 있을 거예요." 나는 다소 긴박한 목소리로 말했다.

나는 톰에게 전화한 후, 6시간 동안 여러 차례 찬장을 확인했다. 작은 그릇이었지만 너무 천천히 채워지고 있었기 때문에 그릇을 비울 필요가 없었다. 하지만 상황이 바뀌었다. 물방울 떨어지는 속도가 빨라졌다. 그릇이 빠르게 채워지자 나는 톰에게 문자 메시지를 보냈다. 톰이 도착할 때까지 몇 시간 동안 나의 목표는 단순했다. 물이 밸브에서 벽장 바닥으로 흘러내리지 못하도록 하는 방법을 찾아내는 것이었다. 그렇게 할 수만 있다면 물이 부엌으로 떨어지지는 않을 것이다. 파이프들 사이의 공간에 더 큰 그릇을 넣을 수는 없었기 때문에 같은 크기의 다른 그릇을 추가하기 위해 첫 번째 그릇 바로 아래로 밀어 넣었다. 톰이 도착했을 때 벽장에 그릇이 4개나 쌓여 있어서 작은 폭포처럼 물방울이 아래쪽으로 흘러내렸기 때문에 그릇을 교체할 시간을 벌 수 있었다.

그리고 이것이 바로 나뭇잎이 빛을 가지고 하려는 일이다. 빛이 위에서 물방울처럼 떨어진다고 생각하면 나뭇잎은 빛이 땅에 닿지 못하도록 막는 역할을 한다. 빛이 땅에 닿을 경우 그것은 빛이 낭비된 것을 의미한다. 자연은 그런 낭비를 싫어한다. 빛이 많지 않다면 맨 위에 있는 그릇 하나면 충분히 역할을 수행할 수 있을 것이다. 그러나 한 번에 담을 수 있는 양보다 더 많은 빛이 들어온다면, 그때는 더 아래쪽에 또 하나를 준비하는 것이 합리적이다.

그늘진 숲에서는 캐노피 상단 부근의 단일 층에서 모든 빛을 흡수한다. 밝고 탁 트인 곳이라면 빛이 자작나무의 여러 층을 계단처럼 내려오는 모습을 떠올릴 수 있다. 또한, 여분의 층들이 있다면, 측면에서 빛이 들어오는 경우에 두 배나 더 잘 작동하게 된다.

밖으로, 아래로

지금까지 우리는 유전자와 주변 환경에 의한 나무의 형태 변화에 대해 살펴봤다. 이제 우리가 고려해야 할 세 번째 요소는 시간이다.

나무는 시간이 지남에 따라 커지기도 하지만, 특히 오랜 시간이 지나면 형태가 변하기도 한다. 일반적으로 더 울퉁불퉁하고 비대칭적인 형태로 변한다. 수많은 수종의 경우 최정상의 권력자인 끝눈은 세월이 흐르면 온화해진다. 소나무는 초기에는 규칙에 따라 훌륭한 대칭성을 보이며 깔끔한 피라미드 모양으로 성장을 시작한다.[15] 세월이 흐르면서 점점 규칙을 잘 따르지 않고 보헤미안처럼 자유로운 스타일로 변한다. 중년기가 되면 나무는 윗부분이 얇고 정해진 모양을 갖게 되지만, 끝눈의 힘이 약해지면서 통제력을 잃게 된다. 이 때문에 일부 나무의 경우 윗부분이 평평해지는 시기가 찾아온다. 주목은 어릴 때는 위쪽으로 자라지만, 성숙해지면 옆으로 넓게 퍼진다. 여러분도 일부 오래된 소나무에서 이런 현상이 뚜렷하게 나타나는 것임을 보게 될 것이다.

끝눈의 힘이 약해지면 아래쪽의 가지들이 더 활발하게 자라기 시작하면서 캐노피의 모양이 더 넓어진다. 이와 같은 현상은 단층으로 생을 시작한 나무가 세월이 흐르면서 더 많은 층을 가지게 될 것을 시사한다. 대부분의 단층 나무는 시간이 지나면 다층 모양으로 변한다. 나는 이와 같은 확장 효과broadening effect에 대해 독특한 생각을 가지고 있다. 끝눈은 엄격하고 못된 조부모와 같고, 아래쪽 가지들은 쉬지 않고 밖에 나가 놀고 싶어 하는 아이들과 같다. 조부모가 아이들을 꾸짖는다. "밖에 나가면 안 돼. 비에 젖어서 더러워지고 카펫을 엉망으로 만들 거야!"라고 야단친다. 하지만 아이들은 시간을 끌고, 결국 조부모는 지쳐서 흔들의자에서 곯아떨어지고 만다. 아이들은 서둘러 문밖으로 뛰쳐나간다.

나무가 아주 오래되면 '베테랑'인 최상단이 하부보다 훨씬 먼저 죽을 수 있다. 죽은 가지들이 최상단에서 튀어나오고 그 아래쪽에는 녹색의 건강한 가지들이 나오는데, 이를 '축소' 또는 '하향 성장'이라고 한다.

각 수종은 저마다 이러한 효과들에서 고유한 조합이 나타나며, 이 중 일부는 다른 것보다 강한 영향을 미친다. 고대 참나무와 같은 일부 수종은 위쪽 가지들이 눈에 띄게 튀어나와 사슴 머리stag-headed라는 별명을 가질 정도로 독특한 효과를 발휘한다.

4

사라진 가지들

나뭇가지에는 자신들만의 조용한 언어가 있다. 나뭇가지는 풍경의 반을 차지하면서도 여전히 눈에 띄려 하지 않는다. 다음 기회에 예전에 보지 못한 나무를 발견하면 등을 돌려보자. 그리고 훔쳐보지 않고 그 나뭇가지들을 최대한 자세하게 묘사해 보자. 묘사하기 어려운가?

1833년 잉글랜드 남서부 도싯주Dorset의 톨퍼들Tolpuddle이라는 마을에 서 있는 양버즘나무 아래에서 농업에 종사하는 7명의 노동자가 모여 임금과 권리 악화에 맞서 투쟁하기로 합의했다. 이들은 비밀 선서를 했다는 이유로 체포되어, 7년의 노역 형을 선고받고 호주 보터니만Botany Bay으로 이송되었다.

이후 대규모 항의가 이어졌고, 탄원서에 80만 명이나 서명했다. 7명의 노동자는 호주에서 양을 키우는 농부로 3년을 보내고 나서야 사면될 수 있었다. 이 사건은 노동조합 운동의 탄생에 결정적인 계기가 되었으며, 7명의 노동자는 톨퍼들의 순교자로 기억되고 있다.[16] 이 나무는 오늘날까지 살아남아 수령이 340년 정도 되었다.

몇 주 전, 어스름한 새벽녘에 숲속에서 개들을 산책시키고 있는데 뒤에서 이상한 소리가 났다. 나의 꼬맹이 잭 러셀Jack Russell이었다. 잭은 다소 신경질적이었다. 나는 잭이 괜찮은지 확인하고자 고개를 돌렸다. 어리석게도 그런 와중에 멈추지 않고 계속 걷다가 개암나무의 아래쪽 잎사귀 때문에 눈이 간지러워 눈을 비비기 시작했다. 하지만 여기서 교훈을 얻지 못하고, 눈을 감은 채로 계속 걸었다. 순간 빛이 바뀌는 것을 느꼈고, 눈물을 흘리며 눈을 가늘게 뜨자 어두운 형체가 보였다. 나는 갑자기 몸을 숙였고 무릎이 바닥에 있는 바위에 부딪혔다. 그리고 커다란 양버즘나무에서 튀어나온 아래쪽 가지 바로 밑을 통과했다. 긁힌 상처에 약간의 피를 흘리며 탈출했지만 심각한 상처를 입지는 않았다.

내가 몸을 수그리며 아래로 피한 나뭇가지는 톨퍼들 순교자들의 양버즘나무와 비슷한 크기의 나무에서 자라 나온 가지였다. 이 양버즘나무는 아무도 기억하지 않을 것이다. 여기서 한 가지 의문이 생긴다. 이 커다란 양버즘나무의 가지는 낮게 뻗어 나와 있어 내가 땅에 몸을 수그릴 정도인데, 앞서 언급한 비슷한 수령의 양버즘나무의 경우 그 밑에서 7명이 회의를 할 수 있을 정도로 충분한 공간이 있었을까?

우리가 보는 나뭇가지의 높이와 위치에는 항상 그럴만한

이유가 존재한다. 그리고 내가 너무나 귀한 나의 개를 살피는 대신 내가 어디로 가고 있는지 살폈더라면, 그 양버즘나무의 가지들을 즐거운 마음으로 읽을 수 있었을 것이다. 이번 장에서는 나뭇가지의 모양에 감춰진 징표들을 발견해 나갈 것이다. 찾아내기 가장 쉬운 효과부터 시작해서 더 어려운 추세로 넘어가 보자.

두꺼운 나뭇가지와 얇은 나뭇가지

나뭇가지는 줄기 부근에서 더 두껍고 끝단으로 갈수록 얇아지는데, 생각해 보면 너무나 명백하지만 우리는 이런 현상에 거의 주목하지 않는다. 이를 마지막으로 경험한 때는 아마도 어린아이 시절에 나무 위로 올라갔을 때일 것이다. 줄기에서 멀어질수록 나뭇가지가 부러져 떨어질 위험이 커진다.

우리 모두 잘 알고 있는 사실이지만, 초살도tapering는 수종에 따라 다르며 수종마다 고유한 특징을 가지고 있다. 그런 차이를 이해하는 데 다음과 같은 사고실험이 도움이 된다. 엄지와 검지로 반지 모양을 만들고 나뭇가지를 따라 끝에서 몸통까지 얼마나 멀리 미끄러져 나갈 수 있는지 상상해 보자. 도중에 방해가 되는 가지들은 무시하자.

일단 나뭇가지가 가늘어지는 경향인 초살도를 찾기 시작하면 그 정도가 얼마나 다양한지, 그리고 개척자 나무와 같이 개방된 곳에서 자라는 나무의 경우에는 얼마나 더 뚜렷하게 나타나는지 알 수 있을 것이다. 스스로 대처하도록 진화한 나무들은 강한 바람에 노출되므로 가장 가는 가지를 가지게 된다. 개척자 나무들의 가지 끝은 흔히 철사와 채찍 모양을 하고 있다. 자작나무는 그 정도가 더 심해 가지 끝이 너무 가늘어 전기도 통과하지 못할 것처럼 보인다.

이 부분에 대한 우리의 감각을 날카롭게 만드는 데 도움이 되는 한 가지 게임이 있다. 새들이 앉으려고 하는 나뭇가지를 보고 있다가 바람이 불면 새들이 어떻게 움직이는지 살펴보면서 그다음 행동을 예측해 보자.[17] 비둘기는 산들바람이 부는 자작나무의 가느다란 나뭇가지에 앉는 것을 좋아하지만, 바람이 조금이라도 거세지면 더 튼튼한 가지를 가진 나무로 날아갈 것이다.

강변에 늘어선 나무는 습지 개척자로 알려져 있다. 이들은 높은 수준의 빛과 바람 그리고 물과 맞서야 한다. 오리나무와 버드나무를 포함한 수종들은 가늘고 유연한 가지를 가지고 있다. 유연한 가지라야 바람과 물의 힘에 대처할 수 있기 때문이다.[18]

반면에 가지 끝 부근에 약간의 두께를 유지하는 특징을 가진 나무들이 일부 있다. 이러한 나무들은 좋은 은신처를 제공하는 동료 나무들이 많은 울창한 숲을 좋아한다. 여러분도 오래전에 죽은 참나무의 가지가 녹색 캐노피 밖으로 튀어나온 것을 본 적이 있을 텐데, 이런 현상은 가지가 어느 정도 두께를 유지할 때만 가능하다.

속이 빈 나무들

여름철에 밖에서 나무를 보면 잎이 가득 차 있다고 믿게 된다. 하지만 나무 밑이나 줄기 근처에 서서 위를 올려다보면 나무는 대부분 속이 비어 있고, 잎이 거의 없다는 것을 곧바로 알게 된다. 줄기에서 뻗어 나와 있지만, 잎이 없는 가지들이 있다. 그리고 끝부분에 가까워질수록 수많은 짧은 가지들이 모든 잎을 차지하고 있다. 짐작할 수 있듯이 이 모든 것은 빛과 관련이 있다. 줄기 근처에는 빛이 거의 없으므로 그곳에 잎사귀를 키우기 위해 비용을 들일 필요는 없는 것이다.

나뭇가지는 두 가지 역할을 수행한다. 줄기로부터 빛을 향해 뻗어나가야 하며, 빛을 흡수해야 하는 나뭇잎을 붙들고 있어야 한다. 하지만 이 두 가지 역할은 서로 다른 성격을 가지고 있다. 이 때문에 많은 나무 종에는 긴 가지와 짧은 가지, 두 가지 유형으로 분류된다.[19] 긴 가지들은 줄기에서 멀리 뻗어 나와 짧은 가지들이 잎을 고정할 수 있도록 발판 역할을 한다. 이러한 효과는 나무 오르기 같은 행사를 더욱 즐겁게 만들어준다. 우리는 줄기 부근의 큰 가지들 위쪽에 형성된 넓은 공간에서 잔가지나 나뭇잎의 방해 없이 행복한 시간을 보낼 수 있다.

가문비나무나 다른 침엽수 나무 아래에 서면, 전체 나무의 모양을 거의 완벽하게 반영하는 속이 빈 원뿔 모양을 올려다볼 수 있다. 이 속이 빈 부분에는 나뭇가지들이 조금 있긴 하지만 바늘 모양의 잎은 보이지 않는다.

각 나무의 안쪽 부분에 잎이 없다는 것을 알게 되었다면, 이제 좀 더 큰 단위로 이런 효과를 찾아볼 때가 되었다. 여름에는 활엽수, 그 외 다른 계절에는 침엽수로 잎이 무성한 잡목림copse을 찾아보자. 5분 이내로 걸을 수 있을 정도의 작은 숲에서 서로 가깝게 자라고 있는 나무들이 이상적이다.

그 작은 숲의 가장자리에 있는 나무들의 작은 가지와 잎의 패턴을 살펴보자. 이제 중앙으로 걸어 들어간 다음 그 패턴을 비교해 보자. 숲의 가장자리에 위치한 나무들에서 숲 밖을 향한 나무의 한쪽에 작은 잎들이 달린 가지들을 많이 볼 수 있을 것이다. 또한, 캐노피 위쪽에는 잎이 많지만, 숲 내부로 향한 쪽에는 작은 가지나 잎이 거의 보이지 않을 것이다. 숲의 중앙에 있는 나무들을 보면 측면에는 가지나 잎이 거의 없지만 위쪽에는 잎이 잘 덮여 있는 것을 발견할 수 있을 것이다. 이러한 효과들은 매우 논리적임을 알 수 있다. 빛은 숲의 가장자리에 있는 나무들의 한 측면과 꼭대기에는 도달할 수 있지만, 숲의 중심부에 있는 측면에는 도달하지 못하기 때문이다. 우리가 나무들을 벗어나서 전체적인 효과를 살펴보면, 이러한 패턴은 더욱 우아하고 흥미롭게 다가올 것이다.

숲은 개방된 공간에 서 있는 한 그루의 나무처럼 작용한다. 작은 가지들과 잎들이 숲의 모든 측면과 위쪽 부분을 뒤덮고 있지만, 숲의 중앙 부근에서는 작은 가지와 잎들이 거의 보이지 않는다. 서로 가까이 자라면, 잎이 덮여 있는 형태와 작은 가지들이 결합하여 캐노피에 하나의 효과를 만들어낸다.

이런 효과는 이 장의 뒷부분에 다루게 될 "숲으로부터의 탈출" 효과라고 불리는 또 다른 패턴과 밀접한 연관성이 있다.

위로, 아래로 그리고 다시 위로

나뭇가지들은 위로 뻗어 올라갈까, 아래로 뻗어 내려갈까, 아니면 옆으로 누워 있을까? 3억 년간 진화의 과정이 있었으므로 이제는 무엇이 최선인지 어느 정도 합의가 이루어져 있었어야 할 것이다. 하지만 그렇지 않다. 각자의 상황에 맞게 선택될 뿐이다. 위쪽을 향하는 나뭇가지는 아래쪽을 향하는 나뭇가지보다 빛에 닿을 확률이 높지만, 폭설이 내리면 훨씬 취약할 수밖에 없다. 수종에 따라 매우 다양한 형태로 나타나긴 하지만, 다행히도 대부분 나무에 적용되는 몇 가지 패턴이 있다.

나무가 빛을 받기 위해 가지들을 그물로 사용한다고 생각해 보자. 나무가 모든 층에 같은 너비의 그물을 드리운다면 나무는 원통처럼 보일 것이고, 위쪽에 위치한 가지들만 많은 빛을 받게 될 것이다. 따라서 나무 아래쪽으로 갈수록 그물 폭이 넓어지는 것은 당연한 이치이다. 나무가 이를 실현하는 방법 가운데 하나는 가지들이 자라는 각도를 변경하는 것이다. 가지들이 어릴 때는 위로 자라게 하고, 성숙해지면 바깥쪽으로 자라게 만든다. 이로써 우리가 쉽게 알아볼 수 있는 익숙한 패턴들이 형성된다.

가장 어린 가지들이 가장 위쪽을 향하는 경향이 있다. 시간이 지나면서 약간 처지다가 점차 늘어진다. 가장 어린 가지들이 나무의 맨 위쪽에 있고, 가장 오래된 가지들은 맨 아래쪽에 있다. 즉, 어떤 나무든 나무 최상단에 가까이 있는 가지들은 하늘로 향하고, 최하단에 가까이 있는 가지들은 땅으로 향

가문비나무의 가지

할 가능성이 높다. 그 사이에 있는 가지들은 옆으로 자랄 것이다.

하부의 더 오래된 가지가 나무의 캐노피 가장자리에 있는 빛에 닿을 정도로 충분히 자라면 더 이상 자랄 필요가 없게 된다. 다시 한번 위쪽으로 방향을 틀어 청춘의 불씨를 되살리려 한다. 하늘을 향하고 있는 길고 낮은 가지들이 얼마나 많은지 주목해 보자.

대부분 나무에서 이러한 경향들을 관찰할 수 있다. 이런 현상은 아래쪽에 가지들을 가진 침엽수에서 더 두드러지게 나타나며, 다수의 활엽수에서는 미세하게 나타난다. 내 주변에 있는 너도밤나무와 참나무의 가지는 수평 아래로 거의 떨어지지 않으며, 심지어 가장 오래된 가지들도 그런 경향을 보인다. 가지 끝부분의 방향 전환도 약하게 나타난다. 하지만 가문비나무의 가지들은 최상단 부근에서는 위쪽으로 45도 방향으로 자라며, 중간 위치의 가지들은 지면과 수평으로 자라고, 지면 가까이 위치한 가지는 45도 각도로 거의 땅에 닿을 정도로 아래 방향으로 자란다. 그러나 아래쪽의 가문비나무 가지의 끝은 반항하듯 하늘을 향해 뻗어 있다.

잎갈나무의 가지 끝은 길고 완만한 곡선을 그리며 위쪽으로 향하며, 손가락을 말아 올린 것처럼 우리를 가까이 오라고 손짓하는 듯하다. 내가 지나치는 물푸레나무는 끝부분이 위쪽으로 휘어져 있어 특히 겨울철에 멀리서도 눈에 잘 띈다.

사라진 가지들

고양이, 개, 말, 개구리, 거미 또는 다른 동물을 볼 때, 아주 불행한 동물이 아니라면 우리가 예상하는 숫자의 다리를 가지고 있음을 확인할 수 있다. 대부분 동물은 유전적으로 정해진 수의 다리를 갖도록 정해져 있다. 하지만 나뭇가지는 다르다. 동물과는 다른 과정이 작용한다. 그 때문에 많은 사람이 눈앞에 보이는 나뭇가지들을 보며 오해하게 된다.

우리는 수령과 관계없이 한 그루의 나무에 자라는 가지들을 보면, 이미 운명으로 정해진 형태로 자란다고 생각하기 쉽다. 하지만 만약 그 나무가 현재의 위치가 아니라 다른 곳에서 생을 시작했다면, 지금과는 매우 다른 형태와 패턴의 가지를 보게 될 것이다. 우리는 단지 다르게 자란, 같은 가지를 보는 것이 아니다. 그곳에 그 나무가 없었다면 존재하지 않을 가지들을 보고 있다. 각각의 나무는 주어진 환경에 대응하여 가지들을 성장시킨다. 나무에 내재한 창조력 일부가 발현되는 것이다. 모든 성숙한 나무에는 생명을 시작하지 않았지만, 생명을 가졌을 수도 있는 수백 개의 가지가 있고, 생명을 시작했지만 오래전에 사라진 수백 개의 가지가 있다.

이 개념을 비즈니스에 비유하여 살펴보자. 미국에 30개의 지점을 가진 성공적인 미국 회사가 영국에 5개의 지점을 오픈하려 한다고 가정하자. 이는 비용이 많이 들고 위험한 투자가 될 것이므로 각 지점의 정확한 위치를 결정하기 위해 많은 생각과 분석 그리고 계획들이 필요할 것이다. 글래스고 Glasgow에 지점을 오픈해야 할까, 말아야 할까? 잘못된 판단을 하면 회사 입장에서는 값비싼 대가를 치러야 하는 실수가 될 수도 있다. 최종 결정은 최고 경영자가 내려야 하며, 그 결정이 올바른 결정이 되기 위해서는 자신들이 가진 모든 경험과 지혜 그리고 데이터를 사용해야 할 것이다.

나무는 최고 경영자도, 연구와 데이터도 없지만 나름의 뛰어난 전략으로 성장해 나간다. 어떻게 성장할 수 있을까? 간단하다. 나무는 모든 가능성을 시도해 보고, 대부분의 시도가 실패하더라도 상관하지 않는다. 나무는 하나의 큰 장점을 가지고 있다. 나무에게 가지(회사의 지점과 나뭇가지 모두 영어로 branch라고 한다 — 옮긴이)를 하나 오픈하는 일은 저렴하고 쉬운 일이다.

만약 나무가 영국에 미국 회사의 지점을 개점해야 하는 결정을 내려야 하는 상황이라면, 나무는 이렇게 말할 것이다.

"영국 전역에 아주 작은 지점 100개를 개설하여 성공한 지점은 성장시키고, 실패한 지점은 실패하게 둡시다." 10년 후에는 수익성이 좋은 곳에만 지점이 남아 있을 것이다. 그리고 의사 결정권자라면 시도해 볼 생각조차 하지 않았을 이상한 장소에도 지점 한두 개가 있을 것이다. 나무에게 있어서 창의성은 장소를 선택하는 것이 아니라, 넓게 그물망을 던져서 어떤 것이 효과가 있는지 확인하는 것에 있다. 나무들은 거의 모든 곳에 가지를 뻗어보지만 번성하지 못하면 무자비하게 잘라내 버린다. 이 과정을 자연 낙지self-pruning라고 하며, 나무는 항상 이 과정을 거친다. 우리가 지금 보고 있는 가지들은 아직 제거되지 않았기 때문에 살아남아 있을 뿐이다.

거의 모든 성숙한 나무에서 이런 효과가 관찰된다. 만약 소나무를 심고 10년 후에 되돌아와 보면, 키가 10피트(약 3미터) 정도로 그리 크지 않으며, 가지들은 아직 땅에 닿을 정도임을 확인할 수 있을 것이다. 물론 나무 아래로 걷는 것도 불가능할 것이다. 또다시 10년 후에 돌아와 보면, 나무는 많이 자랐을 것이고 땅에 닿는 가지들도 거의 없을 것이다. 이때 우리는 줄기가 커지면서 가지들이 들어 올려졌다고 착각에 빠질 수 있지만, 실제로는 그렇지 않다. 새로운 가지들은 더 높은 곳에 자라나고, 가장 아래쪽 가지들, 즉 더 높은 곳에 자라난 가지들의 그늘에 있는 가지들은 '자연 낙지'를 당한다. 나무가 스스로 자신의 가지들을 잘라내 버리는 것이다.

남쪽의 눈들

작년 여름이 끝날 무렵에 셰익스피어의 고향인 잉글랜드 중부의 스트랫퍼드 어폰 에이번Stratford-upon-Avon이라는 마을 근처에 위치한 스니터필드 부시즈Snitterfield Bushes라는 자연 보호 구역을 탐험하던 중이었다. 그곳에서 설령쥐오줌풀valerian 꽃 몇 송이를 발견하자 웃음이 나왔다. 이는 흙 속에 암석이나 콘크리트가 있다는 신호이다. 그 지역은 야생의 느낌이 나지만, 최근까지 제2차 세계 대전 비행장이 있던 곳이기도 하다.

매혹적인 자연을 둘러보며 길고 유익한 하루를 보낸 후 잠잘 곳을 찾아 나섰다. 나무와 꽃들 그리고 이끼들을 보니 이미 예측했던 대로 땅이 너무 축축해서 편한 밤을 보내기에는 부적합하다는 것을 알았다. 더 건조한 곳으로 이동해야 한다는 사실을 스스로 인정하니 어깨가 축 처졌다. 긴 시간을 야외에서 보내고 하루가 끝나는 순간에 이런 결정을 내리는 것이 약간 아쉬웠다. 근처 언덕으로 올라가기 위한 에너지를 모으기 위해 오래된 그루터기stump에 앉아 간식을 먹었다. 말린 과일을 먹으며 앞쪽에 나무들이 뒤섞여 만들어낸 일종의 벽을 희미하게 바라보고 있었다. 약 15분 정도 별달리 찾고자 하는 것도, 아무런 생각도 없이 시간을 보내고 있다가 나무들이 나를 응시하고 있는 것 같은 느낌이 들었다.

간식으로 섭취한 에너지가 뇌로 전달된 후에야 무슨 일이 벌어지고 있는지 깨닫게 되었다. 갑자기 내가 바라보고 있는 것에 감사한 마음이 들었는데, 이전에는 한 번도 생각조차 해

본 적이 없었던 것이었다.

그리고 그때 하나의 사소한 관찰이 작은 깨달음으로 이어졌다. 나는 새로운 자연항법 단서에 사로잡혔다. 그리고 몇 초 후 필요 이상으로 많은 에너지를 얻은 데다가 신이 나서 빙글빙글 돌면서 달릴 수도 있을 정도였지만, 그렇게 하는 대신 그곳에 있던 모든 나무의 주변을 미친 듯이 걸어 다녔다.

나무에는 남쪽에 눈eye이 있다. 이제부터 설명하겠다.

나무의 입장에서는 잎이 빛을 수확하는 데 도움이 되지 않는 가지는 아무런 쓸모가 없으므로 그런 가지는 나무에 의해 제거될 것이다. 나무가 가지를 제거하는 가장 흔한 이유는 그늘 때문이다. 아이러니하게도 나무는 아무런 기능도 하지 않는 하부 가지들에 그늘을 드리울 수 있는 가지들을 자라게 한다. 나무는 움직일 수 없으므로 키가 커지며 변화가 일어나는 캐노피에서 키가 커지는 데 적응할 수 있는 유일한 방법이다. 나무들은 정기적으로 잔가지와 작은 가지들을 제거하며, 때에 따라 큰 가지도 없애버리는 경우가 있다.

큰 가지라 하더라도 더 이상 생산적이지 않게 되면, 나무는 서서히 그 가지를 차단하고, 송진resin이나 고무즙gum을 사용하여 그 가지와 줄기의 연결 부위를 밀봉한다. 가지들이 줄기의 중앙을 관통하는 고속 도로 역할을 하기 때문에 나무줄기에 틈이나 구멍이 생기면 병원균이 침입하여 결국에는 나무 전체가 죽을 수 있어 나무 입장에선 중요한 문제다.

일단 연결 부위가 단단히 봉합되면, 물과 영양분이 차단되어 가지는 곧 죽게 된다. 이어서 죽은 가지의 껍질이 떨어져

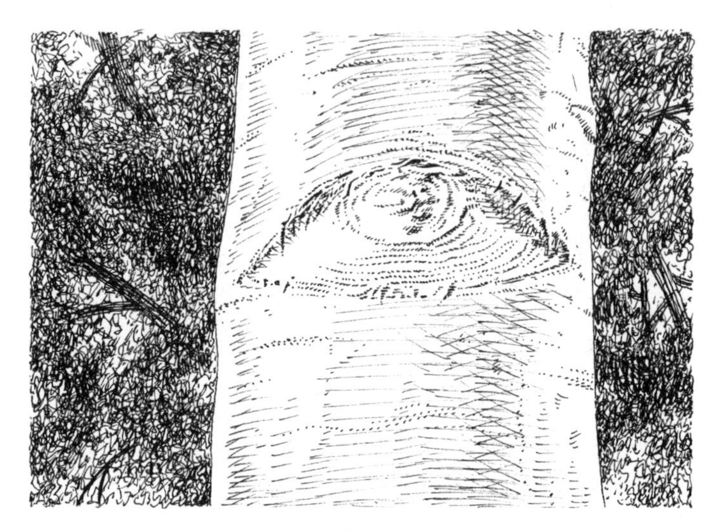

남쪽의 눈

나간다. 여러분도 나무에서 껍질이 벗겨진, 죽은 가지를 본 적이 있을 것이다. 그 후 서서히 곰팡이의 먹이가 되어 약해지고 부러져 나무에서 떨어져 나가게 된다. 떨어져 나간 자리에는 그루터기가 남게 되고, 죽은 가지는 썩어서 사라진다.

성숙한 나무줄기의 껍질을 보면 죽은 가지들이 자랐던 곳을 쉽게 발견할 수 있는데, 나무마다 조금씩 다르지만 대부분 '눈'과 비슷하게 생겼다. 일부 나무는 그 위에 눈썹과 비슷한 곡선이 존재하기도 한다.[20] 눈은 남쪽으로 탁 트인 지역에서 자라는 매끄러운 나무껍질을 가진 나무에서 가장 많이 발견되지만, 모든 나무가 이러한 흔적을 가지고 있다.

나무는 남쪽 면에 더 많은 가지가 자란다. 남쪽이 가장 밝기 때문이다. 나무의 키가 커지면 필연적으로 남쪽 면에 있는 가지도 많이 떨어져 나가게 된다. 이 때문에 나무의 남쪽 면에 우리를 바라보는 일련의 눈이 남게 된다. 그래서 지금 특히 매끄러운 나무껍질에서 나를 바라보는 눈을 볼 수밖에 없는 것이다. 여러분도 곧 이와 같은 경험을 하게 될 것이다.

나도 모르는 사이에 남쪽의 눈들이 얼마나 많이 나를 주시했을지 생각하니 충격이다. 우리를 바라보는 눈에 주의를 기울이도록 우리가 진화해 왔다는 사실은 더욱 놀랍다. 공평하게 말하자면, 우리가 그 눈들을 찾아내기 전까지는 꽤 잘 위장되어 있다. 그래서 그 눈들은 우리를 바라보며 우리가 처음부터 알아보지 못한 것을 조롱한다.

방어용 가지

자연은 엄격한 규칙을 비웃는다. 우리는 빛을 수확하는 게임에서 실패한 가지들은 곧 죽게 될 것을 알고 있지만, 늘 소소한 놀라움이 존재하기 마련이다. 높은 캐노피 아래쪽에 형성된 그늘이 깊은 곳에서는 종종 키가 큰 나무들 사이로 작은 가지들이 머리 높이보다 조금 높은 곳까지 튀어나온 것을 볼 수 있다. 무슨 논리일까? 분명 이유가 있을 것이다.

자연은 엄격한 규칙을 좋아하지 않을지 모른다. 하지만 진화는 에너지 낭비를 싫어한다. 식물도 타당한 이유 없이 자원을 사용하지는 않는다.

그늘진 곳에서 가끔 볼 수 있는 나무의 하부에 위치한 가지를 "방어용 가지defender branch"라고 부른다.[21] 이런 가지들은 나무를 위해 빛을 수확하기 위해서가 아니라, 그늘에서 행운을 시험하려는 경쟁자들을 막아내기 위해 그 위치에 존재하고 있는 것이다. 숲에 완전한 그늘이란 존재하지 않는다. 아무리 울창한 열대 우림이라도 우리가 어디로 가고 있는지 알아볼 수 있을 정도의 빛은 존재하기 마련이다. 숲은 동굴이 아니다. 완벽한 그늘이라면 한낮에도 손전등이 필요하다는 뜻인데, 나는 그런 숲에 가본 적이 없다.

방어용 가지들은 캐노피를 통과하는 적은 양의 빛 가운데 일부를 훔친다. 그늘에서도 잘 견디는 나무들의 느린 전략은 그늘에서 시작해서 천천히 위로 올라가 햇빛을 받는 것이다. 경쟁하고 있는 묘목이 높은 캐노피 아래에서 삶을 시작하기에 충분한 빛을 찾고 있다면, 곧 방어용 가지들 때문에 포기하게 될 것이다.

방어용 가지는 원가지와 다르게 생겼으므로 두 종류의 가지를 혼동할 가능성은 낮다. 방어용 가지와 원가지 사이에는 큰 간격이 발생한다. 그 사이에 아무런 가지도 없는 줄기가 있기 때문이다. 우리 머리 위로는 굵은 가지들이 캐노피가 형성된 층까지 이어져 있다. 우리 머리 높이의 위치에는 한두 개의 작은 가지들이 튀어나와 있다. 방어용 가지들은 일반적으로 지면과 수평을 이룬다. 위로 뻗지 않는 이유는 그들에게 하늘은 중요하지 않기 때문이다. 방어용 가지들의 존재 이유는 아래쪽에 이미 어두워진 땅 위로 억압적인 파라솔을 드리우기 위해서이다.

플랜 B

나무껍질 안쪽에는 새로운 가지로 돋아날 준비를 하고 있는 휴면아dormant bud(자라지 않고 휴면 상태로 남아 있는 눈을 뜻하며, 잠아라고도 한다—옮긴이)가 있다. 휴면아는 여러 곳에서 발견할 수 있지만, 특히 줄기가 분기되고 뿌리와 어우러지는 줄기 밑동 부근에서 가장 흔하게 발견된다. 휴면아는 나무껍질 안에서 때를 기다리며, 평상시에는 거의 활동을 하지 않는다. 나무 밑동 부근에서 껍질이 벗겨진다면, 휴면 새싹을 찾아보면 좋을 듯하다. 휴면아는 노출된 목재 위에 생긴 여드름과 같다.

나무가 건강하지 못하면 호르몬의 변화가 발생한다. 평소에는 부끄러움을 많이 타는 휴면아에게 새로운 메시지가 전달되고, 나무껍질 아래 새싹들이 활동하기 시작한다. 이 눈에서 도장지epicormic sprout(웃자람 가지라고 한다—옮긴이)라고 알려진 활기찬 작은 녹색 가지들이 돋아난다. 여러분이 나무의 줄기나 큰 가지에서 작은 움(가지)들이 한꺼번에 많이 자라나오는 것을 목격한다면 바로 그 작은 가지들이 도장지이다. 이는 나무가 질병이나 상해, 가뭄, 화재, 노령 또는 스트레스가 많은 사건이 결합하여 고난을 겪고 있다는 신호이다. 나무의 수관 최상단을 관찰해 보면 건강 상태가 좋지 않음을 알 수 있다.

몇 년이 지나면 대부분의 어린 도장지들은 죽고, 줄기의 측면에서 위로 솟아오른 한두 개의 가지만 남게 된다. 숲에서 이러한 가지들은 주로 가늘고, 캐노피를 향해 곧게 자라는 경우가 많다. 그 이유는 캐노피가 유일하게 빛이 닿는 곳이기 때문이다. 이런 가지들은 위쪽으로 각도가 가파르게 자라기 때문에 그늘을 드리우기 위해 바깥쪽으로 뻗어나가는 방어용 가지들과는 다른 모양을 가지게 된다.

키가 큰 나무의 하단에 가늘고 곧게 자라며 예상보다 줄기에 더 단단히 달라붙어 있는 상향지upright branch를 본 적이 있다면, 그 가지는 한때 도장지였을 가능성이 높다. 그 위쪽이나 부근에서 질병이나 상처가 있는지 살펴보면, 도장지가 자라나기 시작한 이유를 발견할 수 있을 것이다. 이번 장의 도입부에서 나를 땅바닥으로 몸을 수그리게 만든 가지도 바로 이런 가지 중 하나였다. 우리 눈에 보이는 모든 가지의 모양과 위치에는 나름의 이유가 있지만, 눈을 크게 뜨고 관찰하면 더 쉽게 발견할 수 있다!

유럽 피나무linden와 같은 일부 수종에서는 건강한 나무에서도 이런 도장지가 억제되지 않고 싹을 틔울 수 있다. 그러나 많은 나무에서 도장지는 그 나무에 문제가 있음을 알리는 신호이다. 도장지는 나무에게는 플랜 B에 해당한다. 앞서 살펴본 것처럼 나무는 상부에서부터 강하게 성장한 다음, 시간이 지남에 따라 하부의 가지에게 권한을 조금씩 위임하는 것을 목표로 한다. 이것이 플랜 A이다. 하지만 나무의 생존 전략 중 하나는 실행한 계획이 제대로 작동하지 않을 때는 그 어떤 계획도 고수하지 않는다는 것이다. 높은 위치의 수관이 고군분투하지만, 나무에 필요한 에너지를 공급하지 못하면, 나무는 비상용 줄을 당기듯 밑바닥에 백 개나 되는 가지들이 자라나도록 만든다. 이는 나무들이 가장 원치 않는 경우에 해당한다!

나무 밑동에 생기는 도장지는 풀 같은 초록색 가지로 시작하지만, 일종의 사업적 의미를 가지고 있다. 비록 성숙한 것은 아니지만 실질적인 가지에 해당하며, 상황이 괜찮다면 가능한 한 많이 자라고자 할 것이다. 대부분은 죽지만 일부는 살아남아 튼튼한 가지가 되고, 그런 다음 또 다른 줄기가 될 수도 있다.

땅 근처에 다수의 작은 줄기들을 가진 나무의 경우, 정확한 초기 역사를 알기는 어렵지만, 하나의 줄기를 가진 건강한 나무가 수십 년 전부터 플랜 B에 의존했을 가능성이 높다. 최후까지 살아남은 도장지들이 줄기가 된 것을 지금 우리가 보고 있는 셈이다.

석기 시대에 사람들은 이와 같은 나무의 재생 능력을 이용하는 방법, 즉 플랜 B에 해당하는 도장지를 최대한 활용하는 방법을 익혔다. 개암나무와 같이 어린나무의 줄기를 바닥 가까이에서 잘라 정기적으로 목재를 수확하는 관행인 저목림 작업coppicing이 그 예다.

이와 유사한 전통적 관행으로 두목 작업pollarding이 있다. 두목 작업은 저목림 작업과 같은 원리로 나무를 베어내지만, 베어낼 위치는 머리 높이 정도로 조금 더 높게 자른다. 이를 통해 어린 목재를 수확할 수 있을 뿐만 아니라, 방목 생활을 하는 동물로부터 나무를 보호할 수 있다. 아주 어린나무들은 동물로부터 취약하기 때문이다.

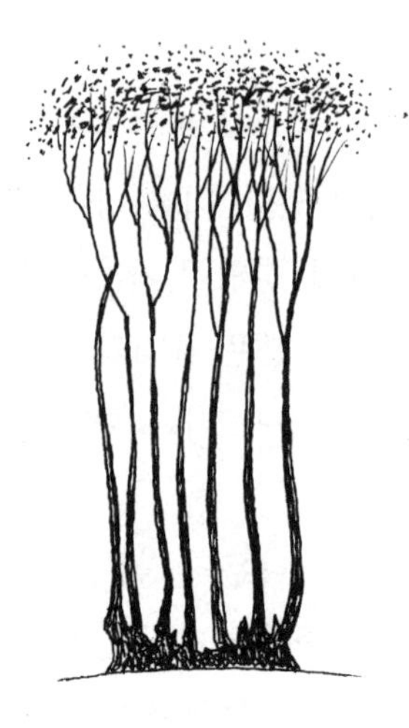

저목림 작업

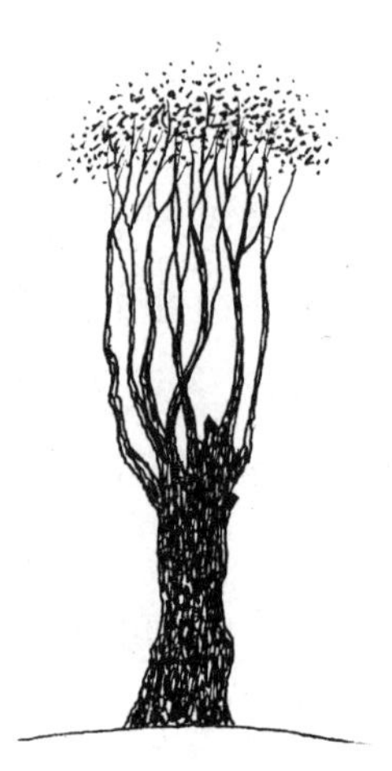

두목 작업

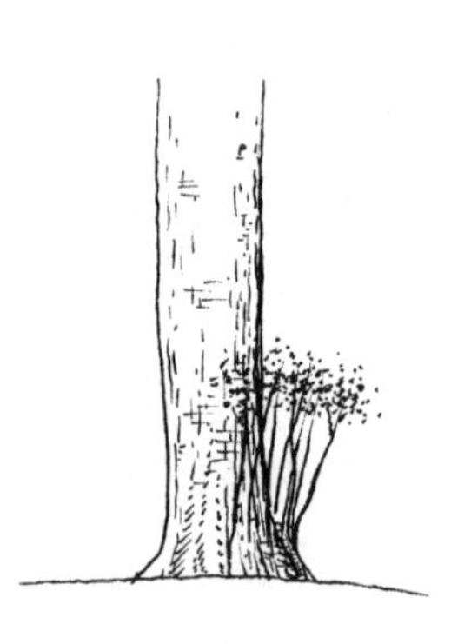

도장지

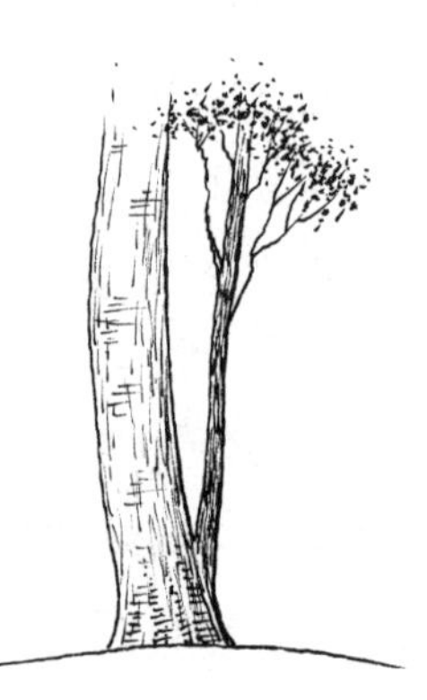

도장지

저목림 작업과 두목 작업은 잔인하게 들리기도 하고 작업이 부주의하게 진행될 경우 일부 오래된 나무들에게는 치명적일 수 있지만, 많은 어린 활엽수들은 곧 건강한 줄기로 자라는 여러 개의 새싹을 생장시킴으로써 이 명백한 야만적 행위에 대항한다. 저목림 작업과 두목 작업은 나무들을 죽이는 것이 아니라 젊음을 영속시키고 나무들의 생명을 연장시킨다. 이 장이 시작할 즈음에 우리가 살펴보았던 톨퍼들 순교자 나무는 수명을 연장하기 위해 매우 조심스럽게 두목 작업이 이루어지고 있다. 전문가들은 이런 작업을 통해 나무가 200년 더 살 수 있을 거라고 본다.

수확한 목재는 울타리나 트랙, 땔감 등 전통적으로 다양한 용도로 사용되었다. 오늘날에도 저목림 작업과 두목 작업은 계속되고 있지만, 목재 생산 용도보다는 숲 보존을 위한 기술로서 더 많이 사용되고 있다. 옛날부터 현재까지도 사용되고 있는 이러한 기술들을 통해 우리가 접하는 수많은 나무의 흥미로운 모양을 설명할 수 있다.

도장지는 줄기 바닥 근처에서 가장 흔하게 발생하지만, 활엽수의 경우 사실상 거의 모든 부위에서 발생할 수 있다. 내가 자주 보는 양버즘나무 한 그루는 아직 알아내지 못한 질병을 앓고 있는데, 아마도 뿌리가 손상된 듯하다. 그리고 모든 원가지에도 문제가 생겼을 가능성이 있다. 줄기에서 원가지들이 뻗어 나와 정상적인 패턴으로 두 번째, 세 번째 순서로 나뉘어 있지만, 건강한 잎이 하나도 없다. 대신, 대부분 원가지에는 수천 개의 가느다란 가지들이 수직으로 자라고 있으며, 각 가지마다 잎이 붙어 있다. 푸른 잎으로 뒤덮인 이상한 모습의 나무로, 살려고 발버둥을 치고 있지만 심각한 문제에 처해 있음이 분명하다. 겨울이 되면 나무와 고슴도치를 뒤섞어 놓은 것처럼 보인다.

여러분도 서로 다른 두 개의 가지가 분기된 지점에서 새롭게 자라나는 가지를 발견할 수 있을 것이다. 수많은 종에서 관찰되는 현상이지만, 주로 자작나무에서 가장 흔하게 발견할 수 있다. 이처럼 중간에 자라난 가지들은 엄지와 검지 사이 부위에서 여섯 번째 손가락이 자라는 것처럼 불편해 보이지만, 이는 지극히 자연스러운 현상이다. 해당 부위의 나무껍질 아래에 수많은 휴면아들이 존재하며, 그 가운데 몇 개가 껍질을 뚫고 나온 것이기 때문이다.

몸통순 나침반

아내 소피와 함께 이스트 앵글리아East Anglia에서 주말을 보내며 아들들의 스포츠 경기를 보기 위해 노퍽주Norfolk와 서퍽주Suffolk 사이를 운전하며 즐거운 시간을 보낸 적이 있다. 입스위치Ipswich에 있는 호텔로 가는 길 중간에 가보지 않은 지역을 지나가다 차를 세우고 나무 사이로 걸어가고 싶다고 했다. 무언가 새로운 발견이 기다리고 있다는 기묘한 느낌이 들었다. 가끔 이런 느낌이 들 때가 있다. 절대적으로 확실한 것은 아니지만 거부하기는 어렵다. 대부분 가족이 그렇듯 우리 가족 사이에도 확실한 몇 가지가 있는데, 그중 하나가 내가 산책하는 것을 좋아한다는 사실이다.

주차된 차에서 내린 나는 이미 사용이 중단된 철도를 따라 숲이 우거진 곳으로 걸어갔다. 소피는 자기만의 길을 가기로 했다. 그녀는 인내심이 많고 관대하며 광분하지 않는다. 몇 분 동안 태양을 향해 매우 선명하게 뻗어 있는 뭉게구름 사진을 찍고 난 후, 나는 '보이지 않는 난간invisible handrail' 연습을 하기로 했다. 이 연습은 풍경에 가상의 선을 하나 설정해 두고 마음 가는 대로 자유롭게 돌아다니면 된다. 아직 알려지지 않은 다른 경로를 따라가도 처음 있던 곳으로 쉽게 되돌아갈 수 있다는 것을 알기 때문에 가능한 일이다.

나는 먼저 남서쪽을 향해 발걸음을 내디뎠고, 태양이나 나무, 구름을 이용해 다시 북쪽으로 향했다가 철도 제방에 도달한 다음 우회전을 하면, 차를 찾을 수 있다는 확신을 갖고 마음 가는 대로 어디든 돌아다닐 수 있다는 것을 이미 알고 있었다. 보이지 않는 난간이 주는 자유로움에는 특별한 의미가 담겨 있다. 지도나 스크린에 의존하지 않아도, 또는 정해진 경로나 길을 따라가지 않고도 길 찾는 방법을 알아낼 수 있다는 점이다. 다른 계획을 통해서는 불가능한 마음의 문을 열 수 있다. 약 10분 후 빈터의 가장자리에서 참나무 몇 그루를 보았고, 그 위에서 새로운 자연항법용 나침반을 발견했다.

조도의 변화는 활엽수의 줄기 껍질 아래 눈에서 새로운 가지가 자라도록 유도할 수 있다. 수년 동안 그늘에서 살았던 참나무가 갑자기 빛을 보게 되면, 줄기 껍질 아래에서 새로운 가지들이 자라날 수 있다. 대부분 햇빛은 남쪽에서 비쳐 오기 때문에 줄기의 남쪽 측면에서 대부분의 가지가 자라나게 된다.

이처럼 새롭게 자라난 가지들은 일반적인 가지나 방어용 가지와는 다르다. 길이는 훨씬 더 짧고, 덥수룩한 수염처럼 지저분해 보인다. 나는 완벽하게 방향을 알려주는 나침반과 같은 역할을 하는 세 그루의 나무 옆에 서 있었다. 예전에는 전혀 몰랐던 신호였다. 이런 강력한 신호를 옆에 두고 길을 잃고 헤맸던 적이 몇 번이나 있었을까? 생각하기도 싫지만, 이제는 내 주변에 있는 자연 나침반을 볼 수 있으니, 여러분도 나처럼 할 수 있을 것이다. 강에서 패턴을 발견하는 것이 처음인 사람이라면 지나친 하류의 모양에 대해 한탄하기 쉽지만, 더 많은 패턴이 우리 앞에 존재한다는 사실은 기쁨이 된다. 그리고 이제 우리는 그런 패턴을 읽어내는 방법을 알고 있다.

집에 돌아온 후 이런 효과에 대해 조사했다. 전에는 한 번도 생각해 본 적이 없었지만, 내가 이 사실을 처음으로 발견했다고 생각하지는 않는다. 내가 우연히 내비게이션 보조 도구로 무엇인가를 최초로 사용한 사람일 수는 있지만, 수천 년 동안 인간의 눈에 보이지 않았던 것을 발견한 것과는 차원이 다른 이야기이다.

나는 숲을 간벌한 후 이러한 효과가 흔하게 나타난다고 언급한 학술 논문 한 편을 발견했다. 플랜 B 가지들, 즉 도장지와 동일한 식물학적 과정으로 나타나는 효과이지만, 이번에는 건강 문제가 아닌 새로운 빛에 의해 촉발되는 경우이다. 해당 논문에는 심지어 이런 효과가 나타날 가능성이 가장 높은 수종들이 나열되어 있는데, 놀랍게도 참나무가 목록 최상단을 차지했으며, 자작나무와 물푸레나무는 하위권에 머물렀다. 연구진이 붙인 이런 효과의 명칭은 도장지였지만, 나는 항상 "몸통순trunk-shoot 나침반"이라고 부른다.[22]

탈출, 도로 그리고 섬

폭풍과 재해, 질병 그리고 사람 때문에 숲에는 많은 틈이 생긴다. 새롭게 생긴 넓은 공간은 개척자 나무들이 그 틈을 메우기 시작하지만, 다소 작은 공간은 이웃 나무의 가지들이 기회를 잡기 위해 더 길게 자란다.

나무의 최상단에 위치한 끝눈과 마찬가지로 가지의 생장 말단은 조도 변화에 따라 반응한다. 이 때문에 나뭇가지들은 빈 공간으로 꿈틀거리지만, 캐노피 내에서 서로 밀집하지는 않는다. 성숙한 숲에서 나무들 사이를 올려다보면 각 나무의 캐노피를 구분하는 매우 얇은 스카이라인을 발견할 수 있는데, 이를 "수관 기피crown shyness"라고 부른다. 가지가 무성해지면 서로 부딪히기 시작하고, 생장이 멈추게 된다.[23]

5년 전, 집에서 멀지 않은 곳에 있는 침엽수림에서 어느 한 임업 팀이 한 줄로 늘어선 전나무를 제거했다. 새롭게 생긴 공간에 접해 있는 나무들의 측면 가지들이 예전과는 사뭇 다르게 보였다. 나뭇가지들이 새로 생긴 공간으로 뻗어 나오면서 대부분 빛을 차단했다.

모든 숲의 가장자리에서 비슷한 효과를 목격할 수 있다. 숲의 가장자리에 있는 나무들의 내부 가지와 외부 가지를 비교해 보면 서로 얼마나 다른지 알 수 있다. 빛이 없어 어두운 쪽의 가지들은 힘겨워 보이는 반면, 빛이 있는 쪽의 가지들은 비정상적으로 크고 길어 보인다. 나는 이런 효과를 "숲으로부터의 탈출"이라고 부른다. 나뭇가지들이 숲으로부터 자유를 얻기 위해 애쓰는 것처럼 보여서 붙인 이름이다. 가끔은 이러한 효과가 너무 두드러지게 나타나기 때문에 숲 안쪽으로 향한 나무의 가지들은 주변 가지들에 의해 죽은 것처럼 보이기도 하는데, 어떤 의미에서는 사실이기도 하다.

이러한 효과는 숲을 관통하는 길이나 도로를 따라 배가된다. 길이나 도로는 나무들 사이에 명확한 하나의 선을 형성하면서 캐노피를 개방시키는 효과를 발휘한다. 양쪽의 나뭇가지들이 튀어들어 그 공간을 채우려고 한다. 나는 이것을 "도로 효과avenue effect"라고 부르지만, 길이나 도로로 계속 사용될 경우 개척자 나무들이 그 틈을 메울 수 없기 때문에 이러한 상황에서는 과장된 표현일 수도 있다. 야생에서는 나뭇가지들이 조금씩 자라며, 개척자 나무 몇 그루가 중간을 뚫고 올라와 새로 들어오는 빛 가운데 많은 부분을 흡수해 간다. 주로 사용되는 경로를 따라 양쪽의 높은 가지들이 자유롭게 그 혜택을 최대한으로 누리게 된다.

그 이후 나뭇가지들이 너무 잘 자라는 현상이 나타나기 시작한다. 나뭇가지 스스로 자신들이 자라는 경로를 위협하게 된다. 이 시점에서 누군가가 고의로 또는 실수로 나무들을 손질하면 가지들도 잘려나가거나 절단이 될 것이다. 여러분은 나무들이 많은 도로에서 대형 화물 차량이나 트랙터가 무작

위로 작업을 수행하면서 나무들이 부딪히고 갈라지고 찢어지는 소리를 들을 수 있을 것이다. 숲을 관통하는 거의 모든 경로에서 가지의 과장된 성장과 어떤 식으로든 잘려나간 흔적이라는 두 가지 도로 효과를 관찰할 수 있다.

자연항법사natural navigator라면 이러한 효과들을 알아둘 필요가 있다. 그리고 이런 효과들을 연구하는 일은 재미있는 예술 형태로 발전하기도 한다. 개방된 환경이면서 한쪽에 큰 가지들이 있으면 더 많은 빛이 존재한다는 강력한 지표가 될 수 있으며, 이는 우리가 나무의 남쪽을 보고 있음을 의미한다. 그러나 많은 나무가 있거나 일렬로 늘어서 있는 경우에는 도로 효과에 민감해져야 한다. 예를 들어, 숲의 북쪽에 큰 가지들이 많이 튀어나와 있다면, 이는 북쪽의 하늘이 나무들이 밀집된 남쪽의 어두운 숲에 비해 밝기 때문이다.

일부 지역에서는 언덕 꼭대기나 넓은 들판 한가운데에 형성된 나무 섬을 발견할 수 있다. 이와 관련해 몇 가지 흥미로운 역사적 이유가 존재한다. 이런 나무 섬은 방어 목적이나 사냥, 심지어 세금 회피 목적으로도 벌목이 되지 않았기 때문이다. 독일을 포함한 일부 국가에서는 토지에 세금이 부과될 때 나무가 없는 공터보다 나무가 몇 그루라도 있는 토지에 대해 세금이 더 가볍게 부과되기도 했다.

나무 섬처럼 작은 숲을 발견하게 되면 몇 가지 흥미로운 관찰을 할 수 있다. 나뭇가지들이 나무 섬을 탈출해서 사방으로 튀어나오려고 한다. 시간을 내서 주의 깊게 관찰하면 나뭇가지들이 얼마나 불규칙하게 행동하는지 알 수 있을 것이다. 나뭇가지들은 밝은 남쪽 면에서 예정된 대로 성장하지만, 그중에서 가장 긴 가지들은 특히 언덕 꼭대기인 경우, 바람이 불어가는 쪽에 자랄 가능성이 높다. 만약 울창한 숲이라면, 그 주변을 한 바퀴 돌아가면서 가지의 길이에 어떤 변화가 있는지 그리고 걸음마다 숲 가장자리의 특징이 어떻게 변하는지 관찰해 보자.

한번은 도싯주에 있는 어느 멋진 장소를 걸어 다닌 적이 있다. 잉글랜드 남서부에 위치한 윈 그린Win Green이라는 곳의 언덕 정상에서 인상적인 나무 섬 효과를 경험했다. 긴 하루에 대한 일종의 보상이었다. 몇몇 사람은 세 개의 주와 바다 건너 와이트섬Isle of Wight까지 내려다볼 수 있는 정상에 올라 사방으로 펼쳐지는 환상적인 경치를 즐기고 있었다. 하지만 나의 시선은 정상에 있는 너도밤나무 섬에 집중되었고, 나무들을 둘러보며 그 패턴에 감탄했다.

단순한 원리를 대담하게 시연하는 모습을 보게 되면 언제나 짜릿하다. 섬 남측의 나뭇가지는 튼튼하고 길이가 길었지만, 북동쪽의 나뭇가지는 산들바람에 나부끼는 깃발처럼 꼬리를 내리고 있었다. 언덕을 내려오며 섬 가장자리를 돌면서 영상을 촬영한 다음, 필름을 빠르게 재생시키면 나뭇가지가 숨을 들이쉬고 내쉬는 모습을 볼 수 있을 것 같다는 생각이 들었다. 갑자기 마음이 들뜨고 벅차올랐다. 그러다가 젖은 백악질의 석회암 지면에서 미끄러져 넘어질 뻔했다. 항상 그런 식이다.

강변을 따라 형성된 특정 유형의 도로 효과를 관찰할 수 있다. 물을 좋아하는 수종의 나뭇가지들은 강물 위로 내리쬐는 빛을 향해 뻗어 있다. 강은 다른 형태의 도로를 형성한다. 강 위로는 나무들이 자유롭게 성장할 수 있다. 사람들은 이러한 가지들을 방치하므로 나뭇가지들은 엄청난 길이로 자랄 수 있다. 강 위에는 전기톱이나 경쟁하는 나무가 없기 때문에 강 위의 빛은 강둑의 젖은 흙을 견딜 수 있는 수종에게는 그 어떤 흠도 없는 완벽한 잔치와 같다.

최근 웨일스 지방의 스노도니아 국립공원Snowdonia National Park을 방문해 셀틱 우림Celtic rain forest의 신선하고 습한 11월의 공기를 가르며 이동한 적이 있다. 우드랜드 트러스트 Woodland Trust(영국 최대 숲 보호 단체다 – 옮긴이)의 숲 보존 전문가 알라스테어 호치키스Alastair Hotchkiss를 만나러 가는 길이었다. 웨일스의 서부 해안 인근에 위치한 국립공원의 온화한 습기 속에서 번성하는 희귀하고 멋진 수종들을 보며 매우 즐거운 몇 시간을 보냈다.

우리는 젖은 바위들 위로 올라간 후, 말로 표현할 수 없을 만큼 장엄한 폭포 옆에서 걸음을 멈추었다. 대부분 사람들은 가장 높고 웅장한 폭포에 환호하지만, 개인적인 경험에 따르면 거의 손에 닿을 수 있는 위치에 있는 작은 폭포들이 영혼에 더 많은 울림을 주는 것 같다. 우레와 같은 소리를 내는 소용돌이 속에서 물안개가 피어올라 우리들의 얼굴을 스치며, 이끼류와 지의류lichens가 자라고 있는 나무 쪽으로 퍼져 나갔다. 가느다란 강줄기를 내려다보니 매력적인 도로 효과 사례 하나를 볼 수 있었다. 나뭇가지들이 서로 만나고 싶어 하는 모습이었다.

양쪽 둑에는 세실(고착) 참나무sessile oak의 가지들이 이끼로 뒤덮인 젖은 뿌리 위쪽으로 뻗어 나와 시끄러운 소리를 내는 급류 위쪽까지 이어졌다. 나뭇가지들이 중간 지점에서 서로 만나는 것처럼 보일 수도 있지만, 사실은 그렇지 않았다. 강물이 서쪽에서 동쪽으로 흐르고 있었기 때문에 강둑은 북쪽과 남쪽을 향하고 있었다. 따라서 남쪽을 향한 강둑의 나뭇가지들이 햇빛을 더 많이 받기 때문에 강물 위로 좀 더 멀리 뻗어 있었다.

마주나기 또는 어긋나기

대부분의 활엽수는 두 가지 생장 패턴 가운데 하나를 더 선호한다. 활엽수의 가지들은 다른 가지의 반대편에 자라는 마주나기 형태로 자라거나 어긋나기 형태로 자란다. 이를 직접 확인하려면 가까이 접근할 수 있는 위치에 있는 가장 어린 가지들을 찾아보자. 각 가지의 반대편에 다른 가지가 자라는 것이 보이는가? 그렇다면 그 나무의 가지는 마주나기 형태로 자라는 것이고, 그렇지 않다면 어긋나기 형태로 자라는 것이다. 이런 패턴은 같은 나무에서 자라는 모든 가지에 적용되지만, 나무가 늙어감에 따라 가지도 많이 죽기 때문에 항상 가장 오래된 부위에서 가장 명확한 예시들을 볼 수 있는 것은 아니다.

이러한 패턴은 나무 전체에서 다양한 규모로 반복된다. 잎이나 눈이 마주나기 형태이면 작은 가지들과 큰 가지들도 동

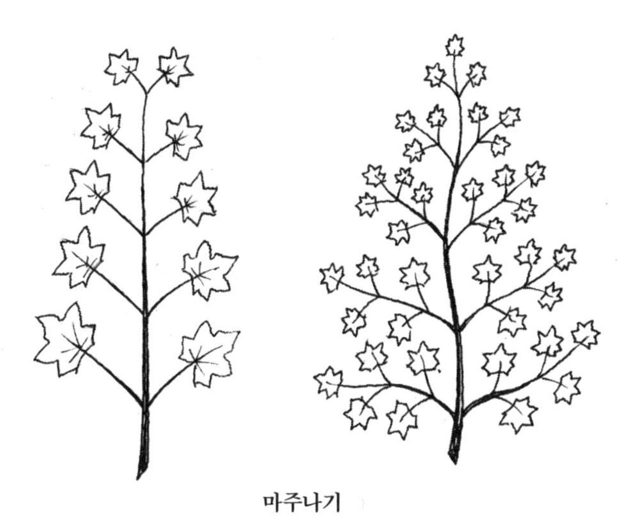

마주나기

어긋나기

일한 마주나기 형태를 따른다. 잎이 어긋나기 형태로 자랄 때에도 마찬가지이다. 다시 말해, 두 개의 나뭇잎이 서로 마주나기 형태로 자랄 경우, 더 넓게 확장해 보면 나뭇가지들도 서로 마주나기 형태로 자라는 경우가 많음을 의미한다.

포플러와 벚나무 그리고 참나무의 잎과 가지는 어긋나기 형태로 자라며, 단풍나무와 물푸레나무의 잎과 가지는 마주나기 형태로 자란다.

지그재그 모양

각각의 나뭇가지는 생장을 주도하는 끝눈을 가지고 있지만, 끝눈이라고 해서 모두 같은 방식으로 작동하지는 않는다. 어떤 끝눈은 다른 끝눈보다 더 말단에 있다. 어떤 끝눈은 한 계절 동안만 자라다가 겨울에는 멈추고 봄에 다시 자라기도 한다. 이 때문에 비교적 곧은 가지가 만들어진다. 그러나 1년 동안만 자라는 끝눈도 있다. 끝눈이 1년만 자라는 경우는 일반적으로 가지의 맨 끝에 있는 끝눈이 꽃이 되기 때문이다. 이때가 바로 끝눈의 생장이 끝나는 시점인 것이다. 다음 해 봄에 다시 생장이 시작되기는 하지만 꽃을 피운 끝눈의 옆쪽에 위치한 곁눈lateral bud으로부터 생장이 일어나게 된다. 이 때문에 가지의 각도가 바뀌게 되면서 나뭇가지의 형태가 지그재그 모양을 하게 된다.

위에서 언급한 전자의 경우, 곧게 뻗은 가지의 생장에 대한 공식 명칭은 단축 분지monopodial이고, 지그재그 형태의 생장은 가축 분지sympodial라고 한다. 너도밤나무는 단축 분지에 속하며, 대부분의 침엽수도 마찬가지이다. 참나무는 가축 분지에 속한다.

이제는 잠시 멈추고 이 장의 시작 부분에서 시도했던 연습을 반복하기에 좋은 시점이 되었다. 앞서 발견하면 등을 돌려 보라고 했던 그 나무를 기억하는가? 나뭇가지들을 상세하게 묘사하는 데 어려움을 느꼈을 수도 있지만, 여러분의 나무로 되돌아가거나 아니면 새로운 나무를 찾아서 지그재그 효과가 발생했는지 조사해 보면, 이전에는 잘 보이지 않던 패턴들을 발견할 수 있을 것이다. 그 나무의 가지들이 상당히 곧고 깔끔하게 보이거나, 아니면 비뚤어지고 혼란스러워 보일 것이다. 겨울에 잎이 없는 나무를 가지고 이와 같은 연습을 하면 쉽긴 하지만, 잎이 있는 나무인 경우라면 밝은 하늘이 뒤쪽에 있는 고립된 표본을 찾아보라.

같은 나무를 가지고 시도해 볼 수 있는 또 다른 간단한 연습 방법이 있다. 나무의 주요 가지들 가운데 하나를 골라, 눈으로 줄기를 따라가면서 그 가지가 어디에서 끝날지 정확히 예측할 수 있는지를 시험해 보자. 이런 연습이 쉽게 느껴진다면 단축 분지형 나무일 것이고, 매우 까다롭게 느껴진다면 가축 분지형 나무일 가능성이 높다. 가축 분지형 나무는 1년에 한 번씩 가지의 방향이 바뀐다는 점을 기억하자. 따라서 하나의 대열을 유지할 수 없다. 가축 분지형 나무의 가지들을 따라가는 것은 모르는 마을에서 지나치게 열성적으로 보이는 낯선 사람에게 길을 물어보는 것과 같다. "왼쪽, 오른쪽, 오른쪽, 왼쪽, 다시 왼쪽, 오른쪽, 다음 왼쪽……"으로 헷갈리게 만든다.

단축 분지 나무의 경우, "줄기에서부터 시작해서 빛을 찾을 때까지 계속 따라가세요"라고 말하는 것과 다를 바 없다.

단축 분지 나무들은 작은 가지들을 많이 필요로 하는데, 그런 작은 가지들은 원가지의 옆에서 자라난다. 끝눈은 장애물을 만들지 않으며 매년 방향을 바꾸지도 않는다. 겨울에 단축 분지 나무들을 보면 보통 원가지들은 점점 가늘어지고, 줄기에서 캐노피의 가장자리 부근까지 연속적으로 이어지는 어두운 선처럼 보일 수도 있다. 우리 집 오두막에서 약 10피트(3미터) 떨어진 곳에 야생 벚나무가 있는데, 이 벚나무의 경우 가지 하나하나가 나무 끝부분까지 이어져 있다.

여러분이 직면하고 있는 또 다른 측정 방법이 있다. 줄기에서 캐노피 가장자리의 반쯤까지 살펴보고, 이론상으로 가지의 개수를 셀 수 있는지 확인해 보자. 단축 분지 나무에서는 쉽지 않을 수 있지만, 많은 도시공원에 있는 버즘나무 같은 가축 분지 나무에서는 가지의 개수를 세는 데 성공할 가능성이 있다. 행운을 빈다. 처음 100개에 도달하면 그만두라! 겨울에 말밤나무horse chestnut(말밤나무는 미국 가시 칠엽수를 의미하며, 유럽 가시 칠엽수는 마로니에marronnier라고 칭한다—감수자)를 볼 때마다, 나뭇가지의 개수를 세어보는 상상을 하며 그런 생각이 얼마나 우스꽝스러운지 웃음이 나오곤 한다.

단축 분지 나무들의 모양은 더욱 전형적인 피라미드 형태인 반면, 가축 분지 나무들은 더욱 둥근 구 형태인 경우가 일반적이다. 가축 분지 가지들은 항상 어긋나기를 하며, 절대로 마주나기를 하지 않는다.

단축 분지 나무들

대부분의 침엽수

너도밤나무

호랑가시나무

물푸레나무

벚나무를 포함한 벚나무속*Prunus* 나무

층층나무dogwood

가축 분지 나무들

버즘나무

참나무(외국 수목생리학 문헌에서는 참나무를 단축 분지로 분류하기도 한다—감수자)

단풍나무

자작나무

느릅나무

유럽 피나무

양버즘나무

버드나무

사과나무를 포함한 사과나무속*Malus* 나무

질서

햇빛이 많이 들어온다는 말은 잔가지들이 많음을 의미한다. 단순하고 멋진 패턴에 해당하지만, 그 설명은 그리 우아하지 않다.

언덕에서 바다로 흐르는 커다란 강의 형태를 위성 이미지로 살펴보면, 해안 근처에 하나의 넓은 강이 있고 언덕 위에는 수십 개의 작은 하천들이 있음을 알 수 있다. 그리고 동맥을 통해 간과 같은 장기로 혈액이 흐르는 방식을 보여주는 다이어그램을 보면, 한쪽 끝에는 하나의 큰 혈관이 있고 다른 쪽 끝에는 수십 개의 작은 혈관들이 있음을 알 수 있다. 두 가지에서 유사성을 발견할 수 있다. 어떤 종류이든 하나의 큰 혈관이 작은 혈관으로 분지할 때 우리는 분지에 "질서"가 있다고 말한다.

나뭇가지에서도 동일한 패턴을 발견할 수 있는데, 나무가 이러한 패턴을 설명하는 대부모godparents이기 때문에 놀랄 이유가 전혀 없다. 기차 노선과 회사, 산호coral 그리고 가계도family tree에 이르기까지 세분화될 수 있는 거의 모든 시스템을 설명할 때 나뭇가지에 비유한다.

나무에 큰 가지 몇 개만 있고 그 위에 특별히 자라는 것이 없다면, 우리는 이 나무의 가지가 자라는 순서가 한 개라고 말할 수 있다. 하지만 실제 살아 있는 나무에서는 이런 일이 일어나지 않는다. 큰 가지에서는 잎이 자라지 않기 때문이다. 이런 경우는 작은 가지가 모두 시들어버린, 죽은 나무에서나 가끔 볼 수 있다. 원가지에서 작은 가지가 자랄 때마다 우리는 나무가 다른 가지를 추가했다고 말한다. 두 번째로 작은 가지에서 더 작은 가지가 자라면, 그 나무의 가지 수는 세 개가 된다. 그렇다면 나무들은 몇 단계로 자랄까?

기본적인 규칙은 완전한 햇빛 속에서 자라는 나무는 여러

광량의 빛을 흡수해야 한다. 그리고 거의 모든 방향에서 빛을 흡수해야 한다. 이런 나무는 많게는 8차까지 자랄 수 있다. 즉 하나의 작은 가지(8차)는 부모 가지(7차), 조부모 가지(6차), 증조부모 가지(5차) 등 1차에서 8차까지의 가지가 있는 셈이다! 하지만 울창한 숲의 그늘 부분에서 자란 나무는 3차까지밖에 없을 수도 있다. 수분이 줄기를 따라 흘러 하나의 나뭇잎까지 이동한다고 상상해 보자. 그늘진 열대 우림에서는 교차로 세 곳만 지나면 그 나뭇잎에 도달할 수 있지만, 햇볕이 내리쬐는 개척자 나무의 경우에는 다섯 번을 더 지나서야 그 나뭇잎에 도달할 수 있다는 의미이다.

궁극적으로 줄기에 붙어 있는 더 큰 가지가 될 운명의 1차 가지의 주요 목표는 줄기에서 벗어나 햇빛을 향해 뻗어나가는 것이다. 이처럼 초기 단계에서 나무가 가장 원하지 않는 것은 수많은 차수이다. 나무라기보다는 스펀지처럼 가지들이 복잡하게 뒤엉켜 있을 수 있기 때문이다. 나무는 가지의 차수를 제한하여 처리 가능한 수로 유지할 수 있는 영리한 방법을 사용한다. 각 1차 가지의 끝눈은 나무줄기 끝의 끝눈이 줄기를 따라 내려보내는 것과 마찬가지로 각 1차 가지의 하부로 화학적 메신저를 보낸다. 첫해에는 옥신이라는 식물 호르몬이 메신저 역할을 하며 가지의 발달을 제어하고 2차 가지의 형성을 억제한다. 첫해가 지나고 나면 옥신의 양이 줄어들면서 2차 가지들이 형성된다.

이렇게 설명하면 복잡하고 기술적으로 들릴 수도 있지만, 결론적으로 하나의 명확한 패턴으로 요약할 수 있다. '빛이

많으면 잔가지가 많다.'

불규칙한 가지 짓

이제 가벼운 운동을 한번 해보자. 무겁지만 한 손에 들기 쉬운 물건, 예를 들어 커다란 양장본 책 한 권을 손으로 들어보자. 그리고 타이머를 누르자. 그다음 한 손으로 머리 위로 책을 완전히 들어 올린 뒤 팔이 아플 때까지 버텨보자. 이제 책을 내려놓고 타이머를 멈추자. 팔을 충분히 흔들어주면서 몇 분간 휴식을 취한다. 이제 타이머를 재설정하고 다시 시작해서 반복하되, 이번에는 책을 머리 위로 들어 올리는 대신에 팔을 완전히 곧게 펴고, 책이 몸에서 최대한 멀리 떨어지도록 한쪽으로 들어 올려 수평을 유지해 보자. 팔이 불편해지면 중단하고 타이머를 멈추자. 대부분의 사람은 두 번째 운동이 첫 번째 운동보다 더 힘들고 시간도 짧다고 느낀다. 나무도 마찬가지이다.

나무들이 가지고 있는 문제 중 하나는 가지와 연관이 있다. 나무들이 가진 비장의 카드는 경쟁에서 우위를 점할 수 있는 튼튼한 줄기지만, 줄기에는 잎이 없기 때문에 잎을 유지할 가지가 필요하다. 이 때문에 가지가 줄기와 비슷하게 만들어져 강하고 안정적으로 진화하여 수직에 가깝게 자라도록 하는 것은 간단하지 않다. 줄기가 수직 형태로 자라고, 가지가 수평에 가깝게 자란다면 구조적인 문제가 발생하게 된다. 대도시의 중심부에는 고층 건물들이 많다. 그 가운데 일부는 100층 높이의 건물도 있을 수 있다. 하지만 지구상 어디에도 옆으로 멀리 뻗어나가면서 높고 가느다란 건물은 존재하지 않는다. 나뭇가지는 공학적으로 어려운 각도로 자라야 하는 작은 줄기로 생각할 수 있다.[24]

앞서 설명한 책 들기 운동을 떠올려 보자. 우리가 몸통 위로 책을 들어 올릴 경우 대부분 무게는 뼈가 지탱하고 근육은 약간 거들 뿐이지만 무게는 고르게 분산된다. 그러나 책을 수평으로 들어 올리면 일부 근육은 다른 근육에 비해 훨씬 더 열심히 일해야 한다는 것을 바로 느낄 수 있다. 팔이 몸통에 결합하는 지점인 어깨의 상부 근육 부근에 엄청난 스트레스가 가해짐을 알 수 있다. 나뭇가지도 마찬가지이다. 나뭇가지들은 줄기에게 수평으로 무거운 무게를 지탱하는 팔에 해당하기 때문에 스트레스와 긴장이 유발된다.

클라우스 마테크Claus Mattheck 박사는 이론 물리학자에서 '나무 전문가tree expert'로 전환한 사람이다. 그의 직책 가운데 하나는 '손상 과학Damage Science 교수'였는데, 어렸을 때 꿈꿨던 일이기도 하다. 마테크 박사는 스트레스의 원인과 결과에 대한 깊은 물리학적 이해를 바탕으로 나무에서 관찰되는 몇 가지 스트레스 대해 새로운 사고방식을 발전시켰다. 요약하자면 나무들은 비대칭적인 스트레스를 좋아하지 않으며, 스트레스가 균등해질 때까지 그곳에 목재를 형성시킨다는 것이다.

몇 년 동안 매일 역기를 들고 있으면 근육이 발달하면서 그 무게를 감당할 수 있게 된다. 사람들이 헬스장에 가는 이유 중 하나는 더 많은 근육, 즉 일종의 '목재'를 만들기 위해서이다. 나무들은 새로운 긴장을 감지할 때마다 더 많은 목재를 만들어낸다. 그렇게 만들어진 이상재reaction wood는 스트레스에 대한 반응 결과물인 셈이다.

우리가 어깨 부근에서 통증을 느끼는 것처럼 나무도 그 지점에서 스트레스를 느낀다. 가지와 줄기가 만나는 지점에서 여분의 목재가 자라며, 가지 깃branch collar(가지 밑 살, 지륭이라고도 한다—옮긴이)이라고 알려진 영역으로 발전한다. 이 부분의 목재는 매우 질기다. 역사적으로 가지 깃은 높은 강도가 필요한 곳에 사용되었으며, 청동기 시대에는 도끼의 손잡이로 사용된 사실이 밝혀진 바 있다.[25]

하부에 수평으로 뻗은 큰 가지를 가진 나무를 찾아서 그 가지와 줄기가 만나는 부분을 잘 살펴보면 직선이 아니라는 것을 알 수 있다. 이 지점에서 가지가 돋아 나와 넓어지는 것을 볼 수 있다. 더 자세히 보면 가지 깃이 대칭이 아닌 것도 알 수 있다. 가지 깃의 상부와 하부가 동일하지 않다는 뜻이다.

활엽수와 침엽수는 모두 이상재를 키우지만 서로 다른 전술을 사용한다. 이 단계에서는 나무를 포함한 모든 구조물에 작용하는 두 가지 기본적인 힘을 이해하는 것이 중요하다. 중력에 대항하여 무언가를 지탱하는 방법에는 두 가지가 있다. 아래에서 위로 밀어 올리거나 위에서 당겨 올리는 것이다.

높은 책장을 옮기고 있는데 책장이 내 쪽으로 쓰러진다고 상상해 보자. 약간 당황한 상태에서 책장을 세게 밀었다가 책장이 쓰러지기 시작할 때 부드럽게 잡아당기면 책장이 똑바로 세워진다. 책장이 넘어지지 않은 이유는 재빠르게 반응해서 먼저 밀고(압축력compression이 작용한다—옮긴이), 그다음 당기는 힘(장력tension이 작용한다—옮긴이)을 사용했기 때문이다.

침엽수는 압축재compression wood를 사용하여 가지를 밀어 올리고, 활엽수는 장력재tension wood(신장재)를 사용하여 가지를 끌어 올린다. 장력재에 존재하는 세포는 텐트에서 줄을 조이는 것처럼 당기는 역할을 한다. 이 때문에 가지 깃을 포함하여 우리가 나무에서 볼 수 있는 많은 형태가 만들어진다. 침엽수는 연결 마디 아래가 더 크게 부풀어 오르고, 낙엽수는 연결 마디 위쪽이 더 크게 자란다(외국 수목생리학 문헌에 따르면 낙엽수 중에 위쪽이 더 크게 자라지 않는 수종도 있다—감수자). 목재는 압축력보다 장력에 더 강하지만 두 경우 모두 그 무게에 비하면 놀라울 정도로 강한 편이다.

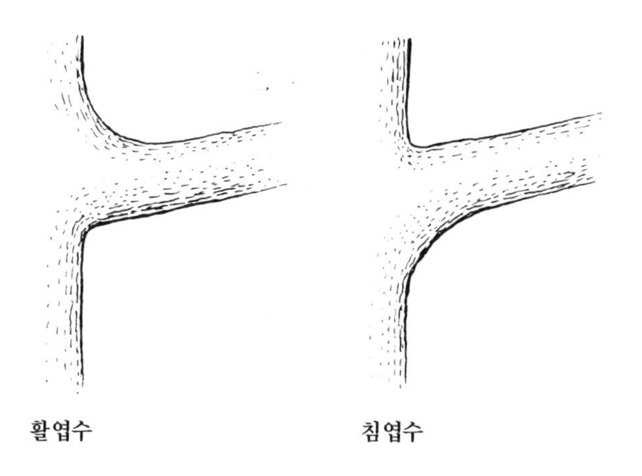

나무들이 이러한 상황에 반응해야 하는 이유는 무엇일까? 애초에 모든 상황에 대비해 충분할 정도로 튼튼하게 자라는

것이 더 낫지 않을까? 나무의 입장에서 보면 큰 스트레스가 어디서, 어떻게 발생할지 미리 알 수 없을 뿐만 아니라, 필요하지도 않은 목재를 많이 키우는 것은 비효율적일 수도 있다. 헬스장에 종종 갔다가 포기하는 사람과 달리, 나무는 일방적인 과정을 따른다. 나무는 한 해 동안 목재를 키우고, 다음 해에 그 목재를 잃지 않는다. 한번 자란 목재는 계속 유지된다.

중요한 사항이 여기에 있다. 나무는 가지가 얼마나 오랫동안 자랄지 예측할 수 없다. 앞서 살펴본 바와 같이, 빛의 양에 따라 어린 잔가지일 때 스스로 가지치기를 할 수도 있고, 성숙하고 힘센 가지가 될 때까지 살아남을 수도 있다. 나무가 전자와 후자에 동일한 크기와 형태의 가지 깃을 성장시키는 것은 미친 짓이다. 따라서 가지 깃은 끊임없이 상황에 적응해야 하므로 항상 그 모양도 변할 수밖에 없다.

또한, 나무는 다른 힘들이 얼마나 강력할지도 예측할 수 없다. 눈이 내려 나뭇가지를 짓누르거나, 바람이 불어 나뭇가지를 위로 밀어 올릴 수도 있다. 심지어 토양이 이동될 수도 있다. 땅이 흘러내려 나무가 한쪽으로 기울어지면 줄기는 물론 모든 가지는 새로 만들어진 각도와 스트레스에 이상재를 키워 대응해야 한다.

개척자 나무 가리키기

나뭇가지는 햇빛이 들어오는 방향으로 자란다. 빛의 방향이 바뀌면 나뭇가지의 생장 방향도 바뀐다. 길가나 강가에서 자라는 나뭇가지들은 그늘보다 햇빛이 가득한 쪽을 선호한다는 사실에 익숙해졌다면, 이제 여러분은 좀 더 미세한 사례들을 찾아 나설 때가 되었다.

약 10년 전, 나는 동네 숲에서 너도밤나무의 가지들이 이상할 정도로 일관되게 개암나무 쪽으로 휘어져 있음을 인식하게 되었다. 무슨 일이 벌어지고 있는지 파악하는 데 며칠이 걸렸지만, 그 이유를 알고 나니 그 효과가 훨씬 더 광범위하게 보이기 시작했다.

일반적으로 우리는 숲에 새로운 공간이 생기면 갑자기 햇빛이 증가하기 때문에 나뭇가지들이 그 공간으로 휘기 시작할 것이라고 예상한다. 하지만 그런 개방된 공간은 오래 유지되지 않는다. 곧바로 야생화와 덤불 그리고 개척자 나무들이 새로운 햇빛을 흡수하기 위해 위로 뻗어 올라간다. 이들이 그 틈새를 메우려고 하지만, 그 틈새가 모두 메워지기 전에 이미 자리를 잡은 이웃 나뭇가지들이 그쪽으로 휘기 시작한다. 개척자 나무들도 그 틈을 메우지만, 오래된 가지들이 휘는 현상은 사라지지 않는다. 일단 목재가 형성되면 그대로 유지된다.

마치 오래된 이웃 가지들이 새로운 개척자 나무들을 가리키고 있는 것처럼 보이지만, 사실 그 가지들이 휘어져 생긴 곡선은 어린 개척자 나무들이 어떻게 그 빈 공간을 차지했는지를 대변해 준다.

마녀의 빗자루

여러분은 종종 하나의 나뭇가지에서 잔가지들이 국지적으로 자라서 생기는, '마녀의 빗자루witch's broom' 모양을 발견할 수 있을 것이다. 촘촘하게 자라난 잔가지들은 전통적인 빗자루의 모양과 비슷하다고 생각할 수 있지만, 실제로는 훨씬 더 지저분하게 보이는 경우가 많다. 마녀의 빗자루 모양의 잔가지들은 다소 혼란스러운 나무의 방어 기작defensive response으로 만들어진 현상이다. 직접적인 원인은 호르몬 문제부터 박테리아, 곰팡이 또는 바이러스의 침입 등 다양하지만, 그 결과로 잔가지들이 서로 얽히고설키게 되거나 그 사이에 나뭇잎이 갇혀 있는 경우가 많다. 때로는 진취적인 동물들이 그 안에 둥지를 만들기도 한다.

내가 사는 동네 숲에서 마녀의 빗자루 형태를 볼 때마다 나무의 호르몬이 질서를 유지하는 데 큰 역할을 한다는 사실을 떠올리곤 한다. 마녀의 빗자루는 식물 호르몬을 조절해 자라나는 싹에게 언제, 무엇을 해야 하는지 알려주지 않는다면, 모든 나무가 뒤엉켜 버릴 수 있음을 보여주는 그림인 셈이다.

너무 친절한

나무들이 큰 혼란 없이 공간을 효율적으로 채우는 수백 개의 가지를 생장시키기 위해 비슷하지만 서로 다른 여러 방법을 찾아냈다는 사실은 매우 놀라운 일이다. 종마다 고유한 방식으로 생장하지만, 가장 기본적인 원칙은 가지들이 햇빛을 향하면서도 서로에게서 멀어지는 각도로 자란다는 사실이다. 여기에는 항상 유전자와 환경이라는 두 가지 요소가 영향을 미친다. 유전자는 가지들이 줄기에서 멀어지도록 지시하고 다소 거친 패턴을 만들어내지만, 햇빛은 가지들이 정확한 각도로 생장하도록 만든다. 이 때문에 나무의 남측에 있는 가지들은 태양을 향해 수평에 가깝게 자라고, 북측에 있는 가지들은 그 위의 밝은 하늘을 향해 수직에 가깝게 자란다. 이러한 현상은 자연항법을 하는 데 매우 중요한 요소이며, 옆에서 보면 나뭇가지가 체크 표시와 같은 모양을 만들어내기 때문에 나는 이를 "틱 효과tick effect" 또는 "체크 표시 효과check mark effect"라고 부른다.

완벽한 시스템은 없다. 때로는 가지가 '잘못'되어 서로 너무 가깝게 자라기도 한다. 때로는 슬로 모션으로 서로 닿거나 부딪히기도 한다. 빛 이외의 외부 영향 없이 방해받지 않는 조용한 환경에서 이런 일들이 발생할 가능성은 매우 낮다. 하지만 동물과 바람, 낙지, 질병 그리고 기타 여러 가지 문제로 가지들이 서로 충돌할 수 있다.

어느 가지의 껍질이 다른 가지의 껍질에 닿으면 처음에는 별다른 일이 일어나지 않는다. 하지만 시간이 지나면 가지 두 개가 바람에 움직이면서 마찰이 발생하고, 두 개의 가지가 맞닿은 부분의 나무껍질이 벗겨지게 된다. 그리고 나무껍질 안에 생장하던 조직이 서로 접촉하여 결합하거나 융합하여 자원과 부담을 공유하게 된다. 이러한 파트너십을 공식적인 용어로 접붙임inosculation(한국에서는 일반적으로 '연리지連理枝'라고 한다—감수자)이라고 한다.

작은 가지가 합쳐지면 흥미로운 패턴이 만들어지지만, 해당 나무에 해를 끼치거나 큰 영향을 미치지는 않는다. 하지만 큰 가지가 접붙임을 하게 되거나 작은 가지가 융합되어 큰 가지로 생장하게 되면 시한폭탄에 도화선이 켜지는 꼴이 된다.

이런 방식으로 결합한 두 나뭇가지의 상태는 매우 안정적이라고 생각할 수 있다. 그리고 사실 몇 년 동안은 안정적으로 유지될 가능성도 있다. 가지들이 서로를 지지하고 있지만, 아이러니하게도 바로 그 점이 문제의 원인이 된다. 그 이유는 스스로 생존하는 데 필요한 지주 목재supporting wood를 키우지 못하게 되기 때문이다. 어린아이의 자전거에 부착된 보조 바퀴를 제거해 주지 않으면 그 아이는 앞으로 균형 잡는 법을 더 이상 배우지 못하게 될 것이다.

결국, 두 개의 가지 중 하나는 약해지거나 떨어지게 되고, 남은 가지는 그 상황에 대처할 동력을 잃게 된다. 융합이 된 큰 가지들은 언제든 문제가 발생할 수 있다. 나무 의사tree surgeon가 그런 가지에 조치를 취하는 이유이다. 이 문제는 10장 〈껍질 신호〉에서 나무의 분기에 대해 살펴볼 때 다시 다루겠다.

5

바람의 흔적

바람은 나무에 흔적을 남기는데, 어떤 흔적은 가볍고 어떤 흔적은 그보다 더 강렬하다. 산들바람은 최상단의 가지들을 휘게 할 수 있지만, 강풍은 수백 년 된 나무의 뿌리를 송두리째 뽑아버릴 수도 있다.

이번 장에서는 바람이 나무에 미치는 다양한 방식에 대해 살펴보고자 한다. 가장 격렬한 영향부터 차근차근 알아보도록 하자. 마지막 부분에서는 좀 더 신비로운 효과들에 대해서도 살펴볼 것이다.

풍도목 또는 풍절목

2013년 12월 23일, 폭풍이 잉글랜드 남동부의 켄트주Kent를 휩쓸고 지나가자 지역 주민들은 대피소로 피신했다. 최악의 상황이 지나간 후, 도나 브룩스너-랜들Donna Bruxner-Randall은 자신의 땅에 있던 39피트(12미터) 높이의 전나무가 강풍에 쓰러진 것을 발견했다. 그 전나무는 도나가 소유한 토지의 끝자락에 쓰러진 채 이웃 농장의 경계선 너머로 넘어져 있었다. 나무의 밑동은 기울어져 있었고, 상당한 부분의 흙이 뿌리와 함께 땅 밖으로 튀어나온 상태였다. 이웃 농부인 톰 데이Tom Day는 크게 신경 쓰지 않았으며, 자신이 직접 처리하겠다고 말했다. 하지만 서둘러 처리할 필요는 없었고, 그 전나무는 한 달 동안 쓰러진 채 옆으로 누워 있었다.

그리고 첫 폭풍이 지나간 지 6주가 채 지나지 않은 2014년 2월 1일, 같은 지역에 또 다른 폭풍이 몰아쳤다. 바람이 잦아들자 지역 주민들은 더 많은 나무가 쓰러질까 봐 다시 한번 피해 상황을 점검하러 나섰다. 이때 도나는 깜짝 놀랐다. 12월에 쓰러졌던 전나무가 완전히 똑바로 서 있었던 것이다. 두 번째 폭풍이 첫 번째 폭풍과는 반대 방향으로 바람이 불면서 나무를 밀어 올린 것이다. 도나는 물론 이웃들도 놀라기는 마찬가지였다.

"너무 완벽하게 세워졌으니 정말 이상하죠. 농부들은 깜짝 놀랐고, 두 번째 폭풍이 원인이라고밖에 설명할 수가 없었어요."

폭풍들이 몰아닥친 지 거의 10년이 지난 후, 그 나무는 어떻게 되었는지 궁금해 연락해서 현재 상태에 대해 물어보았다.

"그 전나무는 여전히 제자리에 서 있고, 실제로 너무나 건강해 보입니다!"라고 도나가 말했다. 기적과도 같은 나무에 대한 도나의 자부심이 느껴졌다.

알다시피, 이런 일이 흔하지는 않다. 나무는 한번 쓰러지면 보통 넘어진 상태를 유지하지만, 그렇다고 해서 나무가 죽었음을 의미하는 것은 아니다.

강풍에 나무가 쓰러질 수 있지만, 다소 상이한 두 가지 형태로 나타난다. 가장 흔한 형태는 나무가 뿌리째 뽑히지만, 나무가 쓰러질 때 뿌리 부분이 땅 밖으로 비틀어지는 '풍도목windthrow' 현상이다. 특히 가문비나무에서 흔히 발생하지만, 바람의 세기가 너무 강하면 다른 나무들도 쓰러지기는 마찬가지이다. 일차 폭풍으로 켄트주의 전나무에서 일어난 현상이 풍도목이다. 풍도 현상은 폭우로 인해 토양이 약해진 상태에서 발생한다. 전나무가 서 있던 켄트주의 땅도 흠뻑 젖은 상태였다. 혹시 뿌리가 뽑힌 나무가 보이면 뿌리가 부러진 것인지, 흙이 들뜬 것인지, 아니면 둘 다인지 살펴보자. 나무가 쓰러지는 쪽, 즉 바람이 불어가는 쪽에서 뿌리가 부러지는 경우가 많다. 나무줄기가 기울어지면서 뿌리가 꺾이고 부러지는 것이다.[26]

나무는 바람이 불어가는 방향으로 쓰러지는 경향이 있으므로, 폭풍이 불어닥친 전체 지역에 걸쳐 하나의 추세를 형성한다. 여러분도 일단 나무가 쓰러진 방향을 파악할 수만 있다면, 폭풍에 쓰러진 나무들을 통해 강력한 방향 감각을 키울 수 있다. 심지어 울창한 숲속 깊은 곳에서도 유용하게 사용할 수 있다. 나무가 쓰러지는 방향은 가장 자주 부는 바람, 탁월풍prevailing wind(우세풍 또는 주풍이라고도 한다 — 옮긴이)의 방향과 동일한 경우가 많지만, 항상 그런 것은 아니다. 폭풍은 어느 방향에서든 불어닥칠 수 있다.

바람이 나무를 쓰러뜨리는 두 번째 형태는 '풍절목windsnap'이라고 한다. 풍절은 뿌리는 버티고 있지만 줄기가 부러지는 것을 의미한다. 풍절은 줄기가 구조적으로 취약할 경우 발생한다. 질병이나 이전에 입은 손상 때문일 가능성이 높으며, 최근에 발생한 경우라면 부러진 부분 근처에 부패나 곰팡이의 흔적이 있는지 살펴볼 필요가 있다. 종종 나무껍질과 파손 부위의 목재가 변색되었음을 확인할 수 있고, 때로는 곰팡이가 핀 것도 목격할 수 있다.

풍절이 일어나면 나무에 치명적이며, 성숙한 나무도 죽을 수 있다. 풍도는 일반적으로 나무에 치명적이지 않다. 원뿌리major root 몇 개만이라도 손상되지 않고 땅속에 고정되어 있다면 살아남을 가능성이 높다.

살아남은 침엽수는 쓰러지기 전에 가장 높은 지점인 끝부분에서부터 다시 자라기 시작한다. 반면, 활엽수는 뿌리에서 가장 가까운 곳에 살아남은 가장 큰 가지를 새로운 줄기로 만들고자 노력한다. 그 결과 하프 나무harp tree와 같이 수십 년이 지나야만 해석이 가능한 흥미로운 형태와 모양이 만들어진다.

하프 나무[27]

지금까지 살펴본 바와 같이 폭풍으로 인해 나무가 쓰러져 뿌리의 일부가 비틀리더라도 일부 뿌리가 손상되지 않고 남아 있는 한, 그 나무는 살아남을 가능성이 높다. 하지만 이제 나무는 중대한 계획 변경이 필요하다. 폭풍에 살아남은 모든 하부 가지들은 곧이어 짙은 그늘에서 죽게 될 것이고, 상부 가지들만 남게 될 것이다.

때로는 줄기 상단에 돋아난 도장지가 스트레스와 새로운 햇빛의 영향으로 생장이 촉진되기도 한다. 이 때문에 눈에 띄는 하나의 패턴이 만들어지기도 한다. 지면 바로 위에 수평으로 자란 오래된 줄기에서 일련의 작은 나무들이 자라고 있는 것처럼 보인다. 죽었다가 살아난 것처럼 보인다고 해서 '하프 나무', '불사조 나무phoenix tree' 등 여러 별명이 붙여졌다.[28]

플래깅

몇 년 전, 스코틀랜드 고원의 케언곰산맥Cairngorms의 낮은 경사면에서 눈snow의 패턴을 연구하며 하루를 보낸 적이 있다. 강렬하고 멋진 하루였다. 나는 바위와 나무 한쪽에 눈이 쌓인 형태처럼 거시적인 경향을 관찰하는 일부터 시작했다. 폭설이 내린 후에는 일반적으로 눈보라가 몰아친 방향과 같은 나무의 한쪽 측면에 수직으로 줄무늬 모양의 눈이 쌓여 있다. 일단 주목해서 보면, 자연항법에도 도움이 되는 신뢰할 수 있는 경향인 것을 알 수 있다.

시간이 지남에 따라 방향을 전환해 좀 더 미시적인 단서들을 탐색하기 시작했다. 한낮이 될 때까지 눈송이 하나하나에서 패턴을 탐색하고자 했지만, 대부분 패턴을 찾는 데 실패했다. 다소 에너지를 쏟아 집중력을 발휘했던 것 같다. 그러다가 해가 산등성이 뒤로 물러나자 잠시 휴식을 취했다. 세세한 것에서 시선을 옮겨 더 넓은 경관을 바라보았다. 그때 나무들 사이로 빛나고 있는 하나의 신호를 발견했다.

능선을 따라 늘어선 침엽수들은 하나의 패턴을 띠고 있었다. 나무들은 모두 자신 있게 그 패턴을 보여주고 있었고, 그 대담하고 단순한 메시지가 나를 웃게 만들 정도였다. 세세한 것에 집중하는 좁은 시야에서 자연의 웅장하고 현란한 의미를 보는 넓은 시야로 전환될 때 극도의 행복감을 느끼게 되는 이유에 대해 아직 신경과학적으로 이해하지 못하지만, 실제로 그런 느낌을 받는 것이 사실이다. 그 추운 오후, 내가 본 패턴을 플래깅flagging(또는 깃발형)이라고 한다.

플래깅: 살아남은 가지들이 탁월풍이 부는 방향을 향하고 있다.

바람은 나무를 죽이지 않고도 많은 손상을 입힐 수 있다. 바람에 노출된 위치에 있는 나무들도 힘들긴 하지만, 특정 가지들은 다른 가지들에 비해 훨씬 더 많은 고통을 받곤 한다. 키가 큰 나무에서 제일 높은 위치에 있는 가지들이 가장 큰 피해를 입으며, 탁월풍이 불어오는 쪽의 가지들이 종종 꺾여 나가면서, 나무 꼭대기의 한쪽은 멀쩡하고 한쪽은 맨살이 드러나는 비대칭적인 형태가 만들어진다. 살아남은 가지들이 바람을 따라 뻗어 있기 때문에 이러한 효과를 플래깅이라고 한다. 북미와 유럽의 중위도 지역에서는 가지(깃발)가 동쪽을 향하는 경향이 있다. 만약 언덕이나 해안 근처에 있을 때, 이러한 현상을 찾아본다면 여러분에게도 분명 가치 있는 일이 될 것이다.

쐐기 효과, 풍동 효과 그리고 외톨이 가지들

바람에 대응하는 나무의 방식은 키는 점점 작아지고 몸통은 더 튼튼하게 생장하는 것이다. 줄기는 위쪽으로 갈수록 점점 가늘어지는 초살도 현상이 더 심해진다. 우리가 숲 안쪽으로 들어갈수록 나무들의 키가 커지는 이유 가운데 하나가 이 때문이다. 가장자리에 있는 나무들은 탁월풍에 많이 노출되어 키가 가장 작다. 나는 이를 "쐐기 효과wedge effect"라고 부른다. 숲은 탁월풍이 불어오는 방향으로 경사져 있다. 쐐기 모양은 스포츠카의 후드와 비슷한 모습이지만, 우리는 스포츠카가 바람을 타고 달리는 모습만 기억하면 된다. 쐐기 효과는 영국과 그 외 많은 냉온대 지역에서는 남서쪽으로 나타나며, 북미 중위도 지역에서는 서쪽으로 나타나는 경우가 많다. 탁월풍은 지형적인 특성에 따라 영향을 받을 수 있지만, 일단 해당 지역에 주로 불어오는 탁월풍의 방향이 결정되면 자연 항법에 유용한 또 다른 신호가 된다.

바람은 전체 숲의 모양을 조각할 뿐만 아니라, 개별 나무들의 형태도 변화시키면서 공기 역학적인 모습으로 만들어간다. 바람이 불어오는 쪽에는 나무들이 더 짧고 촘촘하게 밀집되어 있고, 바람이 불어가는 쪽에서는 나무가 더 크고 개방적인 형태를 띠게 되는데, 이를 "풍동 효과wind tunnel effect"라고 부른다. 산등성이에서 하늘에 드리워진 실루엣을 보면, 바람이 불어오는 쪽의 나무들의 키는 작고 밀도는 높으며 더 어둡게 보이지만, 바람이 불어가는 쪽은 나뭇가지들 사이로 하늘이 보이는 것을 알 수 있다. 또한, 바람이 불어가는 쪽에는

쐐기 효과: 숲에서 바람이 불어오는 방향에 있는 나무들은 뒤쪽에 보호를 받는 나무들에 비해 키가 덜 자라는 경향이 있다.

일명 '외로운 낙오자' 가지들도 있다. 이런 가지들은 주 캐노피를 벗어나 바람이 불어가는 쪽을 향해 뻗어나간다.

앞서 '플래깅' 현상에서 살펴본 것처럼 바람은 극단적인 경우에 나뭇가지를 죽인다. 그러나 그보다 훨씬 전에 바람은 나뭇가지에 세 가지 미세한 영향을 미친다.

탁월풍이 부는 방향으로 나무 꼭대기를 휘게 만든다. 영국과 대부분의 냉온대 지역에서는 남서쪽에서 북동쪽으로, 북미 중위도 지역에서는 서쪽에서 동쪽으로 이와 같은 패턴을 따르는 경우가 많다. 이는 자연항법사들이 이용할 수 있는 가장 효과적인 기술 가운데 하나이다.

풍동 효과: 탁월풍은 그림 왼쪽에서부터 불어온다. 나무의 모양뿐만 아니라 바람이 불어가는 방향으로 더 많이 들어오는 빛과 외톨이 가지들도 주목하자.

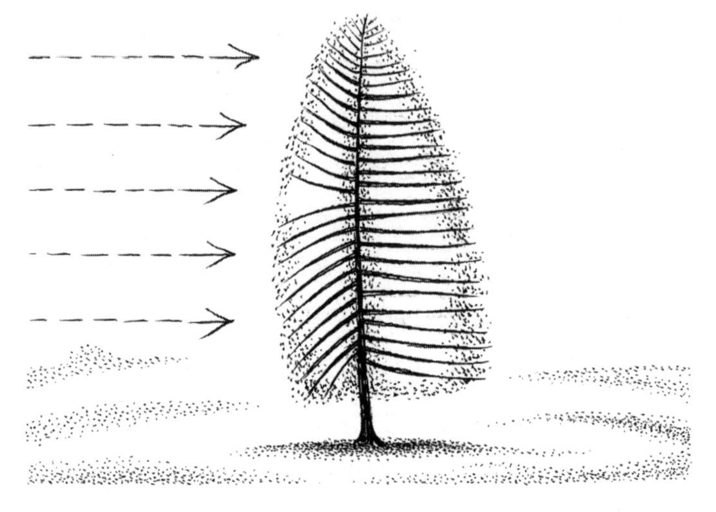

짧은 나뭇가지들은 바람이 불어오는 쪽의 줄기 쪽으로 휘어지는 반면, 바람이 불어가는 쪽의 가지들은 더 길고 곧은 형태를 유지한다.

바람은 나뭇가지들을 짧게 만든다. 강한 바람은 나무의 키가 덜 자라게 하며, 가지에도 같은 영향을 미친다. 바람이 많이 부는 지역의 나무들은 전체적으로 가지가 짧은 편이고, 그중에서도 바람이 불어오는 쪽의 가지들이 가장 짧다.

바람은 나뭇가지도 휘게 만들지만, 그 방식은 나뭇가지의 각도에 따라 다르다. 기본 규칙은 바람이 불어오는 쪽에서는 가지들이 줄기를 향해 휘어지고, 바람이 불어가는 쪽에서는 줄기에서 멀어지는 쪽으로 휘어진다는 것이다. 예를 들어 바람이 불어오는 방향의 가지들이 위쪽을 향하고 있다면, 바람은 가지를 더 위쪽의 줄기를 향하도록 누르게 된다. 반대로 바람이 불어가는 쪽의 경우, 가지들을 줄기에서 멀어지게 할 것이다. 가지가 위쪽을 향하든 아래쪽을 향하든 상관없이 바람이 불어오는 쪽의 가지들은 줄기에 더 가까워지고, 바람이 불어가는 쪽의 가지들은 줄기에서 더 멀어진다.

휨

지금까지 살펴본 모든 효과는 지속적인 영향을 남기는, 강력하거나 혹은 장기적인 경향의 결과물들이다. 그러나 나무가 이전 모양으로 돌아가기까지 단 몇 초 동안만 지속되는 변화도 발생한다.

각 나무가 속한 계통마다 고유한 특성이 있으며, 각자의 방식으로 바람에 반응한다. 어떤 나무는 완고하고 굴하지 않는 반면, 어떤 나무는 매우 유연한데, 그런 점에서 사람과 비슷하다. 바람이 부는 날에는 가능한 기회를 만들어 이와 같은 도전에 나무들이 어떻게 대처하는지 관찰해 보자. 잎사귀 하나부터 전체 나무에 이르기까지 모든 규모에서 찾을 수 있는 특징적인 반응들이 존재한다.

포플러와 같은 개척자 활엽수들의 잎은 원통 모양으로 말아서 바람이 그냥 지나갈 수 있도록 한다. 솔잎은 바람에 휘기도 하지만, 잎이 짧은 많은 침엽수의 경우 눈에 띄는 잎의 형태 변화가 없는 경우가 많다. 바람에 휘어지는 나뭇잎의 정확한 모양을 파악하는 데는 어려움이 있을 수 있다. 그 과정은 빠르게 일어나지만, 색상 변화는 도움이 될 수 있다. 이후에 살펴보겠지만, 잎의 윗면과 아랫면의 색깔은 같지 않다.

이러한 경향은 나무 전체에서 나타난다. 바람이 불 때, 나뭇잎의 모양이 변한다면 여러분은 가지와 줄기의 끝부분으로 갈수록 점점 얇아지는 초살도 현상이 나타나고, 그 끝부분도 바람에 휘어질 것이라는 확신을 가질 수 있을 것이다.

휨flexing이 발생한다는 것은 앞서 살펴본 유해한 바람의 효과들과는 다르지만, 어느 정도 관련이 있다. 돌풍이 불면 나무가 몇 초 동안 휘어졌다가 바람이 잦아들면 다시 되돌아올 수 있다. 하지만 대부분의 강풍이 같은 방향에서 불어오는 경우라면, 시간이 흐르면서 쐐기 효과와 풍동 효과 그리고 외로운 낙오자 현상이 나타나기 시작할 것이다.

우연히도 이 글을 쓰고 있는 지금 서쪽으로 폭풍우가 무사히 지나가면서 강풍도 이동하고 있다. 가문비나무 한 그루가 아주 즐겁게 흔들거리고 있고, 그 나뭇가지들도 위아래로 흔들리고 있지만, 줄기나 잎에는 큰 움직임이 없다. 너도밤나무들의 하부는 그 형태를 유지하고 있지만, 상부는 형태의 변화가 일어나고 있다. 가장 바깥쪽에 있는 가지들이 돌풍이 불 때마다 찌그러졌다가 곧 펴진다. 돌풍에 노출이 가장 많은 부위의 잎사귀들은 경련을 일으키듯 떨고 있으며, 가장 가까이 있는 너도밤나무 줄기의 최상단도 살랑살랑 흔들리고 있다.

어린 자작나무는 돌풍이 불 때마다 강풍이 부는 바다 위의 요트처럼 흔들리고 있지만, 가느다란 줄기는 배의 돛대와 달리 절반이 조금 넘은 곳에서부터 완전히 굽어졌다가 다시 휘청거린다. 자작나무의 잎들은 매우 빠르게 뒤틀렸다가 다시 뒤집히면서 사라졌다가 다시 나타나는 것처럼 보일 정도로 격렬하게 펄럭이고 있다.

어색한 나무

지금까지 이 장에서 살펴본 반응들은 그 자체로 간단해 보이지만, 자연은 이러한 반응들을 함께 묶어서 표현하기를 선호하기 때문에 해석이 다소 어려울 수 있다. 가끔은 오랜 기간에 걸친 영향인지, 아니면 지난 몇 초 동안 발생한 효과인지를 파악해야 할 때도 있다.

연습하면 나무로부터 순간적인 영향과 바람의 역사를 읽기가 쉬워지지만, 처음 시작할 때는 가장 강한 영향부터 시작하여 수준을 낮추어가는 것을 추천한다(이와 같은 방식으로 장을 구성한 이유도 바로 여기에 있다).

폭풍우에 쓰러진 나무를 찾아서 그것이 풍절 현상인지 아니면 풍도 현상인지 확인해 보자. 다음으로, 기회가 된다면 언덕 위나 해안가 등 노출된 곳에 있는 나무들을 찾아보자. 잔잔한 날을 선택하는 것이 이상적이다. 그렇게 하면 그런 영향들이 오늘 부는 바람 때문인지, 아니면 10년 동안 계속된 바람 때문인지 구분할 필요가 없게 된다. 도시와 같이 좀 더 보호된 장소라면 연습 대상으로 공원에 있는 나무들의 상단을 살펴보자.

노출된 나무들의 모양을 관찰하고, 다양한 각도에서 나무들을 관찰해 보자. 시점이 바뀔 때마다 나무들의 모양이 어떻게 달라지는지, 탁월풍에 의해 나무들의 상단이 어떻게 휘었는지 주목하자.

장기적인 경향을 파악하는 데 어느 정도 시간을 투자하면서 이러한 경향이 자연스럽게 느껴진다면, 어색한 나무awk-

어색한 나무

ward tree를 찾아 나설 준비가 되었음을 의미한다. 가장 노출이 많은 장소에서는 작은 나무들만 잘 자란다. 우리 동네 언덕 위에는 산사나무들이 잘 자라는데, 어떤 강풍에도 잘 견딘다. 하지만 어디를 가든 강풍을 견디며 살아가는 나무들을 찾을 수 있다. 도시에도 강풍이 불기 쉬운 장소들이 있기 마련이다. 높은 건물이나 강 근처, 길고 곧게 뻗은 거리의 끝부분, 아니면 틈새로 바람이 불어오는 곳을 찾아보자.

흔한 방향, 즉 주로 부는 방향에서 바람이 불 때마다 장기적인 경향이 강화된다. 잔잔한 날에도 나무의 상단이 약간 휘어져 있다면, 주로 바람이 부는 방향에서 부는 날에는 그 효과가 더 과장된다. 그러나 바람이 다른 방향에서 불어오거나, 때로는 반대 방향으로 부는 날도 있을 것이다. 이로 인해 노출된 나무들의 모양이 어색하게 만들어지는 것이다. 마치 나무가 머리를 매만지며 한 방향으로 빗질한 다음, 누군가가 잘못된 방향에서 헤어드라이어로 바람을 불어넣은 것 같은 모습이다. 나무는 공기 역학적으로 매끈한 형태에서 우아함을 잃어버린 모습으로 바뀐다. 불편하고 어색해 보인다.

어색한 나무는 날씨가 이상할 것임을 알려주는 일종의 신호이다. 평소와 반대 방향의 바람이 분다면, 비정상적인 기상 시스템이 통과하고 있음을 의미한다.

마지막 도전은 때때로 바람과 태양이 나무의 모양에 미치는 복합적인 영향을 읽어내야 한다는 사실을 깨닫는 순간 찾아온다. 만약 나무에 바람과 햇빛의 흔적이 모두 남아 있다고 생각되지만, 어디부터 시작해야 할지 알기 어려운 경우, 항상 바람을 먼저 고려하자. 바람은 햇빛보다 더 강한 흔적을 남길 수 있지만, 그 반대의 경우는 매우 드물다는 점을 기억하자.

신비한 패턴

바람은 나무를 변화시키지만, 나무 또한 바람을 변화시키기도 한다. 바람의 세기와 방향은 나무 부근에서 극적으로 변한다. 복잡하거나 직관적이지 않은, 바람에 휩쓸린 패턴을 나무에서 발견할 경우, 이러한 변화를 이해하고 있으면 도움이 된다. 이를 위해 가장 좋은 방법은 직접 부딪히며 경험하는 것이다.

나무나 숲에 바람이 불면, 바람은 그 위를 넘어서기 위해 높이 올라가야 한다. 이로 인해 바람이 불어오는 방향의 나무

쪽에는 잔잔한 공기 영역이 형성된다. 같은 바람이 나무를 지나간 후에도 바로 뒤쪽에는 바람이 닿지 않는 또 다른 지점이 있어 다시 한번 잔잔한 공기 영역이 형성된다. 이러한 고요한 영역을 바람 그림자wind shadow라고 하며, 여름에는 나비와 다른 곤충 들이 바쁘게 움직이는 곳이기도 하다.

바람이 어떤 장애물을 통과하게 되면 가장 뒤쪽 부분은 마찰로 인해 속도가 느려지고, 이 때문에 바람이 뒤집히고 회전하기 시작한다. 전속력으로 달리다가 넘어지는 장면을 한번 떠올려 보자. 상체는 계속 전속력으로 앞으로 나아가는데, 다리는 속도가 느려져 앞으로 넘어지고 때로는 구르기까지 한다. 이것이 바로 바람이 나무 위를 넘어갈 때 일어나는 현상이다. 구르는 바람을 회오리라고 한다. 바람이 나무를 지나갈 때마다 소용돌이가 형성되며, 이는 바람이 돌풍을 일으키고, 이상한 방향으로 부는 이유가 되곤 한다. 특히 나무 바로 뒤쪽에서 부는 바람을 설명해 준다.

바람이 많이 부는 날에 숲으로 가면, 가장자리는 매우 시끄럽지만, 안쪽으로 깊숙이 들어가면 조용해진다. 우리는 모두 이 같은 효과를 예상하지만, 거의 누구도 알아차리지 못하는 더 섬세한 효과가 있다. 숲에서는 나무 상단에서 바람이 가장 강해져 캐노피에서 바스락거리는 소리가 들리고, 바닥 부근에서는 고요하기 때문에 두 층 사이에서 흥미로운 바람을 느낄 수 있다.

숲에서 바람은 조금 위나 아래보다 머리 높이에서 더 강하게 분다. 바람이 많이 부는 날, 숲속에 있다면 얼굴에 부는 바람을 느껴보자. 손을 아래로 뻗으면 무릎 근처에서 바람이 멈추는 것을 느낄 수 있다. 그런 다음에는 머리 위 약 10피트(3미터) 정도 높이에 있는 잎이나 가지들이 얼굴에 부딪히는 바람과는 다른 바람을 맞고 있는지 살펴보자. 이런 효과를 벌지bulge(부풀어 오름)라고 하며, 바람이 캐노피와 지면 사이로 스며들기 때문에 발생한다. 더운 날에는 한 그루의 나무에서도 같은 효과를 느낄 수 있으며, 나무 아래 그늘에서 에어컨과 같은 시원한 바람이 주는 혜택을 누릴 수 있을 것이다.

일단 익숙해지면 이러한 효과들을 찾으면서 만족감을 느끼게 된다. 숲에서 바람이 불어가는 방향으로 바람 그림자 속에 서 있다가 나무에서 멀어지게 되면, 난류를 추적하고 탐색할 수 있다. 그것은 마치 초능력과도 같다. 몇 걸음만 걸으면 원하는 거의 모든 방향으로 바람을 불게 한 다음, 다시 나무로 돌아와서 멈추게 만들 수 있다.

벌지는 캐노피 위쪽을 통과하는 바람보다 느리게 이동하므로 캐노피의 소리와 모습을 통해 벌지 바람의 변동을 예측할 수 있다. 바람이 많이 부는 날에는 바람이 불어오는 쪽에 있는 숲속의 키 큰 나무들의 상단에서 바람을 잡아당기는 모습을 보거나 소리를 듣고, 얼굴에 벌지 바람이 느껴질 때까지 몇 초가 걸리는지 측정해 보자.

나무에 의해 형성된 바람의 패턴을 이해하는 데 시간을 쏟으면, 그 밖의 많은 나무의 신비로운 패턴을 이해하는 데 도움이 된다. 머리 높이의 나뭇잎은 벌지 덕분에 위쪽이나 아래쪽에 있는 나뭇잎보다 더 울퉁불퉁해 보이는 경우가 많다. 숲 근처의 묘목과 개척자 나무들이 숲에서 생긴 난류에 의해 타격을 입은 것처럼 보일 수 있다. 작은 숲들이 연이어 있는 풍경에서는 소용돌이가 한 숲에서 다음 숲으로 이동하면서 혼란을 일으키기 때문에 나무들 사이에서 많은 흥미로운 바람 패턴이 발생한다.

6
줄기

남녀노소 누구에게나 나무를 그려달라고 하면, 줄기에는 별다른 특징을 표현하지 않는 것을 알 수 있다. 그 그림 속에는 땅과 잎사귀들이 만든 캐노피를 연결하는 한 쌍의 선만이 보일 것이다. 하지만 실제 밖으로 나가서 보면 똑같이 생긴 줄기는 그 어디에서도 찾을 수 없다. 곡선, 돌출부, 분기fork 등 다양한 패턴들이 존재하며 다채로운 세계를 제공한다. 이번 장에서는 나무줄기의 특징과 그 의미에 대해 집중적으로 살펴볼 것이다. 가장 광범위한 추세, 즉 전체 줄기에 영향을 미치는 추세부터 시작해서 초점을 점점 좁혀가 보도록 하자.

인사하듯 기울어진

자연 속에서 나타나는 많은 패턴은 대부분의 사람에게는

보이지 않지만, 한번 발견하면 그 후에는 눈에 확실하게 잘 들어온다. 다음 기회에 넓은 길이나 도로를 따라 걷거나 나무 사이를 가로지르는 강가를 걷게 된다면 어떻게 나무줄기들이 여러분을 향해 기울어져 있는지 주목해 보자.

우리는 가지들이 선로나 강과 같은 개방된 공간 위로 뻗어 나가는 모습과 줄기들이 제 역할을 다하는 것을 살펴보았다. 그런데 만약 그 반대라면, 나무줄기들은 숲을 가로지르는 밝은 빛과는 반대 방향으로 기울어지면서 모든 가지를 더 어두운 나무들 속으로 더 깊이 밀어 넣을 것이고, 이는 끔찍한 전략이 될 것이다.

모든 숲의 가장자리에서도 같은 경향을 볼 수 있다. 나무들의 줄기가 바깥쪽으로 약간 기울어져 있다고 하더라도, 그런 나무들 사이를 걷는다면 매우 만족스러운 느낌을 받을 수 있다. 이런 효과는 겨울철 낙엽수 사이로 오르막길을 걸을 때, 앙상한 나무 뒤에 밝은 하늘이 있어 실루엣과 강하게 대비되기 때문에 특히 강력하게 느껴진다.

나는 나무들이 기울어져 우리에게 인사하는 듯한 모습을 떠올리는 상상을 좋아한다. 내 뇌에는 이것이 사실이라고 믿는 뇌 세포는 없지만, 그 패턴을 찾을 때마다 따뜻한 느낌을 받는다는 사실을 기억한다는 뜻이다. 한번 시도해 보자.

나이가 많으면서 뚱뚱하고, 키가 크면서 날씬한

'둘레circumference'라는 철자를 쓸 수 있을만한 나이가 되기 훨씬 전부터 우리는 본능적으로 나무의 표식들 중 하나를 읽는 법을 배운다. 줄기가 클수록 오래된 나무라는 사실 말이다. 나무의 나이를 측정하는 데는 높이보다 줄기의 둘레가 더 신뢰할 만한 방법이다.[29] 고목은 높이가 줄어들기 시작하지만, 줄기는 계속 뚱뚱해진다. 가장 오래된 나무들 가운데 일부는 전성기 때보다 더 작고 뚱뚱하다.

나무의 정확한 둘레는 수많은 변수에 영향을 받을 수 있지만, 대략적인 경험 법칙rule of thumb이 적용된다. 수관이 꽉 차고 건강한 상태로 개방된 공간에서 자라는 나무는 1년에 1인치(2.5센티미터)씩 자란다. 따라서 둘레가 8피트(2.5미터)인 나무는 야외에서 약 100년 정도 자랐다는 의미이다. 숲속의 나무들은 빛을 받기 위해 철저하게 위쪽으로 자라기 때문에 숲속 나무의 둘레가 개방된 공간의 나무와 같다는 것은 숲속 나무의 나이가 두 배(이 경우 수령이 200년 정도 되었다고 추정할 수 있다)라는 것을 의미한다. 숲 가장자리의 반쯤 개방된 곳에 자라는 나무들의 경우, 둘레가 같다면 수령이 150년 가까이 된 것으로 추정할 수 있다.

이는 대략적인 추정치이지만 다양한 나무에 적용 가능하며, 놀랍게도 활엽수와 침엽수 모두에 적용된다. 순수주의자들은 세쿼이아redwood와 같이 거대한 나무들처럼 예외가 있으며, 나무는 어릴 때 더 빨리 자라고 시간이 지날수록 느리게 자라기 때문에 극단적인 경우, 오차가 발생할 수 있다고 반박하고 싶을 것이다.

강에서 흘러나오는 물의 총량은 모든 작은 수원지에서 강으로 유입되는 물의 총량보다 많을 수 없다. 나무에서도 비슷한 원칙이 적용된다. 나무 한 그루에서 자라난 전체 가지의 총 두께는 높이에 상관없이 거의 동일하다. 키가 큰 나무의 상단에 있는 잔가지들을 모두 촘촘히 모으면 줄기의 두께와 거의 같다. 레오나르도 다빈치는 〈회화에 관한 논문A Treatise on Painting〉에서 이에 대해 다음과 같이 말했다. “나무 한 그루의 모든 가지를 높이에 상관없이 모두 모으면, 그 아래에 있는 줄기의 두께와 같다.”[30]

이는 간단한 개념으로, 가지와 줄기가 연결되는 주요 지점들 위로 줄기가 가늘어지는 이유를 설명하는 데 도움이 된다. 물과 영양분을 공급받아야 할 나무의 부위가 줄어드는 셈이다. 하지만 이를 다른 방식으로도 생각할 수 있다. 앞서 살펴본 것처럼 나무는 추가되는 무게나 스트레스에 대처하기 위해 여분의 목재를 생장시킨다. 큰 가지들 아래는 줄기가 더 두꺼워야 하기 때문이다.

넓어지고 좁아지는 현상

영국 중심부에 위치한 노샘프턴셔주Northamptonshire의 웰던Weldon이라는 마을은 한때 왕실 사냥에 사용되던 로킹엄숲Rockingham Forest으로 둘러싸여 있었다. 로킹엄숲은 탐방하기가 쉽지 않은 숲이었기 때문에 많은 방문객이 길을 잘못 들어 헤매곤 했다. 사람들은 수천 년 동안 숲에서 길을 잃었고 앞으로도 계속 그럴 것이다. 하지만 이 문제를 해결할 수 있는 오래되고 매우 희귀하며 독창적인 방법이 하나 있다. 이 방법은 오늘날까지도 유효하다.

한 여행자가 로킹엄숲에서 길을 잃고 헤매다가 웰던에 있는 교회의 탑에서 나오는 불빛을 발견하고서야 겨우 방향을 잡고 길을 찾을 수 있었다는 이야기가 전해진다.[31] 큰 안도감과 고마움을 느낀 이 여행자는 같은 공포로부터 다른 사람들을 구하고자 더 영구적인 시설을 마련하기로 하고 그 비용까지 지불했다. 그렇게 하여 웰던의 성모 마리아 교회 상단에 양초나 등불을 보관하기 위해 둥근 지붕cupola이 건설되었다. 영국 내륙에서 유일하게 작동하는 등대이다.

등대 하나만으로도 나무줄기의 모양을 읽는 방법을 배울 수 있다. 18세기 영국의 계측 장치 제작자이자 기술자였던 존 스미턴John Smeaton은 플리머스Plymouth 해안에 새로운 등대를 설계하는 일을 맡았다.[32] 스미턴은 앞으로 수년 동안 밤낮은 물론 사계절 내내 그리고 가장 혹독한 날씨에도 견딜 수 있는 등대를 설계해야만 했다. 기술자에게도 엄청난 도전이었지만, 자연이 이미 폭풍우를 견딜 수 있는 높은 구조물을 만드는 방법을 알아냈다는 사실을 이해하는 사람들에게는 다소 두려움이 적은 작업이었다. 튼튼한 재료와 견고하고 안정된 기초 그리고 적절한 모양이 필요했다. 스미턴은 에디스톤 등대Eddystone Lighthouse의 디자인을 참나무의 줄기 모양에서 착안했다. 그는 돌이 나무보다 거센 파도에 더 잘 견딜 수 있다는 사실을 알고 있었지만, 모양은 크게 개선할 필요가 없었다.

등대는 1759년부터 1877년까지 한 세기가 넘게 유지되었지만, 등대 밑의 바위가 침식되어 불안정해졌다는 이유로 교체되었다. 등대 자체는 잘 유지되고 있었다*.

대부분 나무줄기는 밑동에서 넓어지는 경향(플레어링flaring이라고도 한다—옮긴이)이 있지만, 참나무를 포함한 일부 나무들은 다른 나무보다 더 현저하게 넓어진다. 키가 크고 오래된 나무일수록 이 플레어링 현상이 더 크게 나타난다. 키가 큰 나무들은 가장 강한 바람과 맞서야 하지만, 이러한 영향이 얼마나 극단적인지 과소평가하기 쉽다. 이웃 나무들보다 키가 조금 더 큰 나무는 전혀 보호를 받지 못하며, 이 때문에 가장 강한 바람과 맞서야 한다. 나무의 높이가 조금만 더 높아져도 나무에 가해지는 힘은 훨씬 더 커지고 밑동의 플레어링도 훨씬 더 심해진다. 캘리포니아의 시에라 네바다산맥Sierra Nevada에 자리한 거대한 세쿼이아이면서 세계에서 두 번째로 큰 나무인 3200년 된 247피트(75미터) 높이의 프레지던트 나무President tree가 그 대표적인 예라고 할 수 있다.

모든 나무의 줄기는 나무 꼭대기에 가까워질수록 가늘어지지만(초살도를 뜻한다—옮긴이), 가늘어지는 방식은 그 나무의 특성과 나뭇가지의 경향을 반영한다. 잎갈나무, 자작나무, 오리나무와 같은 개척자 수종은 바람이 많이 부는 노출된 곳에서 자라며, 줄기가 가늘어져 채찍 모양의 줄기가 된다. 참

---

* 지금도 플리머스 인근에 위치한 스미턴 등대(Smeaton's Tower)를 방문할 수 있다. 이 등대는 해체되었다가 일반인들이 비용을 지불하는 데 동의한 후 현재 위치에 재건되었다. "토목 공학 분야에서 가장 성공적이고 유용하며 교훈적인 작품을 기념하기 위해"라는 문구와 함께 1884년부터 그 자리에 위치하고 있다.[33]

나무와 세쿼이아처럼 느리게 자라는 나무는 서서히 가늘어져 거의 맨 꼭대기까지 어느 정도의 두께를 유지한다.

바람이 불어오는 방향으로 가늘어진

완벽한 대칭 형태의 원통 모양을 가진 줄기는 없다. 머리 높이에서 나무줄기를 자를 경우 단면이 원 형태로 보일 것이라고 상상할 수 있지만, 실제로는 그렇지 않다. 항상 무엇인가에 의해 왜곡되기 마련이다. 또한, 항상 그렇듯이 여기에도 유전자와 환경 그리고 시간이라는 세 가지 요소가 작용한다.

일부 수종은 완벽한 모양에 저항하도록 미리 프로그래밍이 되어 있다. 주목은 규칙적인 패턴을 따르지 않는다. 따라서 이 세상에 단면이 완벽한 원형인 주목 줄기는 존재하지 않는다. 개암나무와 오리나무처럼 여러 개로 갈라진 줄기를 가진 작은 나무들은 깔끔한 하나의 원 모양일 것이라는 생각을 무너뜨리는 경우가 많다. 여러 줄기를 가진 나무들은 땅 위에서 견고한 묶음으로 시작하지만, 시간이 지남에 따라 분리되어 각각의 줄기가 서로 멀어진다.

너도밤나무와 참나무 등 건강한 나무들은 허리 높이에서부터 가장 낮은 주요 가지 바로 아래까지 비교적 규칙적인 구간을 가지고 있다. 이 구간에서는 첫눈에는 원형으로 보일 수 있지만, 실제로는 타원형일 가능성이 더 높다.

줄기를 포함한 나무 전체가 바람에 대응한다. 대부분 바람이 부는 방향으로 가늘어진 형태를 띤다. 개방된 공간에서 키가 큰 성숙목 한 그루의 주위를 몇 번 돌아다니다 보면, 줄기

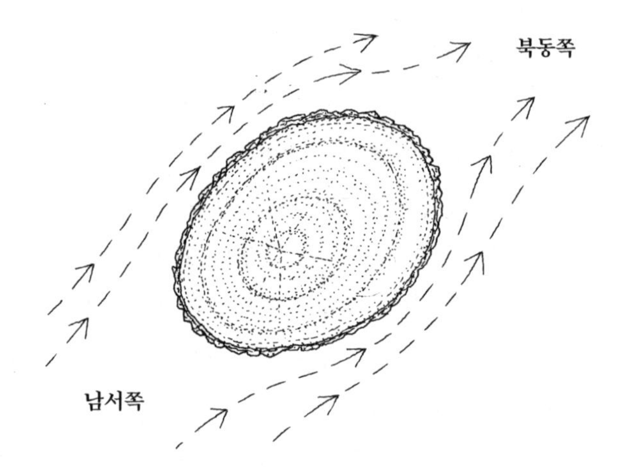

바람이 불어오는 방향으로 가늘어진다.

가 더 두꺼워지고, 그다음에는 얇아지고, 다시 더 두꺼워지는 것을 쉽게 관찰할 수 있다. 이 때문에 산림 관리사가 나무의 크기를 지름이 아닌 둘레로 기록한다.[34]

줄기는 탁월풍의 방향과 일직선으로 볼 때 가장 얇아 보이고, 직각으로 바라볼 때 가장 두꺼워 보인다.

종 모양의 바닥과 요정의 집

나무줄기는 땅에서 상단 끝까지 우아하게 흘러가는 형태를 띠기도 하지만, 종종 팽창한 부분들이 생겨나서 매끄러운 선을 깨뜨리는 것을 목격할 때가 있다.

아래부터 시작해서 위로 올라가 보자. 우리는 나무의 안정성을 위해 줄기 밑부분이 약간 불룩하게 튀어나와 있을 것으로 예상하지만, 일부 오래된 나무들은 터무니없이 뚱뚱해 보이는 밑동을 가지고 있다. 마치 나무가 되기를 포기하고, 거대한 종bell이 되기를 원하는 것처럼 보인다. 이런 현상에 대한 이름으로 벨 보텀bell bottom, 베이슬 벨basal bell, 보틀-버트 bottle-butt 등이 있지만, 어떤 이름을 붙이든 줄기 내부에 문제가 있음을 의미하는 일종의 신호에 해당한다.

포유류의 심장을 멈추게 하면 그 포유류는 죽게 된다. 신장이나 간을 포함한 다른 여러 가지 내부 장기를 멈추게 해도 마찬가지이다. 우리는 생명이 내면 깊은 곳으로부터 유지되며, 생명력의 핵심이 피부 바로 안쪽에 있다는 개념에 익숙하다. 나무의 경우 그 반대가 진실에 더 가깝다.

오래된 나무의 중심부에 있는 목재가 죽어 있고, 만약 껍질과 외층에 의해 그 목재가 보호되고 있다면 안정적이지만 생명이 없는 나무의 일부로 오랜 기간 유지될 것이다. 그러나 균열이 발생하거나 다른 약점들로 인해 죽은 목재에 미생물이 침투하게 되면 부패가 일어나기 시작한다. 많은 고목은 내부에서부터 썩기 시작하지만, 외층이 정상적으로 작동하여 수 세기 동안 생명을 유지할 수 있다. 나무의 외피는 구조적 강도에 있어서도 가장 중요한 부분인데, 이는 우리처럼 골격을 가진 생물들에게는 직관적으로 이해하기 어려운 개념이기도 하다.[35]

오래된 나무의 밑동 중앙 부위에 문제가 있다면, 나무는 문제가 있는 부위의 주변이나 바깥쪽으로 생장해 나감으로써 생명을 이어나갈 수 있다. 고목의 경우 자신의 내부가 부패한 후, 흙으로 돌아간 영양분 일부를 재흡수함으로써 혜택을 얻을 수 있다. 놀랍게도 나무는 자신의 부패물을 먹기 위해 줄기에 뿌리를 내기도 한다.[36]

나무들은 다시 한번 더 많은 목재를 자라게 해서 문제를 해결하고, 그런 여분의 생장으로 고목의 바닥은 종 모양이 된다. 나무 감염의 원인인 균열이나 구멍도 시간이 지남에 따라 점점 넓어진다. 그 결과, 우리는 아래쪽 줄기에 속이 비었거나 구멍이나 기타 틈새가 있는 거대한 고목을 볼 수 있게 된다. 이는 매우 매력적이기 때문에 여러분도 여러 번 보았을 것이고 아마도 언급했을 수도 있다. 마치 나무 밑동에 작은 집으로 들어가는 요정의 문이 있는 것처럼 느껴진다. 동물들은 종종 이런 구멍에 둥지를 틀기도 한다. 물론 아이들도 좋아한다. 이처럼 환상적인 집이 어른이 들어갈 수 있을 만큼 충분히 클 때도 있다. 나는 한때 차가운 비를 피하기 위해 거대한 느릅나무에 있는 요정의 집 안에 웅크리고 있었던 적이 있다. 솔직히 고백하자면 비는 핑계이고, 그렇게 하면 행복해지기 때문이다.

완충재

나는 나만의 독특한 방식으로 생계를 유지하며 굴곡이 많은 생활을 하던 중, 블룸즈버리Bloomsbury 지구에 위치한 베드퍼드 스퀘어Bedford Square에서 열린 회의에 참석한 적이 있다. 런던의 한 지역이면서 특별한 문학적 역사가 깃든 곳으로 웅장한 조지아 양식의 건물들이 있는 곳이다. 작가 지망생이라면 회의 장소로 이보다 더 흥미진진하거나 두려운 장소는 없을 것이다.

나는 지각하는 것을 싫어하지만, 그런 습관을 바꾸기에 이번이 좋은 시기가 아닌 듯했다. 내 인생에 결정적인 영향을 미칠 수 있는 회의였기 때문이다. 나는 설레고 긴장한 나머지 40분이나 일찍 도착했다. 블룸즈버리를 중심으로 빙글빙글 돌며 시간을 때우다 보니, 마지막 10분은 마치 교도소에서 휴식 시간을 보내는 죄수처럼 광장을 돌며 시간을 보냈다.

광장 중앙에는 견고한 검은색 금속 난간으로 둘러싸인 정갈하고 잘 가꾸어진 정원이 있었다. 녹색 공간이 마음을 안정시켜줄 것 같아 정원 내부를 걷고 싶었지만 문은 잠겨 있었고 열쇠도 없었다. 울타리 주위를 돌아다니며 녹지를 엿보는 것이 전부였다. 금속 울타리 틈새로 들어가 다른 풍경을 즐기고 싶었다. 그때 나무들도 비슷한 감정을 가졌음을 발견했다. 나무들도 그 틈새를 통과하고 싶었던 것이다. 한 줄로 늘어선 버즘나무들의 밑동이 부풀어 올라 금속 울타리 바닥을 뒤덮고 있었다.

나무가 자라면서 줄기는 두꺼워진다. 나무가 바위나 벽돌 또는 철제 울타리처럼 단단하고 견고한 물체를 만나면 그 지점에서 여분의 목재가 자라나 일종의 완충재cushion를 형성한다. 새로 자라난 목재는 장애물을 감싸기도 하지만, 접촉 지점에 버팀벽buttress을 형성한다. 나무줄기는 앞을 가로막는 것이라면 무엇이든 먹어 삼킬 정도로 굶주린 듯 보일 수 있다.

회의가 잘 진행되었다고 생각하면서 연락을 기다렸다. 지도 제작에 문외한인 내 마음 한구석에 미래 지도를 그릴 정도로 큰 기대를 품고 있었지만 내가 기대했던 대로 일이 진행되지 않았다. 내가 생각했던 결정적인 순간도 없었다. 그런 순간이 다가올수록 인생도 바뀔 것처럼 느껴지지만, 돌이켜 보면 가장 큰 결정적인 순간은 우리에게 서서히 다가온다는 것을 알 수 있다. 삶은 계속되었고, 긴 거리를 걸으며 거절에 대한 감정과 낙담의 감정을 떨쳐낸 후, 다음에 발생할 어려운 장애물로부터 나를 완충할 수 있는 또 다른 감정의 목재를 키웠다.

돌출 및 융기

나무는 다음 질문이 무엇일지는 모르지만, 정답은 알고 있다. 그 정답은 항상 더 많은 목재를 키우는 것이다. 세포를 재생할 수 있는 많은 동물과 달리 나무들이 할 수 있는 일은 더 많은 세포를 추가하는 것이다.

종종 우리는 넓어진 나무의 밑동보다 훨씬 위쪽에 줄기 전체를 감싸는 돌출부를 발견하곤 한다. 줄기 전체를 감싸는 팽창은 나무가 내부의 문제를 해결하려고 노력하고 있다는 하나의 신호이다. 다음으로 주목해야 할 것은 돌출부의 특성이다. 완만한 파도처럼 부드럽게 오르내리는가, 아니면 계단처럼 급격하게 솟아오르는가?

부드럽게 부풀어 오른 돌출부는 줄기 내부가 썩었다는 신호이며, 종 바닥 현상과 같은 문제지만 조금 더 높은 위치에서 발생하는 것뿐이다. 계단처럼 부풀어 오른 돌출부는 폭풍과 같은 충격적인 사건으로 인해 나무 내부의 목재 섬유가 휘었다는 신호이다.[37] 각각의 경우 나무는 내부의 약점을 감지하고, 이를 보강하기 위해 일종의 새로운 목재 고리를 성장시킨다. 마치 골절된 뼈 주위에 깁스한 것과 같은 원리이다.

줄기에 부풀어 오른 돌출부를 발견할 때마다 문제의 근본 원인을 찾아본다면 가치 있는 일이 될 것이다. 내부가 썩어서 부풀어 오른 것이라면, 제대로 봉인되지 않은 채 부러진 가지가 남긴 구멍과 같이 해충이 침입할 수 있는 통로가 있었을 가능성이 높다.[38] 오래된 가지의 흔적이 없다면 동물들이 갉아먹어 나무껍질이 없어지는 등 다른 문제의 징후가 있을 수도 있다.

목재는 자연의 가장 놀라운 공학적 발명품 중 하나지만, 목재도 한계를 가지고 있다. 목재에 가해지는 힘이 수년에 걸쳐

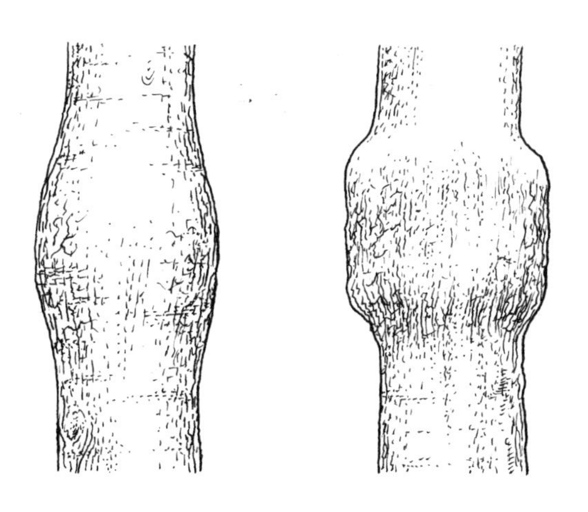

파도 모양과 계단 모양의 돌출부

천천히 점진적으로 증가한다면, 나무는 층을 추가함으로써 엄청난 수준의 장력과 압축력에 대처하지만, 순간적인 힘에는 적응할 수 없다. 폭풍이나 산사태 또는 그 외 갑작스러운 충격이 나무에 가해지면, 나무줄기에 금이 갈 수도 있다. 나무는 균열과 같은 중대한 결함을 감지하면, 예상대로 새로운 약점을 해결하기 위해 더 많은 목재를 생장시킨다.

줄기를 관통하는 큰 균열은 결국 완전한 파괴로 이어질 수 있지만, 한쪽 면에만 생긴 균열은 나무에게 회복할 기회를 준다. 균열이 생긴 주변과 그 위로 목재가 성장하면서 균열선을 따라 융기된 선이 형성된다. 가끔은 이를 통해 나무가 치유될 수 있지만, 항상 그렇지는 않으며, 융기선의 모양을 통해 회복이 얼마나 성공적이었는지 알 수 있다. 둥글고 부드러운 융기선은 나무가 치유되었음을 의미하며, 날카롭거나 뾰족한 융기선은 치유되지 않았음을 의미한다.[39] 수평 균열은 줄기에 장력이, 수직 균열은 압축력이 가해졌을 때 발생한다.[40]

작은 녹색 나뭇가지를 부러뜨리면 깨끗하게 부러지거나 쉽게 부러지지 않지만, 한 방향으로 심하게 구부렸다가 다른 방향으로 구부리면 세로로 많은 금이 가면서 갈라지는데, 이를 생나무 골절greenstick fracture이라고 한다. 가지가 두 동강이 나기 훨씬 이전에 세로로 갈라진 틈새로 빛이 비치는 경우가 종종 있다. 압축력으로 인해 수직 균열이 발생하고 더 큰 골절로 확대된다. 과도하게 스트레스를 받은 나무의 줄기에도 동일한 균열이 생기지만, 완전히 갈라지기 전까지 나무는 균열 주위와 그 위로 목재를 생장시켜 껍질에서 볼 수 있는 갈

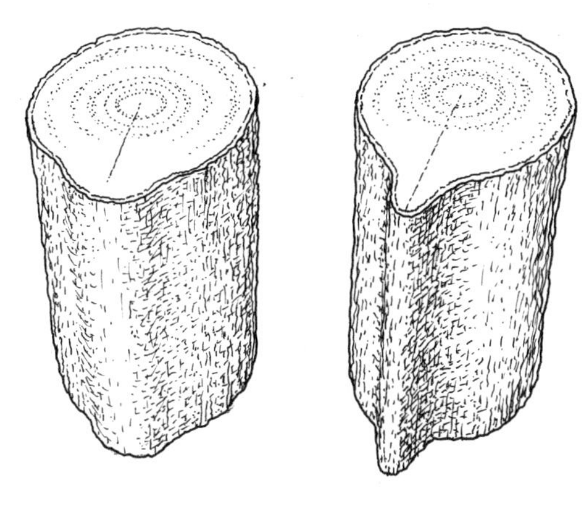

부드러운 융기선과 날카로운 융기선

비뼈가 형성된다.

바람이 균열과 갈비뼈의 가장 큰 원인이지만, 그 외 다른 원인도 존재한다. 동상freezing으로도 나무줄기에 균열이 생길 수 있는데, 특히 나무의 한 부분이 그 주변보다 빠르게 팽창하거나 수축할 때 발생할 수 있다. 동결 균열frost crack은 일반적으로 수직으로 일어난다.[41]

곡선

잉글랜드 북동부 요크셔주Yorkshire의 어느 춥고 맑은 11월 밤, 나는 롭Rob과 데이브Dave를 배웅하며 행운을 빌었다. 그들의 임무는 별과 행성, 달, 동물 그리고 나무를 활용하여 몇 킬로미터나 떨어진 농가를 찾아내는 것이었다. 언덕을 내려가는 두 사람의 실루엣이 깊어가는 짙은 푸른색의 초저녁 하늘에서 점점 사라지자, 나는 전율을 느꼈다.

오후에 한 TV 프로그램을 위해 농사를 짓는 형제들을 훈련했는데, 이런 상황에서는 어느 정도의 소란스럽고 어수선하며 인위적인 부분이 있지만 그래도 신나는 순간이다. 나는 아직 미숙한 이들을 들판으로 내보내면서 처음으로 여러 기술을 스스로 시도하는 그들을 소리 내어 격려했다.

나는 랜드로버에 올라탄 뒤 목적지까지 우회로를 달려 몇 시간 후 도착할 그들을 기다렸다. 모든 것이 순조롭게 진행되고 있었다. 그들은 아무런 구조 도움 없이 무사히 농장에 도착했고, 우리는 달빛 아래서 서로 웃으며 악수했다.

우리는 후속 보고를 진행했고, 두 사람은 숲에서 코스를 약간 벗어났지만, 행성과 별 그리고 나무의 모양을 이용해 문제를 해결하고 다시 올바른 코스로 돌아왔다고 말했다. 숲 상공에서 봤다면 그들의 궤도는 곡선이었을 것이다. 그들은 꾸준히 경로를 벗어났다가 다시 올바른 방향으로 돌아가는 길을 찾아냈다. 나무줄기도 늘 직선을 따르지는 않는다. 생장하면서 때로는 코스를 벗어나기도 하지만, 다시 올바른 코스를 찾는 나름의 방법을 가지고 있다.

롭과 데이브를 기다리는 동안 나는 농가와 가장 가까운 들판을 거닐며 체온을 유지하고 있었다. 그때 심하게 휘어진 곡선 모양의 나무를 보았다. 금백Lawson's cypress의 실루엣은 달이 떠오르는 밝은 배경에서 선명하게 보였고, 놀랍게도 줄기는 일반적인 바나나보다는 약간 덜 휘어 보였다.

나무는 중력을 감지한다. 줄기 꼭대기에 있는 선두 싹은 줄기의 굴지성geotropism(중력 작용이라고도 함)이라는 과정을 통해 중력의 반대 방향인 위쪽으로 자라게 된다. 영리한 점은 나무의 상단이 지속적으로 중력을 감지하고 방향을 조정한다는 사실이다. 이는 여러 이유로 줄기가 본궤도를 벗어날 가능성이 있어 다시 궤도로 돌아갈 방법이 필요하기 때문에 중요하다. 줄기는 되돌아서거나 다시 시작할 수 없다. 과거는 목재에 영구적으로 남게 된다. 즉, 나무가 살아온 궤적이 나무줄기라고 생각할 수 있다. 나무가 어느 시점에서 궤도를 벗어나면 나무줄기의 모양이 곡선이나 때로는 꼬인 형태를 취하게 된다.

그날 밤, 내가 본 휘어진 측백나무cypress는 잉글랜드 북부 지역의 언덕 지대에 자라고 있었다. 어린나무였을 때, 폭설로 인해 무게가 가중되어 본궤도를 벗어났을 가능성이 높다. 긴 곡선 형태를 가진 것으로 볼 때, 본궤도로 돌아오는 데 꽤 오랜 시간이 걸렸을 것이다.

많은 것들이 나무를 정상 궤도에서 벗어나게 만들지만, 가장 흔한 두 가지 요소는 눈과 산사태이다. 곡선 가운데 가장 많이 휘어진 부분을 잘 살펴보면 언제 벌어진 일인지 좋은 아이디어를 얻을 수 있을 것이다. 만약 밑동 부위라면 나무의 생명이 시작될 무렵이고, 그보다 더 위쪽이라면 그 이후 벌어진 일이다. 변화가 매우 완만하고, 심하게 휜 곡선 부분이 한 군데도 없다면 나무 밑의 땅이 완만한 내리막길을 따라 미끄러지면서 나무가 점점 궤도를 벗어난 것일 수도 있다.

휘어진 곡선 형태는 기울어진 형태와는 다르다. 이번 장 초반에 살펴본 것처럼 나무가 완벽하게 수직으로 자라지 않아서 기울어지는 시기가 있다. 주된 이유는 일반적으로 한 방향에서만 비치는 밝은 햇빛 때문이며, 이는 우리가 이전에 살펴본 세 가지 상황, 즉 선로나 강 부근, 그리고 숲 가장자리에서 일반적으로 나타난다. 하지만 가파른 경사면에서도 동일한 현상이 발생하는 것도 사실이다.

가파른 지형에서 기울어져 있는 나무들을 보게 될 경우, 두 가지 생장 유형 사이에 힘겨루기가 진행되고 있음을 의미한다. 하나는 중력에 반응하는 굴지성에 의한 영향이고 다른 하나는 빛에 반응하는 굴광성phototropism에 의한 영향이다. 줄기는 주로 수직으로 생장하는 것을 목표로 하지만, 극단적인 빛의 비대칭성을 의미하는 굴광성 때문에 수직 방향에서 약간 벗어날 수 있다. 굴광성은 한쪽에서만 빛이 들어올 수 있는 가파른 경사면에서 흔히 나타난다. 수종마다 선호하는 서식지에 따라 각각의 성장 유형에 우선순위를 둔다. 오리나무와 버드나무같이 강변에 사는 나무들은 햇빛을 우선시하도록 진화했다. 강가에 기대어 자라면서 줄기가 완전히 수직인 경우는 드물다. 대부분의 큰 나무들과 침엽수는 물리적으로 궤도를 벗어나게 하지 않는 한 수직에 가깝게 자란다. 따라서 휘어지거나 기울어진 침엽수가 있다면 햇빛보다 더 강력한 힘이 작용했음을 의미한다.

정기적으로 이러한 효과들을 관찰한다면 줄기가 빛과 경사면에 반응하는 방식에 따라 나무의 특성을 파악할 수 있다. 예를 들어, 가파른 언덕 위치에 다양한 나무들로 이루어진 숲

**가파른 언덕 위의
큰 나무와 작은 나무의 각도**

가장자리를 지나가다 보면 일부 수종은 완전히 기울어진 상태에서 계속 생장하는 반면, 일부 수종은 기울어지다가 다시 수직으로 곡선을 그리며 성장하기도 한다. 또 다른 종은 수직으로 생장하면서 이러한 힘들을 무시하고 있는 것처럼 보일 수도 있다. 이는 여러분의 관찰력이 크게 향상되었음을 의미하기 때문에 매우 흥분된 순간이 될 것이다. 동일한 영향에도 나무마다 다르게 반응하는 것을 관찰할 수 있을 때, 우리는 많은 사람이 보지 못하는 것들을 보게 된다.

경사진 땅은 흔히 볼 수 있다. 하지만 흔히 볼 수 없는 특이한 현상이 하나 더 있다. 언덕의 경사면에서 큰 나무들은 중력과 반대 방향인 수직으로 위로 자라는 반면, 그 아래 작은 나무들은 경사진 땅과 수직으로 자라기 때문에 실제로 더 많

은 햇빛을 흡수할 수 있다.[42]

분기

내 오두막에서 몇 걸음 떨어진 곳에는 성숙하고 인상적인 너도밤나무 한 그루가 서 있다. 나는 이 나무를 수천 번 이상 보았고, 수백 번 이상 만져보기도 했다. 글을 쓰는 날에는 나무의 향기를 맡을 수 있을 정도로 가까이 지나가고, 여름에는 나무 그늘에서 점심 먹는 것을 좋아한다.

어느 날 아침, 나는 헛수고가 될지도 모를 도전장을 내밀었다. 몇 분 동안 그 나무에만 집중하며, 예전에 간과한 특징들이 있는지 살펴보기로 했다. 이 너도밤나무에서 내가 아직 미처 발견하지 못한 흥미로운 특징들이 있을까?

손이 닿을 정도로 가까이서 살펴보다가 한 발짝 물러선 후, 그때서야 비로소 나무의 모양을 제대로 볼 수 있었다. 충격적이었다. 그 평범함에 놀라움을 금치 못했다. 가장 가까운 이웃집 뒤쪽에 있는 숲 가장자리에는 또 다른 너도밤나무 두 그루가 더 있긴 했지만, 어느 하나도 그렇게 깔끔하지는 않았다. 같은 수종에 비슷한 크기였지만, 그 모양은 다소 고전적이지 못하고 이상적이지도 않았다.

뒤쪽의 배경 선상에 있는 두 그루의 나무는 지저분해 보이는 데다가 대칭성과 미적인 면도 부족했다. 하지만 집에서 가장 가까이 있는 나무는 완벽한 너도밤나무 그 자체였다. 세련되고 우아해 보였다. 건물 가까이에 있는 나무는 약간 떨어진 곳에 있는 나무보다 더 정돈되어 보이는데, 이러한 현상은 이 지역의 다른 몇 군데에서도 발견할 수 있었다. 정원사나 나무 의사 때문이 아니다. 나무들 주변을 걸어 다니며 무슨 일이 일어나고 있는지 파악하는 데 시간이 좀 걸렸다. 이를 설명하기 위해서는 분기에 대해 약간의 시간을 할애해야 한다.

일부 나무들은 규칙적인 삶을 살며 별다른 재난 없이 유전자가 이끄는 대로 생장한다. 이런 행운아들은 우리가 흔히 그림에서 볼 수 있는 전형적인 나무의 형태를 가진다. 큰 나무들은 가장 안정적인 형태인, 밑동에서 상단까지 직선으로 이어지는 하나의 원줄기를 선호한다. 원줄기가 어느 지점에서 두 개가 되면 분기가 된 것이다. 분기는 구조적으로 약점이 되기 때문에 키가 큰 나무들은 분기를 만들지 않는다.

키가 큰 나무에 분기가 있다는 의미는 예전에 무엇인가 심각한 사건이 발생했다는 신호이다. 일반적으로는 나무 일부가 잘려나갔음을 의미한다. 폭풍이나 동물 또는 사람들에 의해 나무의 상단이 잘려나가면, 그 부위에 하나 이상의 눈이 다시 생장하기 시작한다. 새로운 생장에 성공하게 되면 그 나무는 두 개 이상의 줄기를 가질 가능성이 높다. 키가 큰 나무의 경우 세 개의 동일한 크기의 줄기들이 지탱하는 경우는 드물지만, 두 갈래로 갈라진 분기는 흔하다.

우리도 알다시피, 줄기의 목재 부분은 위로 생장하지 않기 때문에 분기가 시작되는 높이는 사건 발생 시점을 파악할 수 있는 좋은 단서가 된다. 일반적으로 지면 근처에서 시작되는 분기는 사슴과 같은 방목 동물들에 의한 것일 가능성이 높다. 그보다 더 높은 곳에서 시작되는 분기는 다람쥐나 새와 같은 작은 동물들이 원인이거나 폭풍과 같은 심한 재앙이 원인일 수 있다.

완벽한 나무는 존재하지 않지만, 깔끔하고 이상적으로 보이는 나무는 대부분 일생 동안 건강한 싹이 있었음을 의미한다. 이는 땅에서 나무 꼭대기까지 하나의 선으로 이어지는 전형적인 줄기 모양에 반영되어 있다. 줄기가 분기된 나무는 싹을 잃었다는 것을 의미하며, 이는 분기 이후에도 영향을 미치게 된다. 특히 나무가 어린나무일 때 끝눈은 줄기를 따라 식물 호르몬을 보내 하부 가지의 생장을 멈추게 하고, 키가 크고 날씬하게 유지하도록 작용한다는 점을 기억하자. 다시 말해서 분기는 같은 종이면서 하나의 줄기를 가지는 나무와 비교했을 때, 하부 가지들이 더 왕성하게 자라고 있음을 의미한다. 줄기의 분기가 낮은 위치에 있으면 나무를 전반적으로 더 넓게 그리고 더 지저분하게 보이도록 만든다.

다시 이웃 너도밤나무로 돌아가 보자. 가장 가까이 있는 너도밤나무는 평생 건강한 끝눈을 유지할 수 있었기 때문에 눈에 띄게 고전적인 평범함을 가질 수 있었다. 그 바로 너머에 지저분해 보이는 너도밤나무는 낮은 분기를 가지고 있었다. 이는 아마도 이 지역에서 흔하게 볼 수 있는 사슴들 때문인 것 같다. 사슴들은 건물이나 사람의 흔적으로부터 안전한 거리를 유지하며 먹이를 찾는다. 따라서 문명 근처에는 깔끔한 나무가 더 많고, 조금 멀리 떨어진 곳에는 분기 때문에 지저분해 보이는 나무가 더 많다(건물 근처의 나무들은 치료를 더 많이 받기도 하지만, 그건 다른 이야기이다).

분기는 약한 지점이긴 하지만, 일찍 형성될수록 그리고 위치가 낮을수록 더 안정적인 경향이 있다. 10장 〈껍질 신호〉에서는 분기가 부러지기 직전임을 알려주는 신호들을 찾는 방법을 배울 것이다.

7

그루터기 나침반과 케이크 조각

우리 집 근처 토지 위에 자라던 수천 그루의 물푸레나무들이 잎마름병 곰팡이ash dieback fungus(물푸레나무의 잎을 말라 죽게 만드는 곰팡이다—옮긴이)에 감염되었고, 살아남은 나무들은 극도로 취약한 상태로 남아 있다. 이 토지를 소유한 공공 기관은 병든 나무가 쓰러져 공공 도로를 지나는 사람들을 덮치고, 길이 엉망진창이 될까 봐 우려했다. 이런 걱정에 잠을 설치는 대신 감염된 수천 그루의 나무를 베어버렸다.

그들도 충분히 고민했을 것이고, 그것이 올바른 정책인지 아닌지는 내가 말할 수 없지만, 그 정책은 내가 가장 좋아하는 나무들을 빼앗아 갔다. 하지만 갓 베어낸 나무 그루터기에 대한 수많은 사례를 연구할 기회가 주어졌다. 나는 그 그루터기에서 예전에는 전혀 눈치채지 못했던 많은 것들을 보게 되었으며, 이제부터 여러분에게 공유하고자 한다.

가장 먼저 살펴본 것은 그루터기 밑동 주변의 껍질이다. 나무껍질과 내부 목재 사이에 틈이 없이 단단하다면 나무가 아직 살아 있다는 의미이다.[43] 일 년 후에 다시 와보면 앞서 살펴보았던 도장지가 밑동 주변에서 돋아나고 있는 것을 발견할 수 있을 것이다. 나무껍질이 느슨해지면서, 껍질이 벗겨지거나 줄기에서 떨어져 나오기 시작한다면 게임은 끝난 것이다. 나무는 이미 죽은 상태이다.

케이크 조각

우리는 수십억 개의 곰팡이 포자를 매일 흡입하고 있다. 참 사랑스러운 사고방식이다. 곰팡이 포자는 폐에서 곰팡이로 자라서 곧 우리를 질식시켜 죽일 수도 있지만, 우리의 면역체계가 곰팡이를 죽이기 때문에 실제로 그런 일이 벌어지지는 않는다.[44] 이제 우리는 공기가 바이러스와 세균 그리고 곰팡이 포자로 가득 차 있다는 사실을 당연하게 여긴다. 그리고 순간마다 이에 대해 초조하게 생각하지 않는다. 왜냐하면 우리에게는 믿기 어려울 정도로 잘 작동하는 방어 기전이 있다는 사실을 알기 때문이다. 그럼에도 불구하고 이것은 여전히 새로운 개념에 해당한다.

수천 년 동안 많은 사람이 병원균에 감염되면 어떤 결과가 초래되는지 알 수 있었지만, 박테리아나 바이러스 또는 곰팡이를 눈으로 볼 수는 없었다. 빵에 생기는 곰팡이부터 홍역으로 사망하는 사람에 이르기까지 이상하고 새로운 생명체가 거의 모든 장소에서 발생할 수 있다는 사실을 일깨워주는 일들이 가득했다. 이러한 이상한 생명체가 저절로 발생하는 것처럼 보였다. 이 때문에 고대 그리스 철학자인 아리스토텔레스는 2000여 년 전에 큰 실수를 저질렀다.

아리스토텔레스는 생명체가 무생물에서 자연적으로 발생할 수 있다고 생각했다.[45] 그는 많은 물질에 '영pneuma' 또는 '생명열vital heat'이라는 것이 포함되어 있으며, 외부의 영향 없이도 이러한 물질에서 새로운 생명체가 발생할 수 있다고 믿었다. 그는 비어 있는 깨끗한 웅덩이를 오랫동안 충분하게 방치하면 곧이어 수많은 생명체의 서식처가 될 것이라고 지적했다. 이를 자연 발생설spontaneous generation이라고 하며, 이로써 진흙에서 개구리가, 곰팡이가 핀 곡물에서 쥐가 마법처럼 나타나는 현상을 설명할 수 있었다. 또한, 나무가 썩고 곰팡이가 돋아나는 것도 어느 정도 설명이 가능한 것처럼 보였다.

오늘날 자연 발생은 불가능하며, 지구상의 모든 신규 생명체는 심지어 바이러스와 같은 기본적인 생명체라도 어떤 형태이든 부모가 존재한다는 사실을 알고 있다. 이러한 인식은 나무 그루터기에서 관찰되는 일부 패턴을 이해하는 데 도움이 될 수 있다.

나무는 외부 유기체의 도움 없이도 자연적으로 부패한다는 이론이 있는 한, 나무가 병원균으로부터 자신을 방어하는 방법을 찾을 이유가 없었다. 20세기 초, 독일의 산림 관리사였던 로버트 하르티히Robert Hartig가 감염 때문에 나무가 썩으며 이는 곰팡이 때문이라는 사실을 알게 되면서 관점의 변화가 일어났다. 지금은 당연한 사실이지만 당시에는 혁명적인 발견이었다.

미국의 생물학자이자 수목 전문가인 알렉스 샤이고Alex Shigo는 하르티히의 새로운 통찰력을 바탕으로 나무가 감염에 어떻게 대응하는지를 밝혀냈다. 그는 곰팡이가 나무에 침입하면, 곰팡이를 억제하기 위해 나무가 반응한다는 사실을 발견했다. 병원균을 감지하면, 나무는 줄기 내부의 세포벽을 강화하여 감염을 어떤 구획 안에 가둔다. 샤이고는 이런 과정을 "나무의 부패 구획화compartmentalization of decay in trees", 약자로 "코딧CODIT"이라고 불렀다.[46]

곰팡이가 수직으로 줄기를 따라 위아래로 이동하는 것을 막는 벽과 줄기 중앙으로 이동하는 것을 막는 벽이 있다. 우리가 직접 눈으로 가장 자주 볼 수 있는 형태에는 '케이크 조각cake slice'이 있다. 나무는 수레바퀴의 바큇살처럼 줄기의 중앙에서 가장자리로 이동하는 방사형 벽을 강화해 감염 범위를 쐐기나 케이크 조각 모양의 줄기 부위로 한정시킨다. 숲에서 나무 그루터기나 쌓여 있는 목재를 잘 살펴보면 바로 더 어둡게 보이는 케이크 조각을 볼 수 있다. 이 조각은 감염이 일어나 쐐기 모양의 방에 갇혀 있음을 의미한다.

케이크 조각을 볼 때마다 문제를 억제하기 위해 최선을 다한 나무의 방식에 감탄하게 된다. 안타깝게도 나무가 쓰러져 있는 것을 보기도 하는데, 이는 곰팡이의 확산을 지연시킬 수는 있었지만, 완전히 막지는 못했다는 신호다.

감염을 억제하는 방사형 세포는 줄기와 가지에도 엄청난

힘을 준다. 이 때문에 우리가 비슷한 케이크 조각 모양으로 잘린 통나무를 볼 수 있는 이유이다.[47] 이는 또한 녹색 가지들이 잘 부러지지 않는 이유이기도 하며, 앞서 살펴본 생나무 골절을 볼 수 있는 이유이기도 하다.

감염이 일어나면 방사형의 선들이 선명하게 보인다. 감염되지 않아도 목재에 방사형 선들이 보이는 유일한 나무 중 하나가 참나무이다.

심재와 변재

겉껍질 안쪽에는 체관부phloem(사부)라고 하는 중요한 조직을 형성하며, 살아 있는 세포들로 구성된 얇은 층으로 이루어진 속껍질이 있다. 이 층은 광합성 과정에서 만들어진 당분을 운반하며, 나무의 중요한 에너지 네트워크를 형성시킨다. 이를 통해 뿌리와 같이 에너지를 필요로 하지만 에너지를 생산하지 못하는 부위에서 생장을 돕는 역할을 수행한다. 나무의 체관부는 나무 전체를 감싸고 있지만, 얇고 겉껍질에 가까이 있기 때문에 겉껍질의 손상에 영향을 받기 쉽다.

나무는 체관부 아래에 부름켜cambium라고 하는, 육안으로는 볼 수 없을 정도로 매우 얇은 세포층을 가지고 있다. 부름켜는 새로운 세포를 만들고 생장을 촉진시키며, 해마다 나이테를 보태서 가지와 줄기 그리고 뿌리가 더 굵어지도록 만든다.

부름켜 안쪽 부위는 줄기 대부분을 구성한다. 이를 목부xylem라고 하며, 오래전에 형성된 부분과 새롭게 형성된 부분으로 구성되어 있다. 부름켜 바로 아래에는 목부 세포가 있

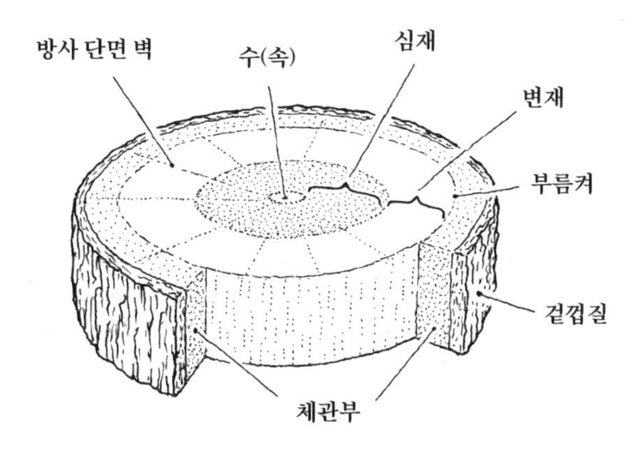

다. 이 세포들은 매우 활발하며, 물과 무기질을 나무 위로 운반하는 역할을 수행한다.

해마다 나무는 전년도에 형성된 목부층 위에 새로운 목부층을 추가한다. 이 때문에 우리가 나무에서 나이테를 볼 수 있는 것이며, 가장 오래된 테가 가장 중심에 가까이 있는 이유이기도 하다. 목부 세포는 유효 수명을 가지고 있지만, 충분한 층이 추가되면 내부층은 더 이상 필요하지 않아 죽게 되며, 이때 많은 나무는 내부층을 보호하기 위해 고무즙이나 송진으로 그곳을 채우게 된다. 목부의 바깥쪽에 살아 있는 어린 외부층을 변재sapwood, 내부층을 심재heartwood라고 한다.

육안으로 볼 때, 심재가 항상 변재와 차이가 나는 것은 아니지만, 대부분의 수종에서 더 어둡게 보이며, 일부 수종에서는 도드라지게 보이기도 해서 병이 든 것으로 오인하기도 한다. 흑단ebony으로 알려진 매우 어둡고 밀도가 높은 목재는 일부 열대 나무의 심재를 말하며, 변재의 경우 다른 나무들보다 더 어둡지 않다. 가문비나무는 심재와 변재의 색 차이가 거의 없다.

일부 나무에서는 심재가 나이테를 벗어나 더 불규칙한 패턴을 보이기도 한다. 가뭄과 같은 외부적인 스트레스는 심재의 형성에 영향을 미칠 수 있으며, 이로 인해 눈에 띄는 변화가 일어날 수 있다.[48] 개인적으로 너도밤나무와 자작나무, 단풍나무 그리고 물푸레나무 등의 심재에서 별 모양, 구름 모양, 닭 모양, 심지어 판다 모양까지 본 적이 있다.

심재는 변재보다 밀도가 높고, 건조하며 단단하고 무겁기 때문에 실용적인 용도로 많이 사용된다. 흑단은 지속 가능한 양으로 수확할 수 없기 때문에 더 이상 상업용으로 선호되지 않지만, 물에 가라앉을 정도로 밀도가 높아 여전히 매력적인 목재로 남아 있다. 일부 장인들은 변재와 심재가 결합된 목재를 사용하여 밝은 부분과 어두운 부분이 자연스럽게 보여 한 조각의 목재로 만들어진 회전 그릇처럼 아름다운 효과를 만들어내기도 한다. 완벽한 큰 활 역시 변재와 심재를 모두 사용한다.[49] 이음새의 인장력tensile force이 화살에 더 큰 힘을 전달한다.

나이테

나이테를 이용해 서양 역사상 가장 극적인 하나의 사건을 설명할 수 있다. 4세기 후반, 로마 제국은 악명 높은 지도자 아틸라Attila가 이끄는 유목 민족, 훈족을 비롯한 동쪽에서 온

약탈 이민자들의 도움으로 무너지기 시작했다.

나이테 전문가인 연대학자dendrochronologist들은 4세기경에 중국에 큰 가뭄이 닥쳤다는 증거를 발견했다.[50] 이 시기에 티베트고원에서 자란 나무에는 가느다란 일련의 나이테가 있다. 이 이론에 따르면 수십 년 동안 갑자기 덥고 건조한 날씨가 이어지자 주민들은 습하고 비옥한 땅을 찾아 서쪽으로 향했고, 그 결과 로마 제국이 무너지고 암흑의 시대가 도래했다고 한다.

대부분의 어린이도 나이테의 개수를 계산하면 나무의 나이를 알 수 있다는 사실을 알고 있다. 지금 생각해 보면 우리가 나이테를 볼 수 있는 이유는 분명하지만, 나이테를 볼 때 그 이유를 생각하는 사람은 거의 없을 것이다. 각 테에는 두 가지 색이 존재한다. 해마다 생기는 테의 색깔이 모두 같다면 나이테를 식별하지 못할 수도 있다.

해마다 나무는 빠르고 느린 성장 단계를 모두 거친다. 봄과 초여름에는 얇은 벽을 가진 큰 세포들이 추가되면서 나이테에 더 넓고 더 밝은 부분이 만들어진다. 이후 생장기에는 속도가 느려진다. 나무는 더 작고 밀도가 높은 세포들을 추가하여 나이테에 더 얇고 더 어두운 부분이 만들어진다.[51] 얇고 어두운 생장 부위는 일종의 구분 선 역할을 함으로써 더 넓고 밝은 부분을 쉽게 보이도록 만들고 계산도 할 수 있게 만들어준다. 환경적인 조건은 해마다 다르며, 이는 각 나이테의 폭에 영향을 미친다. 나무에 좋은 생장 계절이 되면 나이테가 굵어지는데, 많은 사람이 지속적인 햇볕을 쬐어야 가장 두꺼운 테가 형성된다고 생각하지만, 대부분 나무는 충분한 빛과 적절한 습도 그리고 온화한 기후 조건에서 가장 잘 자란다.

우리 동네 나무 그루터기에 있는 나이테를 처음으로 보게 되면, 그 안에 메시지가 있다는 것이 신기하게 느껴진다. 모두가 너무 비슷해 보이기 때문이다. 수목 전문가들은 이 기묘한 언어 속에서 어떻게 의미를 찾아낼 수 있을까? 그들은 우리도 따라 할 수 있을 정도로 간단한 방법을 사용한다. 나이테를 하나의 큰 그룹으로 보는 것이 아니라, 특정한 선으로 구분하는 것이다. 세계의 모든 지역과 모든 시대에는 비정상적인 계절을 표시하는 연도가 있다. 유럽에서 이런 방법을 개척하는 데 기여한 사례 중 하나가 '1709년의 대한파Great Frost'이다. 비정상적으로 혹독한 날씨는 영국과 프랑스, 독일 그리고 스웨덴 등에서 서식하는 나무에 단일 나이테 형태로 그 흔적을 남겼다. 전 세계 어디에서 든 직접 시도해 볼 수 있는, 일종의 시간 여행을 체험해 볼 수 있는 기술이다.

나무는 바깥쪽으로 생장하기 때문에 가장 바깥쪽에 있는 나이테는 생장의 마지막 해를 의미하고, 가장 안쪽 있는 나이테는 첫해를 의미한다. 깨끗한 나이테를 가진 새로운 그루터기를 관찰할 때, 어떤 나이테가 가장 선명하게 보이는지 머릿속으로 기억하자. 이제 바깥쪽에서부터 안쪽으로 테의 개수를 계산한 다음 나무가 쓰러진 연도에서 빼면 그것이 일종의 현지에서 표시하는 날짜다.

주변의 다른 그루터기나 큰 통나무에서도 나이테를 찾아보자. 목재에 흔적을 남길 만큼 혹독한 계절이 있었다면, 다른 나무에도 그 흔적을 남겼을 것이다. 그해에 무슨 일이 일어났는지 조사해 보면 재미있을 것이다. 어느 특이한 여름이었거나 비정상적으로 덥고 건조한 날씨였거나 아니면 폭우가 내렸을 가능성이 높다. 1975부터 1976년까지와 1989년부터 1990년까지는 영국에서 나무들에게 특히 혹독한 시기였다. 나는 두 기간 사이에 '12년 샌드위치'라는 별명을 붙이고 이중 지표로 삼았다. 유럽의 참나무와 소나무에는 1만 2000년 전으로 거슬러 올라가는 기록이 있다. 하지만 여러분의 직책에 '수목'이라는 단어가 포함된 전문가가 아니라면, 지난 세기보다 이전 시기에 에너지를 낭비하지 않는 것이 좋을 듯하다.

각 수종마다 고유한 패턴이 있으며, 성장이 빠를수록 평균적인 나이테의 폭이 증가한다. 침엽수는 활엽수보다 빠르게 자라기 때문에 나이테의 폭이 더 넓은 경향이 있다. 침엽수를 연목soft wood이라고 하는 이유도 바로 이 때문이다. 평균적으로 나무가 빨리 자랄수록 목재의 밀도는 낮아진다. 열대 지방에서는 나무가 일 년 내내 생장하므로 나이테를 찾을 필요가 없다.[52] 날씨와 기후가 나이테의 폭을 결정하는 주요인이지만 그 외 다른 요인들도 있다.

일반적인 규칙은 간단한다. 스트레스는 성장을 감소시키고 나이테를 얇게 만든다. 스트레스는 다양한 형태로 나타나지만, 항상 부정적인 것은 아니다. 활엽수의 경우 참나무나 너도밤나무처럼 씨앗이 큰 나무들이 많은 양의 씨앗을 생산하는 '주요 연도'에는 나이테가 더 얇아진다. 부모가 된다는 사실이 스트레스가 될 수도 있다. 주요 연도에 대해서는 제11장 〈숨겨진 계절〉에서 더 자세히 살펴보도록 하자.

그루터기 나침반

나는 종종 말도 안 되는 문장을 내뱉는 나 자신을 발견하곤 한다. "나무의 중심은 중심에 있지 않다." 혀가 꼬여서 나온 말이다. 물론 나무의 중심은 중심에 있다. 내가 말하고자 한 의미는 나무의 수(속)가 가운데에 있지 않다는 뜻이다.

중심은 나무에서 가장 오래된 부분이다. 나무껍질에서부터 나이테를 따라 들어가면 더 이상 갈 수 없을 때 발견되는 부분이기도 하다. 줄기의 가장 중앙에 대한 정식 명칭은 '수pith'이지만, 여기서는 더 직관적이고 기억하기 쉽게 '심장heart'이라고 하겠다. 심장은 완벽하게 줄기의 중앙에 위치하지 않고, 다른 한쪽에 약간 치우쳐 있다. 여기에는 훌륭하고 유용한 이유들이 있다.

우리는 앞서 나무가 스트레스를 받을 때마다 침엽수는 압축재를, 활엽수는 장력재를 추가하여 이상재를 생장시키는 방법을 살펴보았다. 이상재의 나이테는 일반 나이테보다 더 넓고, 항상 비대칭적으로 생장하는 것이 핵심이다. 나무는 한 방향으로 밀거나 당기는 힘이 발생하면 다른 방향으로 상쇄하려고 한다. 이로 인해 심장의 한쪽 편에 더 많은 이상재가 생장하며, 이 때문에 대부분 심장이 줄기의 중앙에 위치하지 않게 된다.

햇빛이 가득 들어오는 곳에서 자라는 나무들은 대부분 빛이 들어오는 남쪽에서 더 크고 긴 가지를 생장시킨다. 한쪽에 여분의 무게가 실리면 줄기에 스트레스가 생기고, 나무는 불균형을 상쇄하기 위해 한쪽에 더 많은 목재를 자라게 한다. 활엽수의 경우 심장이 남쪽에 더 가까이 위치할 것으로 예상한다. 이론상으로는 침엽수의 경우 그 반대로, 심장이 북쪽에 가까이 위치하지만, 전체적으로 더 고르게 자라는 경향이 있기 때문에 햇빛에 의한 효과가 약하게 나타난다.

햇빛만 고려한다면 문제가 훨씬 더 간단해지겠지만, 그다지 흥미롭지는 않을 것이다. 탁월풍 때문에 나무들은 한쪽으로 더 많이 밀리게 되고, 힘의 균형을 맞추기 위해 목재를 자라게 한다. 침엽수의 경우 바람이 불어오는 쪽에, 활엽수의 경우 바람이 불어가는 쪽으로 심장이 더 가까이 위치하게 된다(바람과 일직선으로 보면 줄기가 가늘어 보이고, 직각으로 보면 더 두껍게 보이는 이유 중 하나다).

완전하게 편평한 지면은 없는 법이며, 지면의 경사도는 심장의 위치에 큰 영향을 미친다. 활엽수의 심장은 내리막 가장자리에 가깝고, 침엽수의 심장은 오르막 쪽에 위치한다.

마지막으로 살펴볼 주제는 "고독한 심장 효과lonely heart effect"라고 부르는 현상이다. 우리는 매우 어린나무의 경우 지면 부근에서 끝눈을 상실하더라도 살아남아서 새로운 가지를 돋아나게 할 것이라는 사실을 알고 있다. 몇 년이 지나면 분기가 일어나 여러 개의 줄기가 될 수도 있다. 이런 나무들은 줄기가 하나뿐인 나무보다 항상 안정성이 떨어지기 때문에 산림 관리사들은 나무들을 베어버리기도 한다. 이런 나무들의 심장이 어떻게 그룹의 중심, 즉 다른 줄기에 더 가까이 있는지에 주목하자. 마치 서로를 그리워하는 것처럼 보인다.

이러한 요인들은 서로 상호작용하기 때문에 종종 혼합되어 나타난다. 이에 대해 처음 접하는 경우, 단순하고 극적인 예시를 찾아볼 것을 권장한다. 가파른 경사면에 형성된 숲속에서 신선한 나무 그루터기를 발견한다면, 햇빛과 바람의 영향은 적을 것이고 경사 효과gradient effect가 두드러지게 나타날 것이기 때문에 여러분은 성공한 셈이다.

그루터기는 우리에게 엑스레이 기계처럼 나무가 건강한 상태일 때는 보이지 않는 많은 것들을 볼 수 있게 해주므로 이를 최대한 활용해야 한다. 장력재는 밝은색을 띠고, 리그닌 lignin 색소 함량이 높은 압축재는 어두운색을 띤다는 사실을 처음 발견하게 되면 고요한 기쁨을 느낄 수 있을 것이다. 여러분이 목공이 아니라면 그런 기쁨을 느낄 수 있을 테지만, 만약 목공이라면 가공할 때 두 가지 이상재 모두 뒤틀리는 현상이 나타나기 때문에 싫어할 것이다. 그리고 심지어 장력재는 기계로 가공할 때 거친 질감까지 형성된다.[53]

모든 수종에는 고유한 나뭇결이 있으므로 그루터기의 목재를 가지고 나무를 식별하는 일은 항상 재미있다. 일부 나무는 다른 나무들에 비해 뚜렷한 특징을 가지고 있다. 벚나무는 진한 붉은 색을 띠고, 오리나무는 공기에 노출되면 선홍색으로 변한다.

우리는 또한 후각을 이용해 단서들을 수집할 수 있다. 소나무의 목재는 상쾌하지만 매운 냄새가 나는 송진을 함유하고 있으며, 주목 그루터기는 향이 그리 강하지 않은 편이다.[54] 주목 그루터기를 발견하면 나이테를 계산해서 나무의 나이를 알아보고 싶을 수도 있다. 주목의 나이테는 측정하기 매우 어렵기 때문에 만반의 준비가 되어 있어야 한다.

그루터기가 나이를 먹는 방식에도 단서가 있으며, 우리의 기억에도 도움이 된다. 그루터기의 노화 방식은 그 나무가 어떻게 살았는지를 반영한다. 자작나무, 벚나무, 물푸레나무처럼 성장이 빠른 나무들의 목재와 껍질은 썩을 때도 빠르게 썩는다. 참나무의 목재는 부패를 지연시키는 타닌tannin 성분을 함유하고 있어 천천히 우아하게 노화될 수 있도록 한다. 소나무의 송진은 강한 향을 가지고 있어 다른 나무들보다 오랜 기간 부패를 막아준다.

침엽수가 활엽수보다 먼저 진화했으며, 나뭇결에서 볼 수 있듯이 구조가 더 단순하다. 침엽수 그루터기는 바깥쪽에서 안쪽으로, 활엽수는 안쪽에서 바깥쪽으로 썩는 경향이 있다.[55] 침엽수인 삼나무는 예외적으로 안쪽부터 썩는다.

사라진 그루터기

가끔 나무가 짧은 기둥 위에 있는 것처럼 보이는 경우가 있는데, 마치 뿌리가 줄기를 지면 위로 들어 올리고 있는 것처럼 보인다. 무슨 이유로 이런 이상한 현상이 나타났을까?

살아 있는 건강한 목재는 감염에 대한 자연적인 저항력을 가지고 있지만, 그루터기에 부패가 진행되면 조직을 분해하여 새로운 생명을 위한 친화적인 환경을 조성한다. 다른 나무의 씨앗은 마치 그 그루터기가 퇴비로 가득 찬 화분인 것처럼 썩어가는 그루터기의 영양분을 이용해 자신의 삶을 시작할 수 있다. 이를 더 정확하게는 "간호사 그루터기nurse stump"라고 하며, 썩어가는 쓰러진 나무줄기에서 동일한 현상이 발생하는 경우 "간호사 통나무nurse log"라고 부른다.

시간이 지남에 따라 새로운 나무는 썩어가는 그루터기 주위로 뿌리를 뻗어나간다. 결국, 오래된 그루터기는 완전히 썩어 없어지고, 빈 곳 위로 아치형으로 뻗은 기묘한 밑동과 뿌리를 가진 나무만 남는다. 꼬마 요정들이 이런 구조물을 이용하지만, 그들에게 그 이유를 설명하지는 말자. 그들은 신비로움을 더 선호하기 때문이다.

배척하는 그루터기

이번 장을 쓰는 동안에 밤에 폭설이 내린 날이 있었다. 이런 시기에는 일찍 일어나 외출하는 습관이 있다. 잉글랜드의 남부 지방에서 다양한 눈snow의 신호를 연구할 기회가 많지 않기 때문이다.

나무들의 북쪽 측면에 쌓인 눈을 활용해 즐겁게 숲속을 가로질러 나오니 남동쪽에서 해가 떠올랐다. 북서쪽에 위치한 구름은 진한 분홍색과 주황색으로 물들었다.

점심시간이 되자 눈이 완전히 녹기 시작했고, 차를 마실 시간이 되자 언덕 상부를 제외하고는 나무들의 북쪽 측면에 작은 더미로 쌓여 있던 눈은 대부분 사라졌다. 집에 가까워지면서 두껍게 쌓인 눈을 전혀 보지 못한 채 몇 분 동안 걸었다.

그러다 넓은 물푸레나무 그루터기에 얇고 완벽하게 형성된 결빙을 보았다. 그 인근에는 쌓인 눈이 없었기 때문에 내 눈에 띄었다. 왜 이 한 곳에만 눈이 두껍게 쌓여 있고 다른 곳에는 눈이 없는 것일까?

이 수수께끼를 푸는 데는 세 가지 열쇠가 필요했다. 첫 번째 열쇠는 낮 동안 가끔 내리쬐는 햇빛으로 지면의 온도가 올라가면서 그루터기가 따뜻해진 지면에서 눈을 들어 올려 일종의 냉장고를 만들었기 때문이다. 지면에서 몇 미터 위쪽의 공기는 지면보다 더 차가웠다. 장갑을 끼지 않은 손가락에서 그 차가움을 느낄 수 있었다.

두 번째, 그루터기는 단열재 역할을 하며 지면의 온기가 그루터기에 쌓인 눈에 도달하지 못하도록 했다. 마지막 열쇠는 나무를 읽는 사람들에게 가장 흥미로운 부분에 해당한다. 큰 그루터기가 있다는 사실은 그 지역의 하늘 풍경이 극적으로 변했음을 의미한다. 특정 그루터기에 눈이 쌓인 이유는 그 위를 덮는 나무가 없어 눈이 자유롭게 지면으로 떨어질 수 있었기 때문이다. 하지만 이는 눈보다 훨씬 더 광범위한 영향을 미친 것이다.

커다란 그루터기를 볼 때마다 사라진 나무가 어떻게 풍경을 변화시켰는지 살펴볼 수 있다. 이웃 나무들이 있다면 그 모양에서 사라진 나무의 '흔적'을 찾아보자. 내가 잘 아는 키 큰 참나무 한 그루는 기괴하게 생겼다. 남쪽을 향해 휘어져 있고, 북쪽에 가지라고는 찾아볼 수 없다. 햇빛 때문에 자연스럽게 그런 기묘한 형태가 만들어졌다고 생각하고 싶지만,

그렇게 생각하기에는 너무 극단적이고 이상해 보인다. 정답은 참나무 북쪽으로 약 26피트(8미터) 떨어진 곳에 거대한 그루터기가 있었기 때문이다. 최근까지 이 참나무는 벌목된 거대한 물푸레나무 뒤에 가려져 있었다. 이 그루터기는 수십 년 동안 주변에 그늘을 드리웠던 큰 나무의 일부분으로, 한쪽으로 치우친 특이한 형태를 가지고 있다.

여러분도 관찰해 보면 곧바로 큰 그루터기로부터 곡선을 그리며 멀어지는 나뭇가지들을 발견할 수 있을 것이다. 이런 효과는 더 이상 존재하지 않는 나무에 의해 드리워진 그늘 때문에 생긴 단순한 결과물이지만, 나는 조금 다른 방식으로 생각하고 싶다. 마치 살아 있는 나무들이 큰 그루터기를 싫어해 가지들이 혐오감을 느끼는 듯하다.

나무 가시와 원형 목재

다음 기회에 신선해 보이는 나무 그루터기가 보이면 가까이 다가가서 자세히 살펴보도록 하자. 그루터기가 울퉁불퉁하고 매우 거칠다면 폭풍우에 나무줄기가 부러졌을 수도 있다. 대부분은 나무 의사가 의도적으로 잘라냈기 때문에 표면이 편평할 것이다. 매끄러운 그루터기를 자세히 살펴보면 가끔 '나무 가시spike'를 발견할 수도 있다.

산림 관리사들은 나무를 벌목할 때 줄기의 대부분을 톱으로 자르기 때문에 우리가 예상하듯 평평한 부분만 남는다. 톱이 뒤로 당겨질 때 생긴 몇몇 선이나 홈, V자 모양의 자국이 남아 있을 수 있지만, 대부분 표면은 상당히 깔끔하게 절단된다. 산림 관리사들은 나무가 쓰러지기 전 마지막 몇 초 동안 안전한 거리로 물러나 있다. 이제 나무는 톱질하지 않은 약하고 매우 얇은 줄기 부분만으로 버티고 있다. 하지만 나무가 수직으로 유지할 만큼 강하지 않아 쓰러지기 시작한다. 나무가 쓰러질 때 톱질하지 않은 이 가느다란 부분이 꺾이게 된다. 나무가 쓰러질 때 그 나무 근처에 있다면 격렬하게 갈라지는 소리를 들을 수 있다. 이때 나무 그루터기에서 좁고 뾰족한 첨탑 모양의 짧은 나무 가시가 튀어나오게 된다. 나는 이런 나무 가시 찾기를 좋아하고, 가시를 발견하면 나무가 뿌리와 연결된 마지막 순간에 격렬하게 갈라지며 찢어지는 소리를 상상하곤 한다.

많은 나무에는 담쟁이덩굴과 같은 덩굴 식물이 줄기를 따라 자란다. 산림 관리사들은 나무를 벌목할 때 나무를 전기톱으로 쉽게 자를 수 있기 때문에 덩굴을 거의 제거하지 않는다. 따라서 우리는 주 그루터기 옆에 붙어 있는 원형의 작은 줄기 목재들도 볼 수 있다.

나무는 가끔 덩굴 식물의 줄기의 일부 또는 전체에 목재를 자라게 한다. 지난 장에서 살펴본 완충재를 떠올려 보자. 이를 통해 살아 있는 나무의 줄기 가장자리에서 흥미로운 패턴이 만들어질 수 있을 뿐만 아니라 죽은 나무의 그루터기에도 흥미로운 패턴이 형성될 수 있다.

몇 년 동안 거의 매일 지나쳤던 물푸레나무가 담쟁이덩굴 줄기 몇 개를 완전히 감싸고 있었음에도 나무가 똑바로 서 있을 때는 눈에 보이지 않았다. 나무가 쓰러진 직후, 나는 큰 그루터기의 가장자리 안쪽에 작은 원형의 줄기들이 있는 것을 보았다. 마치 큰 행성이 작은 원들을 감싸고 있는 목성의 표면을 확대한 이미지와 유사했다.

8
뿌리

죽음과 욕망의 길

나는 런던 남서부에 위치한 큐 식물원Kew Gardens의 수목원 관리사인 케빈 마틴Kevin Martin과 약속이 있어서 일찍 그곳에 도착했다. 큐에 있는 왕립 식물원은 식물계에서 슈퍼스타로 인정받는 곳이다. 유네스코 세계 문화유산으로 지정되어 있을 뿐만 아니라 최소 5만여 종의 식물을 보존하고 있는 세계적으로 유명한 식물 연구 센터이다. 큐 식물원의 수목원 관리팀은 나무에 대해 잘 알고 있다.

케빈이 입구에서 반갑게 맞아주었고, 이후 2시간 동안 쉬지 않고 나무에 대해 이야기를 나누며 조사를 진행했다. 정말 행복한 시간이었다. 케빈은 자신의 경력을 설명할 필요가 없었다. 그의 직함에서 나무 전문가라는 점이 충분히 드러났다.

그에 비하면 나의 경력은 너무나 이상하게 보일 정도라 20년 넘게 나무, 특히 자연항법과 관련된 단서들을 연구해 왔다고 설명을 덧붙였다. 우리는 몇 가지 주목할 만한 연구와 그 배후에 있는 사람들에 대해 서로의 생각을 비교하며 즐거운 시간을 보냈다.

나는 수년 동안 나무뿌리의 건강과 뿌리 바로 위의 캐노피 사이에 밀접한 관계가 있다는 사실을 알고 있었다. 일부 뿌리 시스템이 손상되면 뿌리 바로 위의 캐노피가 가장 큰 피해를 입어 잎을 내기 힘들어지거나 아예 말라 죽는다. 이와 같은 사실은 항상 중요시되었다. 자연항법을 위해서는 캐노피의 모양을 이해할 수 있어야 했기 때문이다. 캐노피의 한쪽이 햇빛이 부족하거나 바람 또는 무거운 신발에 땅이 짓밟혀서 문제가 발생한 것일까? 나는 수십 년 동안 뿌리와 캐노피의 관계를 매우 무미건조한 하나의 사실로만 여겼다. 퍼즐을 푸는 데 유용할 때도 있지만 적극적으로 조사해 볼만한 것은 아니었다. 하지만 케빈과 '욕망의 길'로 알려진 땅속 패턴에 대한 이야기를 나누면서 나의 생각은 바뀌고 있었다*.

---

* 나는 평생 길에 관심이 많았다. 자연항법사에게 길의 의미는 지휘자에게 악보의 의미와 동일하다. 땅속의 길에 너무 매료되어 특정 유형의 경로에 대해 이름을 붙였다. 스마일 경로(smile path)는 쓰러진 나무나 큰 웅덩이와 같은 장애물을 돌아가는 곡선형 길을 의미한다. 이 경로가 지름길을 의미하는 것은 결코 아니다. 스마일 경로는 항상 더 긴 경로를 따라 곡선 형태의 스마일 모양을 하고 있다. 스마일 경로는 어디에나 있으며, 여러분도 과거에 한두 번은 이 경로를 걸어본 적이 있을 것이다. 하지만 스마일 경로는 잘 알려지지 않거나 언급되지 않는 경우가 많다. 예전에는 스마일 경

욕망의 길은 보행자가 인기 있는 지름길을 따라가는 것을 의미한다. 어느 한 정원사가 사람들이 따라 걸을 수 있도록 잔디밭에 돌을 깔아 길을 만들었지만, 보행자가 시간을 절약하기 위해 잔디를 가로질러 가면서 잔디에 동선이 만들어지게 되고, 이때 욕망의 길이 만들어지게 된다. 정원사는 사람들이 특정 동선을 따라가길 원했지만, 새로운 길은 사람들이 진정으로 욕망하는 경로가 되고 만다.

함께 걷기 시작한 지 얼마 되지 않아 케빈은 나를 큐 식물원에서 가장 큰 나무로 안내했다.

"저기 표지판이 보이죠?" 나무껍질 위에 못으로 박은 검은색의 작은 직사각형 플라스틱을 가리키며 케빈이 말했다. 나는 한 발짝 다가가서 흰 글씨를 읽었다.

> 밤나무 잎이 달린 참나무.
> 밤나무 잎을 닮은 참나무류
> 코카서스, 이란

"네"라고 대답했지만 나한테서 무엇을 원하는지 알 수 없었다. "방문객들은 이 나무를 좋아해요. 그리고 이 나무에 대해 더 알고 싶어 합니다. 사람들은 그 표지판을 읽기 위해 모

로를 "바나나(banana)"라고 불렀지만, 스마일 경로라는 이름이 더 아름답고 좋다. 2020년 영국 왕립항법협회(Royal Institute of Navigation)에서 공식적으로 사용되고 있는 이름이기도 하다.

두 같은 경로로 향하곤 했어요. 수천 명이 나무에 있는 작은 표지판까지 같은 길을 따라 행진했죠. 땅 위에는 잘 닳은 길이 만들어졌는데, 지금도 그 흔적을 볼 수 있어요."

바닥을 바라보니 욕망의 길이라는 유령이 보였다.

"나무 주위에 밧줄을 치고 그 플라스틱 표지판을 옮겨야 했습니다. 발자국 때문에 나무가 죽어가고 있었죠. 부러진 커다란 가지가 보이시죠?" 케빈은 우리 머리 위로 커다란 가지에 파열 흔적이 선명하게 남아 있는 지점을 가리켰다. 같은 뿌리를 밟고 지나가는 사람들의 발 때문에 계속 눌려 손상되면서 그쪽으로 영양분이 공급되지 못하게 되었기 때문이라고 말했다. 커다란 가지가 사라진 것은 바로 욕망의 길 때문이었다. 두 가지의 기본 개념을 잘 보여주는 사례였다. 이론적으로는 어느 것 하나 새롭지 않았지만, 케빈은 어떻게 두 가지 개념이 결합하여 나무의 이야기로 우리를 끌어들이는지 보여주고 있었다. 그는 우리가 선택한 길이 어떻게 나무 일부를 죽일 수 있는지 밝혀주었다.

시간을 내준 케빈에게 감사의 인사를 전한 후 나는 기쁘고 설레는 마음으로 웨스트서식스주에 있는 집으로 향했다. 식탁 위에 노트북을 간신히 내려놓고 뒷문을 나와 숲으로 갔다. 내가 잘 아는 나무들 사이로 난 지름길을 걸었는데, 내가 무엇을 보고 있는지 믿을 수 없었다. 너도밤나무를 통과하는 인기 있는 지름길인 욕망의 길을 따라가고 있었던 것이다. 힘겹게 버티고 있는 나뭇가지들을 몇 초에 하나씩 발견할 수 있었다. 길 양쪽에 죽은 나뭇가지들이 있었지만, 항상 길에서 가장 가까운 쪽에 위치하고 있었다. 왜 예전에는 이걸 눈치채지 못했을까? 그 죽은 나뭇가지들을 보지 못한 횟수가 족히 1000번 이상은 될 것이다.

이제 여러분의 차례이다. 다음 한 주 동안 기회가 된다면 나무 사이로 난 지름길, 즉 많은 사람을 유혹하는 욕망의 길을 찾아보자. 대부분의 도시공원에는 이런 길들이 많이 있다. 그 길 위로 자라는 나뭇가지들을 살펴보자. 욕망으로 인한 죽음을 발견하기까지 그리 오래 걸리지 않을 것이다.

어쩌면 우리는 이런 길을 따라가지 말아야 할지도 모른다. 욕망의 길을 걸을 때는 죄책감을 느껴야 할까? 나는 그렇게 생각하지 않는다. 잠시 후에 설명할 이유 때문이다. 하지만 나의 첫 번째 임무는 여러분이 이런 것들을 볼 수 있도록 돕는 것이다. 눈앞에 보이지 않는다면 우리는 무언가를 읽는 방법을 배울 수 없다. 죽은 나뭇가지 밑을 지나가다가 문득 우리가 그 이야기의 일부라는 사실을 깨닫게 되면, 그 죽은 나뭇가지들을 놓칠 수는 없을 것이다.

우리가 자연과 함께 걸을 때 모든 자연에 해가 될 위험성은 존재하지만, 눈에 보이지 않는 것보다 더 큰 위험은 없다고 확신한다. 게다가 이 장을 마칠 때쯤이면 나무를 해치지 않고 뿌리 위를 걸을 방법을 알게 될 것이다.

네 가지 모양

뿌리는 나무 생장의 동력이지만, 나무가 자라기 위해서는 먼저 어느 방향으로 나아갈지 결정해야 한다.

씨앗이 정방향으로 땅에 떨어지면 바닥에서 뿌리가 나온 후 계속 아래로 자라다가 분기한다. 반대 방향으로 떨어지면 뿌리 끝이 위로 올라와 조금 자란 다음 유턴하여 아래로 향한다. 식물이 중력에 반응하여 생장하는 굴지성 현상이 나타난다. 뿌리는 빛을 싫어하고 그늘을 향해 자라는데, 식물학자들은 이를 음성 굴광성negative phototropism이라고 한다. 뿌리 끝이 어느 정도 자라면 곁뿌리lateral root가 나오기 시작한다. 이 뿌리 또한 어느 방향으로 자라야 하는지, 즉 원뿌리에서 멀어지고 아래쪽으로 자라야 한다는 사실을 알고 있다.

테오파라투스Theophrastus는 고대 그리스의 철학자로 언젠가 저승에서 꼭 만나고 싶은 사람 중 한 명이다. 그는 자연의 크고 작은 것들에 주목했지만 특히 단서들을 좋아했다. 그는 순수 철학에 관한 논문들을 썼지만, 날씨의 징후에 관한 논문과 식물에 관한 논문도 두 편이나 썼다. 2300여 년 전 테오파라투스는 매년 봄이 되면 나무의 상부보다 뿌리가 먼저 자라기 시작한다는 사실을 발견했다. 그 논리는 다음과 같다. 나무는 물과 미네랄이 없으면 오래 살지 못하기 때문에 가능한 한 빨리 물과 미네랄의 흐름을 파악하는 것이 중요하다. 오늘날까지도 식물학자들은 뿌리의 행동을 관찰하는 데 어려움을 겪고 있기 때문에 2000여 년 전에 이러한 경향을 발견했다는 사실이 너무나 인상적이고 고무적이다. 잘했어요, 테오.

식물의 다른 모든 부분과 마찬가지로 나무의 뿌리도 유전자가 지시하는 하나의 계획에 따라 주변 환경에 적응하며 자란다. 수종마다 고유한 계획을 따르지만 크게 접시plate, 싱커

이 책의 모든 사진은 내가 직접 촬영한 것으로, 대부분 내가 살고 있는
잉글랜드 남동부 웨스트서식스주에서 매우 가까운 곳에서 촬영한 것이다.

햇볕을 좋아하는 소나무는 아래 가지를 떨어져 나가게 한 반면,
그늘에 잘 견디는 너도밤나무는 아래 가지를 유지하고 있다.

방어용 가지. 봄에는 높은 가지보다 낮은 가지에서 먼저 잎이 나온다.

참나무의 몸통순 나침반. 우리는 서쪽을 바라보고 있다.
왼쪽 나무의 나뭇가지에 있는 '틱 효과'(또는 체크 표시 효과)도 주목해 보라.

잉글랜드 남서부 윈 그린 언덕의 나무 섬 효과. 우리는 북쪽을 바라보고 있다.
바람이 불어오는 쪽인 왼쪽이 더 어둡고 나뭇가지가 오른쪽으로 더 멀리 뻗어 있다.
바람이 불어가는 쪽이다. 맨 오른쪽에 있는 '외로운 낙오자' 가지도 주목해 보라.

런던에 줄기가 벽에서 빛을 향해 기울어져 있는 모습.

잭 러셀이 불사조 나무를 살피고 있다.

오래된 느릅나무 속 요정의 집.

단풍버즘나무의 종 모양 바닥과 파도 모양의 돌출부 모습.

심재와 변재, 그리고 고독한 심장 효과.

쓰러진 물푸레나무의 그루터기에서
잎마름병 곰팡이로 감염된 케이크
조각을 볼 수 있다.

염소들이 스페인 산속의 산사나무에
'브라우즈 라인'을 만들었다.

한때 왼쪽에 다른 나무가 자라고 있던 참나무는 극적인 비대칭을 보여준다.
남쪽 빛을 향해 오른쪽으로 뻗어 있는 가지들은 '그루터기에 대한 혐오감'을 보여준다.

잉글랜드 남부 해안 근처 웨스트서식스주의 공유지에 있는 소나무는
뿌리가 짓밟혀 나뭇가지가 죽어가고 있다.

너도밤나무 가지의 도로 효과.

오리나무가 강 위로 기울어져 있다. 나뭇가지가 수위보다 높게 유지된다.

sinker, 심장, 탭tap의 네 가지 유형으로 분류할 수 있다.[56] 이 이름에는 나무의 우선순위가 요약되어 있다. 뿌리가 접시 모양처럼 넓고 얕게 퍼지는가, 아니면 탭형처럼 깊숙이 파고드는가? (여기서 '탭'은 동사를 의미한다. 이런 형태의 뿌리는 땅을 두드리며 깊숙이 파고들려고 한다.)

우리 동네 숲에 있는 키 큰 너도밤나무 중 한 그루가 강풍에 쓰러질 때면 땅에 익숙한 모양의 구멍이 생긴다. 나무가 쓰러지면서 넓고 얕은 영역의 흙이 같이 들어 올려진다. 와인잔을 손잡이 부분까지 파묻고 땅 밑으로 눌렀을 때의 형태와 비슷하다. 줄기 바로 아래쪽으로는 약간 더 깊은 구멍이 있긴 하지만 이 부분 외에는 넓고 놀라울 정도로 얕은 모양을 하고 있다. 너도밤나무는 전나무, 가문비나무와 함께 접시형 뿌리 시스템을 가지고 있다.

참나무를 포함한 일부 나무들은 뿌리를 넓게 퍼뜨린 후 측근에서 수직으로 몇 개의 새로운 뿌리를 내려 싱커형 뿌리를 형성한다.

자작나무, 잎갈나무, 유럽 피나무는 타협해서 뿌리가 상당히 넓고 깊은 심장형 뿌리를 형성한다.

일부 참나무는 어릴 때 중앙에 깊은 탭형 뿌리가 자라지만 오래되면 두드러져 보이지 않는다. 하지만 소나무 뿌리는 그와 같은 특징을 더 오래 유지하기 때문에 가문비나무를 쓰러뜨릴 정도의 폭풍이 불어닥쳐도 잘 버티고 서 있을 수 있다.[57] 호두나무는 성숙기까지 탭형 뿌리를 잘 유지하는 몇 안 되는 나무 중 하나이며, 이 때문에 변덕스러운 정원사들은 호두나

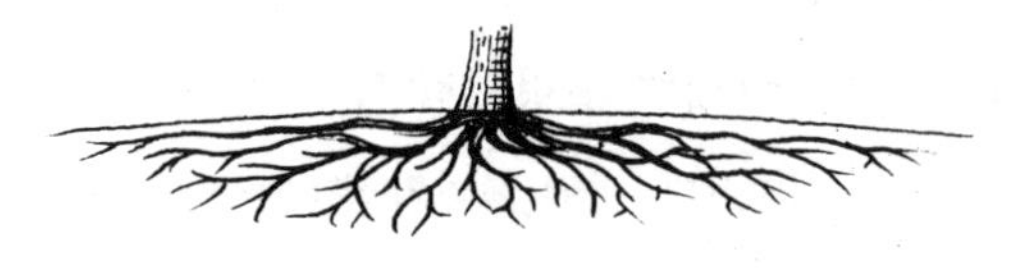

접시형 뿌리

싱커형 뿌리

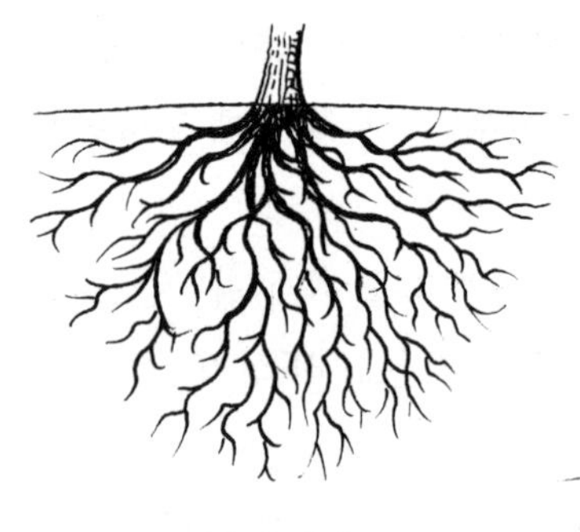

심장형 뿌리

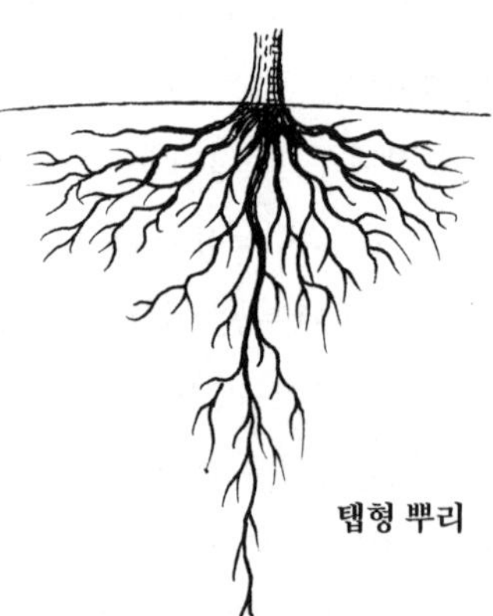

탭형 뿌리

무를 옮겨 심는 것을 좋아하지 않는다.[58] 호두나무는 중앙아시아가 원산지로, 탭형 뿌리 때문에 가뭄도 잘 견뎌낸다.

건조한 지역에서 뿌리 시스템의 모양을 이해할 수 있는 사례가 있다. 식물이 오랫동안 깊은 수원으로부터 물을 공급받아 생존하려면 탭형 뿌리가 필요하다. 하지만 사막처럼 산발적으로 내리는 소나기에 의존하는 경우에는 넓고 얕은 뿌리가 필요하다.[59] 영국과 미국의 대부분 지역처럼 습하고 온화한 지역에서는 탭형 뿌리가 희귀하지만, 호두나무를 포함하여 탭형 뿌리를 가지고 있는 몇 안 되는 나무들은 2022년의 매우 덥고 건조한 여름도 잘 견뎌냈다*.

일반적인 규칙은 뿌리가 캐노피 너비의 약 2.5배까지 뻗어나갈 수 있다는 사실이다. 뿌리의 깊이에 대해서는 더 일반적인 규칙이 있다. 활엽수의 뿌리는 생각보다 얕을 수 있다. 영양분과 산소 등 뿌리가 필요로 하는 대부분 영양분은 지표면 근처에서 있기 때문에 뿌리가 하는 대부분 작업은 2피트(0.6미터) 깊이에서 이루어진다.[60]

탭형 뿌리에 대한 논쟁은 많지만, 정치인들처럼 직접 목격

* 나는 책 《날씨의 세계》에서 아랍사막에서 만난 제멋대로 뻗어나가는 사막 야생화, 바인디(Bindii)에 대한 내용을 소개한 바 있다. 노란색의 아름다운 바인디 꽃은 최근 소나기가 내렸음을 의미했다. 그렇게 건조한 환경에서 바인디가 어떻게 생존할 수 있는지 밝히기 위한 연구를 수행하던 중에 두 가지 흥미로운 사실을 알아냈다. 첫째로, 바인디는 탭형 뿌리와 섬세한 잔뿌리들의 네트워크를 결합한다. 둘째로, 말린 바인디 뿌리는 성기능을 향상시킨다고 알려져 있지만, 과학적인 근거가 있는 것은 아니다. 이상한 과학이다.

한 것보다 논의가 더 많다. 사람들은 나무가 하나의 튼튼한 중심 뿌리를 토양 깊숙이 보낸다는 생각을 좋아하는 것 같다. 하지만 뿌리가 뽑힌 나무를 보면, 탭형 뿌리인 경우는 매우 드물다. 여기에는 세 가지 적절한 이유가 있다. 첫째, 앞서 살펴본 것처럼 대부분의 나무는 더 넓고 얕은 뿌리 체계를 선호하기 때문이다. 둘째, 폭풍이 지나간 후 뿌리가 뽑힌 나무를 볼 가능성이 높은데, 접시형 뿌리는 다른 깊은 형태의 뿌리에 비해 강한 바람에 잘 대처하지 못하기 때문이다. 마지막으로, 탭형 뿌리는 성숙기보다 어린 시기에 더 중요한 역할을 한다는 점이다. 모든 나무는 생후 몇 주 정도면 탭형 뿌리를 가지게 되지만, 성숙기에 탭형 뿌리를 가진 나무는 매우 드물다고 생각할 수 있다.

침엽수는 활엽수보다 평균적으로 더 깊은 뿌리를 가지고 있다. 전나무와 가문비나무는 넓고 얕은 접시형 뿌리를 가지고 있지만, 다른 대부분의 침엽수는 조금 더 깊은 뿌리를 선호한다.

적응하거나 죽거나

미국 워싱턴주State of Washington에 위치한 올림픽 국립공원Olympic National Park의 칼라로크Kalaloch 해안 지역에는 생명의 나무tree of life라는 애칭을 가진 시트카 가문비나무Sitka spruce 한 그루가 있다. 생명의 나무라는 애칭은 자연이 거의 불가능하게 만들었음에도 생명을 유지하려는 나무 의지에 일종의 경의를 표시한 것이다.

칼라로크 가문비나무는 해안가에 지속적으로 노출되어 있음에도 불구하고 키가 크고 튼튼하게 자랐다. 초기에는 좋은 토양과 풍부한 햇빛 그리고 개울에서 흘러나오는 담수가 있어 좋은 환경이었다. 그러나 점차 축복과도 같았던 담수 공급이 문제가 되기 시작했다. 담수가 너무 많았고 너무 가까워서 불안했다. 나무 밑으로 흐르는 개울은 나무 밑의 흙을 꾸준히 바다로 운반했다. 가문비나무는 이 틈을 메울 수 있을 정도로 넓게 퍼진 뿌리에 의지해 작은 협곡 위에 자라고 있었다.

생명의 나무는 다행히도 접시형 뿌리 시스템을 가지고 있었다. 좁은 뿌리를 가진 나무는 바로 밑에 큰 구멍이 뚫리면 살아남을 수 없다. 영화 속 주인공이 손끝으로 절벽 가장자리에 매달려 있는 것처럼 양쪽 뿌리에 충분한 힘이 있어 허공 위로도 나무를 지탱할 수 있었다. 하지만 매우 흥미로운 점은 문제가 발생한 시점의 뿌리 모양이나 강도가 아니라 문제가 점점 더 심각해졌을 때 뿌리의 모양이다.

시간이 지남에 따라 개울은 더 많은 흙을 바다로 운반했고, 협곡은 점점 더 깊어지고 넓어져 가문비나무가 공중에 매달려 있는 것처럼 보였다. 이제 줄기와 모든 주요 가지들이 나무의 주요 캐노피만큼 넓고 깊은 구멍 위에 위치하게 되었다. 이 끔찍한 상황에 대한 가문비나무의 대응을 통해 뿌리가 생장하는 방식에 대한 두 번째 중요한 측면을 배울 수 있다.

시트카 가문비나무의 유전자는 접시처럼 넓고 얕게 생장하라는 개괄적인 계획을 뿌리에 부여했다. 하지만 모든 유기체의 유전자는 어떤 환경에 직면하게 될지 모른다. 유전자는 하나의 관문을 통과하는 방법에 대한 지침은 제공하지만, 그 반대편에서 무엇을 해야 하는지는 알려주지 않는다. 식물의 생장부는 자극에 반응하고, 뿌리는 지면 위에 나무의 접근 방식을 따를 뿐이다. 스트레스를 감지하면 더 크고, 더 강하게 자란다.

가장자리에 있는 생명의 나무뿌리들은 엄청난 긴장 상태에 놓여 있지만, 다행히도 한꺼번에 뚫리지는 않았다. 싱크홀처럼 하룻밤 사이에 구멍이 생겼다면 나무는 견딜 힘을 잃고 심연 속으로 사라졌을 것이다. 개울은 나무 아래 지반을 천천히 약화시켜 뿌리에 가해지는 스트레스를 꾸준히 증가시킴으로써 근육과 같은 목재를 만들 시간적 여유를 제공했다. 지반의 가장자리에 있는 뿌리들은 개울이 협곡을 파헤치지 않았을 때보다 훨씬 더 크고 강하다. 일부 뿌리는 원가지처럼 보이는데, 뿌리를 생각하면 나쁘지 않다. 심지어 줄기와 가지의 나이테처럼 생장륜도 가지고 있다.

뿌리는 스트레스에만 반응하는 것이 아니다. 물과 영양분을 찾아 생장하려고 한다. 그리고 나무의 상단처럼 원뿌리가 잘려나가면 갈라지고 가지를 뻗는다.

뿌리는 아주 쉽게 방해를 받지만, 거기서 멈추지 않는다. 뿌리 끝부분이 장애물을 만나면 그 장애물을 통과하기 위해 약간의 노력을 기울여 보지만, 실패하면 막힌 곳을 돌아서 같은 방향으로 계속 진행하기 위해 가능한 최소한의 이탈을 시도하기도 한다. 장애물을 통과하는 뿌리의 힘과 관련하여 널리 퍼져 있는 오해가 하나 있다. 대부분 뿌리는 단단한 장벽을 뚫는 데는 그다지 능숙하지 않지만, 꾸준히 굵게 생장하는 데는 매우 강력하다. 뿌리가 바깥쪽으로 자란다는 사실과 도로 표면과 포장용 슬래브를 들어 올릴 수 있을 만큼 강하다는 사실을 우리는 알고 있지만, 이 두 가지 사실에는 다른 의미가 있다.

이제 우리는 뿌리의 형태를 결정하는 두 가지 주요인을 이해하게 되었다. 하나는 접시형이나 싱커형, 하트형 또는 탭형처럼 유전적인 계획에 의해 결정되는 전체적인 뿌리의 형태이고, 다른 하나는 환경에 대한 적응이다. 뿌리가 더 크고, 더 강하고, 더 길게 자란 부위는 어디이며, 그 이유는 무엇일까? 나무가 서 있을 때는 이러한 패턴을 구별하기 어렵다. 따라서 나무가 쓰러지고 뿌리가 지면 위로 올라와서 뿌리의 형태를 관찰할 기회가 생긴다면 이를 최대한 활용해야 한다.

바람과 언덕

바람은 뿌리에 큰 영향을 미치지만, 이를 이해하기 위해서는 우선, 바람이 무작위로 부는 것처럼 보일지라도 무작위가 아니라는 사실을 상기해야 한다. 전 세계 어디서나 바람이 더 자주 부는 방향이 있다. 온대 지역에서는 일반적으로 바람이 자주 부는 방향이 가장 강한 바람이 불어오는 방향이며, 이를 나무의 바람이 불어오는 방향windward이라고 한다. 그 반대쪽은 바람이 불어가는 방향downward이라고 한다.

뿌리는 바람의 영향에도 견뎌야 하며, 이는 우리의 오랜 친구인 장력과 압축력이라는 두 가지 상반된 힘과 연결되어 있다. 두 가지 힘은 뿌리를 더 크고 길게도 만들지만, 다른 모양으로 만들기도 한다. 바람이 불어오는 방향에 있는 뿌리는 텐트를 고정할 때 사용하는 가이 로프guy rope처럼 장력이 작용한다. 바람이 불어가는 방향에 있는 뿌리는 압축되며, 오래되서 기울어진 벽을 지탱하는 소품처럼 작용한다.

평균적으로 바람이 불어오는 방향에 있는 나무의 뿌리는 다른 뿌리보다 더 크고 강하며 길게 자란다. 이런 현상은 뿌리가 지면 아래로 내려가기 전에 넓어지는 줄기 밑동에서 관찰할 수 있는데, 이는 자연항법에 유용하게 사용되는 경향 가운데 하나이다. 가장 굵고, 긴 뿌리는 탁월풍이 불어오는

가이 뿌리guy root는 강력한 탁월풍에 맞서 나무를 지탱시키는 역할을 하며, 방향을 찾을 때도 활용된다.

방향과 같은 방향을 가리키기 때문에 나침반으로 활용할 수 있다.

바람이 불어가는 방향의 뿌리가 바람이 불어오는 방향의 뿌리에 이어 두 번째로 큰 경우가 많다. 즉, 북미와 유럽의 중위도 지역에서는 일반적으로 나무의 서쪽과 동쪽 부분의 밑동이 더 넓게 튀어나온 것을 발견할 수 있으며, 뿌리도 이쪽 두 방향으로 줄기에서 더 멀리 뻗어나간다.

하나의 뿌리를 잘라서 끝에서 보면 어떤 모양일까? 대부분의 사람은 뿌리가 길고 얇은 원통 모양으로 자라며, 단면은 호스처럼 원형일 것이라고 생각한다. 하지만 뿌리는 각각 서로 다른 스트레스를 받기 때문에 측면마다 모양이 다르다. 바람이 불어오는 방향의 뿌리는 장력을 받아 모래시계 또는 8자 모양으로 자란다.[61] 바람이 불어가는 방향의 뿌리는 압축이 일어나 T자 모양에 가깝게 자란다. 당연히 뿌리가 땅에 묻혀 있으면 이러한 효과를 관찰할 수는 없겠지만, 뿌리가 뽑힌 나무가 있으면 이러한 효과를 한번 조사해 보자.

나는 길을 지나가다 쓰러진 나무의 뿌리를 손가락으로 감싸는 습관이 있다. 앞서 언급한 패턴을 떠올리게 해주기도 하지만, 눈으로 놓친 모양을 감지할 수 있는 좋은 방법이기 때문이다.

줄기와 뿌리가 만나는 연결부, 버팀뿌리 그리고 계단

줄기가 수직으로 땅속으로 내려가고, 뿌리가 수평으로 뻗어나가면 직각이 되어 약점이 생긴다. 바람이 불 때마다 줄기

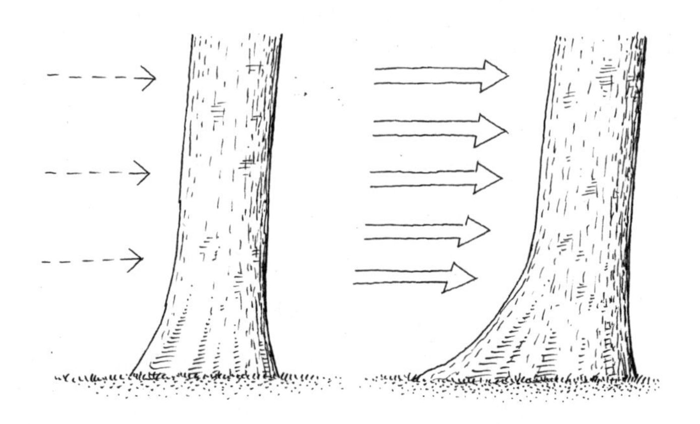

코끼리의 발가락은 탁월풍을 가리킨다.

와 뿌리가 만나는 연결부에 큰 스트레스가 발생하게 된다. 따라서 땅 바로 위에는 줄기의 밑동과 뿌리가 곡선으로 연결되어 있다. 이로써 스트레스를 나누면서 부담을 완화시킨다. 그 효과는 수종에 따라 다르지만, 곡선이 완만할수록 나무에 더 많은 부담을 준다.

조금 멀리서 보면 뿌리들은 보이지 않지만 줄기 밑동에 곡선의 형태는 여전히 볼 수 있다. 일반적으로 나무의 한쪽, 즉 바람이 불어오는 방향 쪽에서 더 뚜렷하게 나타나기 때문에 줄기 밑동이 비대칭적으로 보인다. 이 때문에 코끼리의 발을 연상시키는 모양이 만들어진다. 코끼리의 발가락은 바람이 불어오는 방향으로 향하게 된다. 일부 수종은 이런 논리를 극단적으로 적용하여 버팀뿌리buttress root를 형성시키기도 한다. 줄기와 뿌리가 만나는 연결 부위가 나무 위쪽으로 꽤 뻗어 올라온 강력한 버팀대로 대체되는 것이다. 버팀뿌리는 부드럽고 습기가 많은 토양과 그곳에서 자라는 포플러와 같은 나무에서 더 흔하게 발생한다. 그리고 습한 토양의 열대 지방에서도 자주 볼 수 있다.

뿌리는 경사에 잘 적응한다. 나무는 실제로 어느 쪽이 오르막이고 어느 쪽이 내리막인지 알지 못한다. 뿌리도 마찬가지이지만 감지되는 힘에 대한 대응은 가능하다. 내리막길에 있는 뿌리는 더 많은 압축력을 받게 되고, 오르막길에 있는 뿌리는 장력을 받게 된다. 양쪽 뿌리는 압력의 정도에 따라 더 굵고 강력해지지만, 길이는 매우 다양할 수 있다. 나무는 내리막길 쪽에 짧고 튼튼한 뿌리를 자라게 함으로써 추가된 압축력에 대항하여 자신을 지탱할 수 있다. 오르막길에서 나무를 똑바로 유지시키기 위해서는 뿌리의 길이가 더 길어져야 하기 때문에 이 방법은 제대로 작동하지 않는다.

비슷한 상황을 우리 스스로 적용해 보면 그 같은 논리를 더 쉽게 이해할 수 있다. 목재만 사용하여 물이 가득 담긴 통을 가파른 경사면에 수직으로 완벽하게 세워야 한다고 상상해 보자. 아래쪽에서 목재 블록들을 사용하여 이 작업을 수행한다면, 통을 받쳐주기 위해 바닥 아래에 짧고 두꺼운 목재가 몇 개 필요할 것이다. 그러나 오르막길에서 작업을 수행해야 한다면, 한쪽 끝이 땅에 붙어 있는 긴 지지대가 있어야 나무를 지탱할 수 있을 것이다. 나무는 이 두 가지 전략을 모두 사용하기 때문에 언덕에 있는 양쪽 뿌리의 형태가 달라진다. 항상 그렇듯이 침엽수는 아래쪽에서 압축력과 밀어내는 힘을

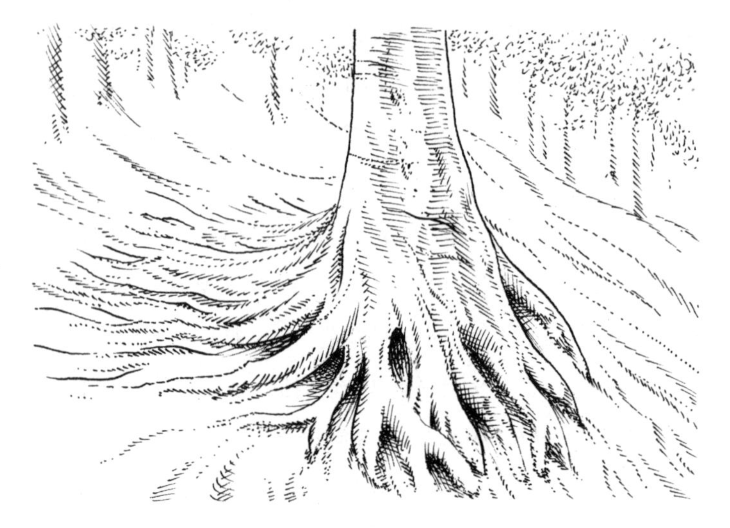

계단 모양

선호하는 반면, 활엽수는 위쪽에서부터의 장력과 당기는 힘을 선호한다. 뿌리는 또한 위에서 본 숫자 '8'과 'T'자 모양을 다양하게 취한다. 가파른 경사면에서는 뿌리가 더 많이 노출되어 있어 눈에 잘 보인다. 따라서 경사면에 서 있는 나무는 이러한 효과들을 관찰할 수 있는 더할 나위 없이 좋은 기회를 제공한다.

나무의 오르막과 내리막에서 뿌리의 각도가 다르다는 사실로부터 또 하나의 패턴을 발견할 수 있다. 숲이 우거진 가파른 경사면을 걸어서 내려가다 보면, 내가 "계단"이라고 부르는 것을 만나게 된다. 나무의 오르막 쪽에서는 뿌리가 바닥에서 거의 수평에 가깝게 뻗어 있어 작고 편평한 발판이 만들어진다. 그러나 내리막 쪽에서는 뿌리가 거의 수직에 가깝게 아래로 내려가기 때문에 오르막 쪽에서 내리막 쪽으로 내려갈 때 갑자기 작은 낙차가 생긴다. 나는 가파른 경사를 내려갈 때 지지를 하거나 균형을 잡기 위해 나무들을 이용한다. 이때 그 효과가 두드러지게 나타난다는 사실을 발견했다. 이런 습관은 매우 고르지 않은 땅 위를 계단을 내려가듯 걸으면 팔이 많은 일을 하기 때문에 이상하게 느껴질 수 있지만, 장거리 산책을 할 때 느낄 수 있는 유용한 변화다.

두 개의 뿌리

나무뿌리는 토양 아래와 지표면 그리고 그보다 훨씬 위쪽에서도 자란다. 뿌리의 삶은 나무의 상단 부분에 그대로 반영된다. 우리는 앞서 발로 밟는 행동이 어떻게 손상된 뿌리와 같은 방향에 있는 가지들을 죽일 수 있는지 살펴보았다. 이런 현상을 찾다보면 금방 알아차릴 수 있는 사실은 나무가 사소한 발자국으로 때로는 심각한 피해를 입을 수도 있긴 하지만, 일부 나무들은 가까운 위치에 번잡한 길이 있어도 매우 건강할 수 있다는 점이다. 이런 일이 왜 발생하는지 이해하기 전까지는 혼란스러울 수 있다. 물론 일부 수종은 다른 수종보다 더 취약할 수 있지만, 그렇다고 해서 동일한 수종의 나무들 간에 보이는 차이를 설명할 수는 없다.

우리는 한때 노비오마귀스 레지노룸Noviomagus Reginorum의 로마 정착지였던 치체스터Chichester라는 마을 근처에 살고 있다. 로마인들은 노비오마귀스에서부터 론디니움Londinium까지 유명한 직선 도로를 건설했고, 이 도로는 오늘날까지도 주변 경관에 대담한 흔적을 남기고 있다. 이 고대 도로의 일부는 현재 번잡한 A29 도로 아래에 있지만, 우리 집 뒷문을 통해 조금만 걸어가면 시간을 거슬러 동네 숲을 가로지르는 넓고 곧게 뻗은 오솔길로 이동할 수 있다.

이 고대의 길은 너도밤나무와 산사나무, 물푸레나무, 딱총나무elder 그리고 기타 나무들의 뿌리 사이와 그 위를 지나면서 좁아졌다가 뒤틀리고 휘어지기도 한다. 고대 로마인들은 구불구불하고 울퉁불퉁한 현재의 길을 인정하지 않았을 테지만, 나는 이 길을 인정한다. 이 길은 산책하는 사람과 자전거 타는 사람, 개, 양, 사슴, 토끼가 함께 사용하고 있으며, 매끈한 돌 위에 징이 박힌 가죽 부츠가 리듬을 타며 내는 희미한 메아리 소리까지 울려 퍼지는 매혹적인 길이다.

수년 동안 그렇게 많이 이용된 길임에도 불구하고 가장자리에 자라는 나무, 적어도 한쪽 측면의 나뭇가지조차도 죽지 않았다는 사실이 이상했다. 길이 가장 좁은 위치에서는 발소리가 심하고, 보행자가 나무뿌리 위를 너무 자주 지나가서 그 부위에서 윤이 나기도 한다. 그럼에도 불구하고 그 위에는 굵고 건강한 큰 가지들이 드리워져 있다. 다른 나무들은 가벼운 발걸음에도 힘들어하거나 죽어가는데, 이 번잡한 길의 가장자리에 있는 나무들은 이렇게 번성할 수 있는 이유가 무엇일까?

딱총나무같이 일부 키가 더 작은 나무들은 번잡한 지역에서도 번성할 수 있도록 진화했으며, 압축에도 견딜 수 있는 뿌리를 가지고 있다. 하지만 모든 나무에 더 단순하고 근본적인 원리가 작용하고 있다. 나무뿌리의 모든 부위가 같은 역할을 하는 것은 아니다. 뿌리는 지지와 공급이라는 두 가지 주요 기능을 수행한다. 줄기에 가장 가까운 뿌리의 두꺼운 부위는 구조적인 역할을 담당하고, 줄기에서 멀리 퍼져 있는 얇은 뿌리는 물과 무기질 전달 역할을 담당한다.

줄기에서 가장 멀리 떨어져 있는 뿌리 일부가 가장 취약하며, 줄기에 가까이 위치한 굵고 목재가 많은 뿌리는 심하게 밟는 것보다 가볍게 밟는 것이 캐노피에 더 큰 피해를 줄 수 있다. 발자국은 일반적으로 민감한 뿌리를 부러뜨리지는 않지만, 토양을 압축시키고 뿌리 속에 공동(공기 방울)을 발생시켜 심각한 물 공급 문제를 일으킬 수 있다.

여러분이 큰 나무의 줄기에 닿을 수 있을 정도의 위치에 서 있다면 뿌리 중에서 가장 두꺼운 부분, 즉 가장 단단한 부위 위에 서 있는 것이므로 많은 발자국에도 견딜 수 있다. 하지만 캐노피 가장자리에 더 가까이 서 있다면 가장 민감한 뿌리 부위에 서 있음을 의미한다. 이 부분을 낙수선drip line이라고 하는데, 캐노피 가장자리에서 흘러내리는 빗물을 지표면 바로 아래에 있는 섬세한 뿌리가 모으는 역할을 한다. 물이나 영양분으로 나무를 키우고 싶다면 바로 이곳에 공급해 줘야 한다.[62] 이 부분 위로 길이 생기면 그 위에 있는 가지들은 손상을 입고 약해져서 땅에 떨어지게 될 것이다.

고대 로마 시대에 만들어진 그 도로는 이제 뿌리 중에서 두껍고 질긴 부위를 지나가는 길이 되었다. 아이러니하게도 이 길은 구불구불하게 큰 나무들과 가깝게 있기 때문에 나무에 심각한 해를 끼치지는 않는다. 고대 병사들의 소리가 산악자전거의 딸깍거리는 소리로 대체되었지만, 나무들은 계속 번성하고 있다.

나무에 해를 가하는 길이라고 해서 꼭 사람이 만든 길은 아니다. 많은 동물이 먹이나 물, 쉼터를 찾아 같은 길을 따라 이동한다. 나는 느릅나무 광신자인 존 터커John Tucker와 함께 브라이턴Brighton에 위치한 프레스턴 공원Preston Park에 있는 신기한 느릅나무 사이를 걸은 적이 있다. 존은 땅과 나무에서 읽어낼 수 있는 양sheep의 흔적에 대해 이야기해 주었다.[63] 양들이 물통으로 가는 길 위에 죽은 나뭇가지가 줄지어 있었다*.

토양의 균열

뿌리를 뒤덮고 있는 토양에는 메시지가 포함되어 있다. 큰 나무의 밑동 부근에서 특히 건조한 흙을 발견하면 조사해 볼

---

* 나는 반드시 그 자리에 있어야 하지만 아직 발견되지 않은 것을 찾기 위해 약간의 시간을 보냈다. 캐노피 가장자리 아래쪽에 위치한 뿌리는 많은 물을 흡수하는 반면 줄기 가까이에 있는 뿌리는 그렇지 못하다는 사실을 알고 있다면, 나무에서 멀어질수록 축축한 지점과 건조한 지점을 구분하는 원(circle)이 반드시 있어야 한다. 언제나 그런 것처럼 습도의 변화는 그곳에서 발견한 토양과 식물의 색깔에 영향을 미쳐야 한다. 하지만 아직 이에 대한 명확한 증거를 찾지 못했다. 아마도 낙수선에서 캐노피 가장자리로 흘러내리는 여분의 물이 그곳에 있는 잔뿌리의 추가 흡수량과 완벽하게 균형을 이루고 있기 때문이라고 말할 수 있겠지만, 내게는 너무 깔끔한 설명인 것 같다. 조사는 계속 진행되고 있다.

가치가 있다. 마른 토양은 쉽게 갈라지므로, 이 갈라진 틈을 통해 나무가 얼마나 단단히 고정되어 있는지 측정할 수 있다. 탁월풍이 불어오는 쪽에 균열이 더 많다면, 나무가 탁월풍에 취약하다는 신호이다. 균열이 퍼져 줄기를 중심으로 반원 모양이 되면, 나무는 다음번 강풍이 불 때 버티지 못할 수 있다.[64]

도시에 서식하는 나무들은 바람이 많이 부는 언덕에 서식하는 나무들보다 더 많은 보호를 받지만, 도시에도 나름대로 강풍의 특성이 존재한다. 나무 부근의 콘크리트나 포석paving stone, 아스팔트 등에 금이 가는 것을 볼 수 있는데, 이는 나무가 바람이 많이 부는 긴 도로에 있거나 큰 돌풍을 일으키는 매우 높은 건물 근처에 있을 때 더 흔하게 나타난다.

얕은 뿌리

잉글랜드 남서부 데번주에 속하는 습하고 거친 지역을 탐험했던 기억이 난다. 주변에는 버드나무와 덤불 등 물을 좋아하는 나무와 하등 식물lower plant 들이 사방에 있었고, 지표면에는 나무뿌리가 많이 보였다. 이러한 관찰 요소들은 서로 연결되어 있다.

모든 나무는 접시형 뿌리를 포함하여 적어도 토양 아래에 조금이라도 뿌리가 묻혀 있기를 바란다. 지표면의 뿌리가 줄기에서 멀리 퍼져 있다면, 이는 토양 속에 무엇인가가 뿌리를 방해하고 있다는 신호이다. 한 가지 가능성으로 침수를 생각할 수 있다. 수면이 비정상적으로 높으면 뿌리가 수면 위로 올라오게 된다. 이는 물을 원하지 않아서가 아니라 산소가 필요하기 때문으로, 고인 물에는 필수 산소량이 부족하다. 침엽수의 뿌리는 활엽수의 뿌리보다 침수에 더 민감하게 반응하지만, 둘 다 그 영향을 받는다.[65]

만약 어떤 나무의 뿌리가 얕은 원인이 물이라면, 그 나무는 강풍에 두 배로 취약하다. 뿌리가 지표면에 너무 가깝고, 잘 고정되어 있지 않을뿐더러 땅도 부드럽기 때문이다. 버드나무, 오리나무와 같은 키가 작은 나무들은 강한 바람에도 아래쪽에서 잘 버티고 서 있기 때문에 대처가 가능하지만, 얕은 뿌리를 가지고 있는 키 큰 나무도 살아남을 수 있다는 사실이 흥미롭다. 이는 나무가 숲에서 바람이 불어가는 방향이나 높은 지면의 기슭처럼 바람 그림자에 있다는 신호이다. 이런 나무들은 드물게도 비정상적인 방향에서 불어오는 폭풍에 매우 취약하다. 2021년 11월 말, 북동쪽에서 불어닥친 폭풍 아르웬Arwen은 레이크 디스트릭트Lake District에서 적어도 100년 동안 그 자리에 서 있었던 많은 나무를 뿌리째 뽑아버렸다.

뿌리가 얕고, 물이 부족하지 않다면 토양이 얇다는 신호이며, 그 아래 멀지 않은 곳에 암석이 있을 가능성이 있음을 의미한다.[66] 뿌리가 지표면까지 눌려 있다는 뜻이다. 만약 그것이 사실이라면, 토양 사이의 암석과 토양의 색깔에서 많은 증거를 찾을 수 있을 것이다.

줄기에서 멀리 퍼져 있는 뿌리를 지표면에서 발견한다면, 캐노피를 한번 살펴보자. 나무가 건강한 상태가 아니라는 사실을 목격할 가능성이 높다. 잔뿌리feeder root(나무의 굵은 뿌리에서 돋아나는 작은 뿌리로 양분과 수분을 직접 흡수한다—옮긴이)가 필사적으로 힘들게 싸우고 있다면, 그 나무는 아마도 웅장한 수관을 위해 필요한 모든 것을 충분히 얻지 못하고 있을 가능성이 높다.

폐쇄 공포증

한번은 미국 텍사스주State of Texas의 어느 고속 도로 교차로에 있는 횡단보도에 서서 신호가 바뀌기를 기다리고 있었다. 버튼을 누른 후, 몇 초만 기다리면 신호등이 바뀌고 도로를 건널 수 있기를 바라며 서 있었다. 교통 흐름이 한 번 바뀌고 또 바뀌고 바뀌었지만, 여전히 신호등 속에 분홍색과 주황색으로 빛나는 손 모양의 표시는 도로를 건널 수 없음을 의미하고 있었다. 나는 더 이상 참지 못하고 가야 할 방향으로 고속 도로를 따라 조금 걷다가 차가 막히는 틈을 타서 왕복 8차선 고속 도로 사이의 좁은 안전지대로 뛰어갔다.

안타깝게도 나는 절반의 문제는 해결했지만, 그 대신 더 큰 문제에 봉착하게 되었다. 빠르게 달리는 거대한 차량들로 가득 찬 8차선 도로 사이의 콘크리트 섬에 갇히게 된 것이다. 거대한 바퀴와 성난 듯 배기가스를 내뿜는 픽업트럭이 그 위에 실린 작은 노부인의 차와 함께 내 옆을 지나갔다. 나는 텍사스의 석유 역사를 보면 도로에서 허용되는 가장 작은 자동차가 트랙터를 끌 수 있었던 이유를 알 수 있을 것 같다. 어쨌든 차는 몇 시간 동안 멈출 새 없이 거칠고 빠르게 달렸다. 매연으로 가득 찬 섬에서 벗어날 수 있는 합법적이면서도 안전한 방법은 없었다. 고속 도로 한가운데에서 새로운 삶을 시작해야 한다는 사실에 체념한 나는 주의를 분산시킬 무언가를 찾았다. 지루한 광고가 몇 개 있었는데, 길 저편에서 불운한 생물의 사체를 먹어 치우는 검은 독수리가 훨씬 더 흥미로워 보였다. 그러다 콘크리트 섬에 설치된 좁고 마른 화단에서 자라는 배롱나무crape myrtle라는 작은 나무들을 발견했다.

시간을 보내기 위해 한 줄로 늘어선 배롱나무를 따라 걷다 보니 나무가 점점 커졌다가 작아진다는 사실을 발견했다. 양쪽 끝에 있는 나무들이 가장 작았고, 그다음으로 있는 나무들은 조금 더 컸지만, 중앙에 있는 나무들이 가장 컸다. 모두 키가 작은 나무들이었지만 양쪽 끝에서 가운데로 걸어가면서 키가 커지는 경향은 분명했다. 하지만 수령과는 무관했다. 나무들은 모두 같은 수령으로 아마도 같은 날에 심어졌을 것이다.

처음에는 이전에 살펴보았던 쐐기 효과(양쪽 끝의 나무가 바람의 영향을 받아 키가 작은 상태였다. 아마도 지나가는 차량에 의해 부는 바람의 영향도 일부 있었을 것이다)의 결과물이라고 생각했지만, 그 이후 진짜 원인을 발견했다. 화단의 폭이 균일하지 않아 끝은 좁고, 중앙은 가장 넓었다. 화단의 양쪽 끝에 있는 나무들의 뿌리는 콘크리트에 둘러싸여 있어 폭이 넓은 중간에 있는 나무들보다 힘겹게 버텨야 했기 때문에 키가 덜 자랐던 것이다.

결국, 트럭들의 흐름이 잠시 멈추는 틈을 타 안전지대에서 탈출했지만, 그 전에 일산화탄소로 가득 찬 내 두뇌에서 한 줄의 문장이 떠올랐다.

'나무는 뿌리에 공간이 없으면 꽃을 피울 수 없다.'

이제 이런 효과를 발견하는 데 익숙해져서 바위가 많은 풍경이나 도시를 포함한 어느 곳에서나 흔하게 찾을 수 있다. 도시의 조경사들이 뿌리에 충분한 공간을 제공할 수 없는 곳에 나무를 심는 일은 매우 흔하다. 마을에 심어진 나무들이 줄지어 있는데, 보통 맨 끝에 있는 나무가 다른 나무들보다 키가 작다면, 그 나무의 뿌리가 밀폐된 상자 안에 갇혀 있을 가능성이 높다.

곡선형 손가락

웨스트서식스주에 있는 어느 주목 숲으로 걸어 들어가자 주변의 고목들이 만드는 어둡고 답답한 분위기가 나를 감쌌다. 겨울 해 질 녘에 부엉이들이 서식지의 분위기를 더했다. 몇 발자국 걸어가다가 땅에서 솟아나 온 곡선형 손가락들을 보고는 소름이 끼쳤다. 예전에도 여러 번 지나쳤던 곳이지만, 12월의 어둑어둑한 햇살 아래에서 시꺼먼 나무 손이 나를 오싹하게 만들었다.

나무의 초기 역사를 해독하지 못하는 대부분의 사람을 혼란스럽게 만드는 이상한 나무 패턴이 하나 있다. 낮은 가지들이 땅에 닿으면 나무는 이를 감지하고 반응을 한다. 새로운 뿌리들이 가지에서 돋아나서 땅속으로 뻗어 내려간다. 새로운 뿌리들이 독립적으로 낮은 가지에 물과 영양분을 공급하게 되면서, 더 이상 모체 나무parent tree가 필요하지 않게 된다. 시간이 지나면 낮은 가지와 모체 나무 사이의 연결 고리가 약해지다가 결국 완전히 사라지면서, 모체 나무에서 약 10피트(3미터) 떨어진 곳에 새로운 복제 나무만 남게 된다. 이런 과정을 휘묻이layering라고 하며, 모체 나무가 어떤 식으로든 힘든 상황에 처해 있는 경우에 발생할 가능성이 더 높다.

새롭게 독립한 나무는 항상 독특한 모양을 갖게 되는데, 그 이유는 수평 가지로부터 삶을 시작했기 때문이다. 아무리 성숙한 나무로 자라더라도 지면 부근에는 항상 특유의 휘어짐이나 꼬임이 남게 된다. 가끔 모체 나무의 가지 중 여러 개가 땅에 닿게 되면, 모든 가지에서 이 과정이 시작되어 새로 자란 나무들이 하나의 고리를 형성하거나, 더 흔하게는 하나의 호arc를 형성한다. 이런 경우에는 어린나무들이 항상 방사형 패턴으로 시작하여, 가지가 땅에 닿을 때 향했던 방향과 같은 방향으로 모체 나무에서 멀어지면서 자라게 된다.

모체 나무가 살아남아 있을 때는 최근에 일어난 휘묻이 과정을 손쉽게 알아볼 수 있다. 일부 낮은 가지들이 여전히 지면을 향해 내려가는 것을 관찰할 수 있으며, 나머지 가지들도 상상할 수 있다. 그러나 주목과 같이 수명이 긴 수종의 경우, 가끔 새로운 나무들이 모체 나무보다 더 오래 살기도 한다. 이 때문에 낯선 패턴, 즉 나무가 땅에서 뻗어 나온 손가락처럼 휘어진 부분적인 고리 형태가 만들어지는 것이다.

만약 여러분도 처음에는 수평에 가깝게 생장하다가 수직으로 상승하면서 휜, 특이한 나무들의 고리를 보게 되면 그

고리의 중앙을 살펴보자. 썩어가는 그루터기나 모체 나무의 또 다른 잔재를 발견할 수도 있을 것이다.

부유물 패턴

나무 밑동 주변에는 흥미로운 패턴이 형성된다. 뿌리가 밑동에서 멀리 뻗어나가면서 일종의 그물을 형성하여 바람에 날아다니는 것은 무엇이든 붙잡는다. 낙엽과 먼지, 작은 나뭇가지, 깃털 등이 땅 위를 통과하면서 포획된다. 나무는 '바람 부스러기'를 방해하는데, 그중 일부는 바람에 실려 내려와 나무 밑동 주변에 쌓인다. 뿌리 주변에 보이는 작은 무더기에서 항상 패턴을 찾을 수 있다.

낙엽은 숲이나 그 인근에서 가장 자주 볼 수 있는 부유물이다. 가이 뿌리들 사이의 빈 공간을 연구하면 낙엽의 선호도를 알 수 있다. 나무의 한쪽에 작고 깊은 무더기로 모이는 반면, 반대편에는 거의 아무것도 없는 경우가 많다. 경사면에서는 오르막 쪽에 더 많은 나뭇잎이 모이는 것을 볼 수 있다. 이는 계단 효과step effect를 강화시킨다. 평평한 지면에서는 바람에 의해 패턴이 형성되며, 여기에는 두 가지 공기 역학적인 이유가 존재한다.

공기의 속도가 느려지면 바람에 실려오는 모든 물체가 바람에서 떨어질 가능성이 높다. 바람이 장애물을 만나면, 바람이 도달할 수 없는 영역이 존재하게 되는데, 앞서 살펴본 것처럼 이러한 보호 지점을 바람 그림자라고 한다. 바람 그림자는 낙엽을 자석처럼 끌어당기는 역할을 한다. 바람이 닿지 않

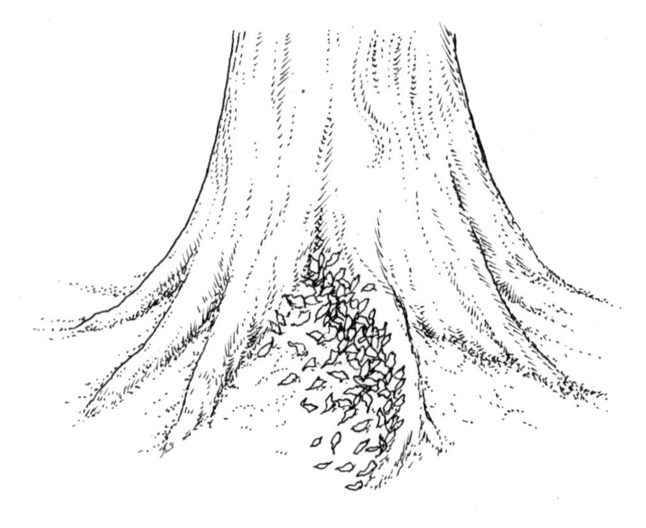

부유물 패턴

아 바람에 날아가지 않은 낙엽은 정지된 공기 속으로 내려앉아 그곳에 머물게 되고, 비바람이 들이치지 않는 그 작은 지점에 쌓인다.

두 번째 이유는 측면마다 뿌리의 모양이 다르기 때문이다. 바람이 불어오는 방향의 뿌리는 더 뾰족한 반면, 바람이 불어가는 방향의 뿌리는 약간만 튀어나와 잎이 머물 수 있는 더 넓고 깊은 구멍을 형성한다.

얼마 전 너도밤나무에서 참나무로 그리고 연필향나무red cedar로 이어지는, 숲이 우거진 언덕을 넘어간 적이 있다. 수종에 따라 낙엽도 달라지긴 했지만, 각 나무 아래의 패턴은 일관되고 눈에 잘 띄어 길을 찾기 쉬웠다. 나무뿌리의 북동쪽에는 작은 나뭇잎 더미가 많이 쌓여 있었지만, 남서쪽에는 거의 없었다. 이러한 패턴을 활용하여 길을 찾아낼지 아니면, 그저 우리가 가는 길에 작은 즐거움을 하나 추가하는 데 사용할지 그 선택은 우리의 몫이다.

2부 나무를 보는 방법

며칠 전, 집에서 멀지 않은 언덕 위에 형성된 원형의 작은 숲에서 시간을 보냈다. 그곳에 있으면서 나무들 사이에 단순하고 우아하며 실용적인 패턴을 하나 발견했는데, 이전에 단 한 번도 본 적이 없는 패턴이어서 충격적이었다.

이 패턴은 이 장의 뒷부분에서 다루겠지만, 간략하게 지각의 과학과 예술에 대해 한번 생각해 볼 좋은 기회를 제공한다. 우리는 우리가 발견하지 못한 것을 읽을 수 없다. 그리고 내가 스스로 여러 번 입증했듯이 말처럼 쉬운 일이 아니다. 사물을 인식할 수 있는 열쇠는 다음과 같은 간단한 이야기 속에 숨겨져 있다.

런던 남서부에 있는 이스트 쉰 묘지East Sheen Cemetery 주변을 돌아보기로 했다. 시간이 남았으니 죽은 자들 사이에서 시간을 보내면 어떨까 싶어서였다.

100여 개의 무덤이 있을 법한 작고 깔끔한 묘지였지만 울타리 틈새로 들어가자 잔디밭에 수천 개의 무덤이 있었다. 무덤들이 일렬로 가지런히 늘어서 있었고, 옅은 직사각형의 묘비들이 먼 경계까지 즐비했다. 모두가 개인의 무덤이었고, 대중에 잊힌 상태였다.

옅은 파란색의 아주 오래된 포드 에스코트 한 대가 두 줄로 늘어선 사람들 사이로 지나가다가 멈췄다. 나는 깜짝 놀랐다. 차가 묘지까지 들어갈 수 있을 거라고는 상상도 하지 못했다. 흰 머리에 어두운색 코트를 입은 단정한 차림의 할머니 한 분이 차에서 내렸다. 한 다리를 내민 다음 다른 한 다리를 내밀고 문에 손을 올리고 일어서는 그녀의 움직임에는 익숙하고 조심스러운 리듬이 있었다. 할머니가 나의 시선을 의식해서 사적인 순간을 망칠까 봐 나는 고개를 돌려 반대 방향으로 걸어갔다. 묘지에 묻힌 망자 가운데 여러분이 아는 사람이 단 한 명도 없다면, 그곳에 무단으로 침입한 것 같은 느낌이 들 것이다.

묘지 내에는 무덤만큼 많지는 않았지만 예상했던 것보다 훨씬 많은 나무가 있었다. 주목은 물론 삼나무, 소나무, 자작나무, 참나무, 단풍나무 등 종류도 다양했다. 많은 나무가 두 그루 또는 세 그루 이상씩 무리를 지어 서 있는 모습이 눈에 띄었다. 주목 한 쌍, 단풍나무 한 쌍, 버즘나무 네 그루. 깔끔하고 계산된 다양성은 사람이 만든 전형적인 조경 형태임을 보여준다.

주변에 사람이 많지 않았다. 정원사들과 시끄러운 소리를 내는 그들의 기계가 방문객 수보다 많았다. 고음의 휘발유 엔진 소리가 망자들을 깨우려고 애쓰는 듯했다. 한 커플에게 친근하게 "안녕하세요"라고 인사를 했지만 무시당했고, 그 이후로는 지나가는 사람들에게 미소조차 짓지 않았다. 나는 다른 사람들을 보며 이곳의 규칙을 받아들였다. 서로를 쳐다보지 않았고, 인사도 하지 않았다. 각자의 일에 전념했다.

나는 호기심을 불러일으키는 형태로 가지들이 흔들거리는 백자작나무를 향해 걸어갔다. 그때 세 명의 여성이 모여 있는 곳을 힐끔 쳐다보지 않을 수 없었다. 한 여성은 중년이었고, 나머지 두 여성은 아직 십 대처럼 보였다. 그들은 테이블 위에 놓인 꽃병에 꽃을 꽂고 있었다. 그리고 웃기 시작했다.

"이제 무엇을 해야 할지 모르겠네"라고 최고 연장자가 말했다.

"아뇨, 거의 다 했으니 이제 파티를 할 시간이에요." 젊은 여성 중 한 사람이 대답했다. 한바탕 웃음소리가 터져 나왔다. 아마도 내가 가까이 있었기 때문일 것이다.

나머지 한 여성이 "쇼핑도 해야죠"라고 덧붙였다. 더 많은 웃음소리가 터져 나왔다.

그들은 격식에 얽매이지 않는 추모식이나 그와 유사한 형태의 행사를 준비하고 있었지만, 친척의 죽음을 추모하고 있는 것인지는 확실하지 않았다. 이해가 되지 않았다. 더 가까이 다가가고 싶은 충동이 일었고, 더 많은 것을 알고 싶었다. 하지만 내가 상관할 일이 아니었기 때문에 타오르는 호기심은 거기서 멈춰야 했다.

우리가 인지하는 것들은 어떤 식으로든 눈에 띄기 마련이다. 움직임은 우리의 주의를 끈다. 사슴이나 토끼처럼 포식자의 먹잇감이 되는 동물들이 우리와 마주치면 얼어붙는 것도 같은 이유 때문이다. 묘지에 있는 모든 나무를 볼 수는 없었지만, 자작나무 가지가 흔들리는 것은 인지할 수 있었다.

변칙적인 모양과 패턴 그리고 색상은 우리의 생각 속으로 들어온다. 오래된 묘비들은 잔디와 대비되어 돋보였다. 묘지 한가운데서 푸른 파스텔 색상의 오래된 구식 자동차를 보게 될 줄은 꿈에도 몰랐다. 차가 움직이면서 덜컹거렸기 때문에 나는 그 차를 인지할 수밖에 없었다. 어두운색 코트에 대비되는 여성의 하얀 머리카락이 눈에 띄었다.

나는 평범하지만, 실제 있었던 이 짧은 이야기 속에서 사소한 관찰을 많이 했는데, 그중 놓치기 쉬운 몇 가지에 집중하고 싶다.

인지perception는 물리적인 부분과 심리적인 부분으로 나뉜다. 우리는 망원경에서 콘택트렌즈에 이르기까지 여러 렌즈를 사용하여 물리적인 관찰 능력을 향상시킬 수 있다. 또한, 심리적인 관찰 능력도 개선할 수 있으며, 이를 위해 가장 좋은 방법 가운데 하나는 우리의 동기를 강화하는 것이다. 우리가 보고 있는 것에 관심을 가질 때, 우리는 더 많은 것을 발견할 수 있다.

여기에는 개인적인 측면이 있다. 우리는 사랑하는 사람의 얼굴에서 희미한 미소나 슬픔을 인지할 수 있다. 그런 능력은 진화를 통해 우리에게 프로그램화되었다. (우리는 또한 다른 사람의 동기를 이해하도록 미세하게 조정되어 있기 때문에 '엿듣기' 유혹에 빠져들 수 있다.) 강한 동기의 바탕에는 실용적인 이유도 존재한다. 우리가 자연을 이용해 길을 찾거나 먹이를 구하는 경우, 특히 우리의 생명이 자연에 의존하는 경우, 유용한 패턴이 두드러지게 나타난다. 하지만 흥미로운 것은 개인적이거나 실용적인 이유가 없는 상황에서도 실제로 동기를 강화할 수 있다는 점이다.

의미를 찾을 수 있을 만큼만 학습하면 정말 마법 같은 일이 일어난다. 미국의 행동 경제학자 조지 뢰벤슈타인George Loewenstein은 '흥분과 냉정 사이의 공감 괴리Hot-Cold Empathy Gap'를 비롯한 여러 가지 획기적인 아이디어를 제시했다. 이 이론은 우리가 어떤 마음가짐에 빠져 있을 때, 다른 마음가짐을 잘 이해하지 못하는 것을 말한다. 너무 추울 때 너무 뜨겁다거나, 뷔페를 무한정 먹은 후 너무 배가 고프다는 것은 상상하기 어렵다.

1990년대 초, 뢰벤슈타인은 '호기심'에 대한 한 가지 설명을 제안했다. 과학자, 심지어 사회 과학자들조차도 정의하고 측정하기 쉬운 것들에 대해 연구하는 것을 좋아한다. 돈은 두 가지 측면에서 이러한 요구를 충족시키므로 모든 경제학자가 돈을 연구하지만, 호기심은 양 측면을 충족시키지 못한다. 호기심의 원인과 결과에 대한 연구는 저축의 효과에 대한 연구보다 훨씬 적다. 정상적인 사람이라면 누구나 호기심이 저축보다 더욱 흥미로운 방식으로 세상을 형성한다고 주장할 수 있다. 정보 격차information gap는 뢰벤슈타인이 이러한 불균형을 바로잡기 위해 한 훌륭한 시도이다. 호기심은 "지식과 이해에 대한 괴리를 인식하여 발생하는 인지적 박탈감"을 의미한다.[67]

호기심은 일종의 욕구이다.[68] 일부 정보를 알고 있지만 많은 것이 부족하다고 느낄 때, 호기심이라는 욕구가 발동한다. 이미 알고 있는 정보가 획기적이라고 생각하지 않는다면, 알고 있는 부분에 독창성이 있는데도 부족한 부분에 집중하기 때문일 수 있다. 어느 한쪽의 내용이라도 없다면 괴리가 존재할 수 없다. 뢰벤슈타인의 연구 결과가 의미하는 바는 강력하다. 무언가를 알면 아무것도 모르는 것보다 더 호기심이 생긴다는 점을 강조하고 있다. 어떤 정보는 완전한 무지와는 다른 방식으로 호기심의 도화선에 불을 붙인다.

좋은 소식은 우리가 괴리를 만들 수 있다는 것, 즉 호기심을 스스로 설계할 수 있다는 점이다. 어떤 퍼즐에 대한 호기심을 유발시키는 비결은 빈칸의 일부를 채워 넣는 것이다. 십자말 풀이를 거의 완성하고 두 단어만 남았다면, 이때 비어 있는 퍼즐보다 호기심을 더 자극하는 상황이 된다.

우리는 나무를 볼 때마다 나무의 모양과 색깔 그리고 잎사귀 등 많은 빈칸을 빠르고 쉽게 채워 넣을 수 있다. 그리고 또 다른 부분도 마찬가지로 빠르게 채워 넣을 수 있다. 어떤 식으로든 일반적인 형태와 다른 무엇인가를 발견하기만 하면 되는 것이다. 이러한 차이에는 분명 이유가 있을 것이다. 이것이 바로 우리가 가진 지식에서의 괴리를 의미한다. 괴리는 항상 그곳에 존재하므로, 우리가 그 괴리를 안다면 언제든 찾을 수 있게 될 것이다. 이렇게 호기심의 도화선에 불을 붙이는 것이다. 이러한 차이를 찾는 방법을 배우게 되면 그 차이가 무엇을 의미하는지 궁금해질 수밖에 없다. 그리고 그때 우리는 처음으로 나무를 제대로 볼 수 있게 된다.

이 장의 시작 부분에서 언급한 특별한 관찰은 나무뿌리의 모양에 관한 것이었다. 이전 장에서 우리는 탁월풍이 불어오는 방향 쪽에 뿌리가 어떻게 더 크고, 더 강하고, 더 길게 자라는지를 포함하여 뿌리와 관련된 많은 패턴을 살펴봤다.

그날 오후 원형의 숲속에서 수십 년 동안 내 눈에 보이지 않았던 무언가를 볼 수 있게 해준 두 가지 일이 발생했다. 오후 내내 구름 뒤에 가려져 있던 태양이 구름 밖으로 내려와 내가 서 있던 숲에 주황빛을 비추었다. 나무의 캐노피 때문에 대부분 땅이 그늘이었지만, 내 눈앞에 서 있는 일부 나무들의 경우 아래쪽 부분까지 햇빛이 비쳤다. 이 때문에 줄기가 뿌리까지 뻗은 부분을 강조하는 흥미로운 효과를 만들었다. 구름이 태양의 일부를 지나가면서 만들어내는 색상 차이와 움직임 때문에 나의 시선을 뿌리에 집중시켰다. 뿌리가 한 방향을 강하게 가리키고 있다는 사실을 인지하게 되었다.

예상했던 대로 뿌리가 남서쪽을 가리키고 있다고 결론을 내리고 싶었다. 하지만 잠시 후, 그 결론이 틀릴 수도 있다는 생각이 들었다. 태양이 내게 강력한 방향감을 제공하고 있었고, 마음속으로는 그런 잘못된 결론에 이르는 것이 용납되지 않았기 때문이다. 뿌리는 북쪽을 가리키고 있었다.

이상하다고 생각했다. 무슨 일이 벌어지고 있는 것일까? 우연히 관찰한 것이 무엇을 의미하는지 해독하고 싶다는 불타는 호기심과 나의 이해 사이에 괴리가 존재했다. 그 느낌은 내가 정보 괴리를 메울 때까지, 즉 퍼즐을 풀 때까지 30분 동안 그 자리에 앉아 집중해서 바라볼 만큼 강렬했다. 움직임, 색상, 대비, 그리고 이제는 호기심까지 더해져 이전에 놓쳤을지도 모르는 것들을 볼 수 있게 되었다.

원형의 소규모 숲 가장자리에 있는 나무의 뿌리를 주의 깊게 살펴보다가 새로운 패턴을 발견했다. 모든 뿌리가 숲의 가장자리를 가리키고 있었다. 갑자기 모든 것을 완벽하게 이해할 수 있었다. 바람은 숲 중앙보다 숲 주변에서 더 강하게 분다. 바람이 강하게 불어오는 방향의 나무뿌리가 더 크고, 더 길게 자란다. 당연히 언덕에 있는 숲의 가장자리에 있는 뿌리는 가장자리를 향하게 된다. 뿌리는 탈출구를 알려준다!

이 책은 우리가 나무에서 볼 수 있는 것들을 이해하는 것에 관한 것이지만, 이 책은 선순환의 일부일 뿐이다. 우리가 무엇을 찾아야 하는지 더 많이 알면 알수록 더 많이 찾게 되고, 더 많이 보게 된다. 그러다 보면 우리가 찾지 않았던 것들이 보이기 시작하고, 그것들은 저마다의 질문을 던진다. 이때 우리의 호기심이 발동한다.

가장 큰 기쁨은 새로운 것을 발견하는 방식이 아무리 기괴하더라도 일단 발견하고 그 의미를 해독하게 되면, 다음부터는 영원히 빛날 것이며, 더 이상 숨길 수 없다는 것이다.

9

나뭇잎의 모양 변화

고대 그리스에서는 사람들이 어려운 결정을 내려야 할 때, 신탁으로 알려진 여사제에게 조언을 구했다. 가장 유명한 두 신탁은 델포이Δελφοί와 도도나Δωδώνα의 신탁이었다.[69] 델포이의 신탁인 피티아Πυθία는 난해하고 거의 말도 안 되게 횡설수설하는 것으로 유명했다. 그녀가 월계수 잎을 씹거나, 그 연기를 흡입한 후 취했다는 설이 있다.

고대 그리스에서 참나무는 제우스의 나무로 신성하게 여겼다. 여행자들은 도도나에 도착하면 아주 특별한 참나무 아래에서 잠을 자는 여사제를 찾곤 했다. 신탁은 여행자의 걱정거리를 들은 다음 참나무를 향해 돌아서 계시를 기다렸고, 참나무 잎사귀가 바스락거리는 소리를 통해 제우스의 목소리라고 믿는 계시를 발견해 내곤 했다.

나무의 잎에는 의미 있는 신호들이 있으며, 이번 장에서는 여사제에게 상담을 받을 필요 없이 그런 신호들을 해석하는 방법을 배우게 될 것이다.

크기는 중요하다

모든 나뭇잎은 동일하면서 단순 작업을 수행하려고 한다. 나뭇잎은 햇빛을 흡수하고 가능한 효율적으로 가스(이산화탄소와 산소)를 교환해야 한다. 모든 나뭇잎이 동일한 두 가지 작업을 하지만, 형태가 다양하다는 점이 놀랍다. 태양은 변함이 없고, 이산화탄소와 산소도 변하지 않는데, 우리는 왜 짧은 산책길임에도 뚱뚱한 잎, 날씬한 바늘 모양, 타원형, 삼각형, 결각lobe, 톱니 모양, 가시thorn, 주름, 칙칙함, 광택, 긴 잎자루petiole, 짧은 잎자루, 단순한 패턴, 복잡한 패턴을 볼 수 있는 것일까? 나뭇잎에는 우리가 인지할 수 있는 것이 백만 가지나 있으며, 모든 것에는 나름의 의미가 담겨 있다. 핵심은 어떤 특징이 가장 흥미로운 메시지를 전달하는지 알아차리는 것이다.

자연은 창의력 상을 받기 위해 우리의 풍경에 다양성을 그려 넣는 변덕스러운 예술가가 아니다. 우리 눈에 보이는 모든 차이점에는 반드시 이유가 존재하며, 일단 그 이유를 알게 되면 우리는 그 신호를 볼 수 있게 된다. 나무들은 짧은 거리에서도 물, 바람, 빛 그리고 온도의 변화에 따라 극명하게 다른 경험을 하고, 그런 변화들을 우리에게 다시 반영한다.

다음에 길을 걸을 때, 사람들이 팔꿈치를 안으로 접은 채로 걷는지 아니면 몸에서 멀리 떨어뜨린 채 걷는지 살펴보자. 날씨가 추울 때는 팔을 내밀거나 들어 올린 사람을 거의 볼 수 없다. 찬바람이 불면 동물들은 몸을 움츠리고 팔다리를 안으로 집어넣어 몸을 더 작게 만들고, 열 손실이 많이 발생하지 않도록 한다. 침엽수는 바늘 모양이나 비늘 모양의 작은 잎을 가지고 있는데, 이는 크기가 작아야 혹독한 환경에 더 잘 대처할 수 있기 때문이다. 활엽수는 춥거나 노출이 심한 지역에서는 작은 잎이 생장하도록 한다. 일반적으로 바람이나 추위에 더 많이 노출될수록 잎의 크기가 더 작아진다.

바람이 많이 부는 곳에서 자라는 나무는 보호를 받는 곳에서 자라는 나무보다 잎이 작고 두꺼울 것이다. 하지만 우리는 이보다 더 작은 규모에서도 동일한 현상을 찾을 수 있다. 동일한 나무라고 하더라도 바람에 노출이 가장 많은 부분의 잎이 가장 많은 보호를 받는 부분의 잎보다 작은 것이 일반적이다. 만약 산책 중에 같은 수종의 나무 두 그루를 언덕 위와 계곡에서 각각 지나치는 경우에 언덕 위에 있는 나무의 경우 상단의 잎이 가장 작고 두껍고, 계곡에 있는 나무의 경우 하단의 잎이 가장 넓고 얇을 가능성이 높다.

나뭇잎은 빛의 양에도 반응한다. 나무에는 크게 양지잎sun leaf과 그늘잎shade leaf, 두 가지 유형의 잎이 있다. 양지잎은 더 작고, 더 두껍고, 더 밝은색을 띤다. 햇볕이 잘 드는 남쪽과 캐노피의 가장자리와 상단에서 양지잎을 더 많이 발견할 수 있다. 더 넓고, 더 얇고, 더 어두운색의 그늘잎은 캐노피의 안쪽 하단과 나무의 북쪽 하단에서 더 흔하게 발견된다.

나뭇잎은 주변 환경에도 반응한다. 새로운 나무나 건물에 의해 그늘이 드리워지면 잎은 양지잎에서 그늘잎으로 바뀌면서 더 넓어지고, 더 얇아지고, 더 어두워진다. 변화하는 환경에 따라 바뀌는 잎의 능력을 가소성plasticity이라고 한다. 한 형태에서 다른 형태로 변화하는 결정decision은 나무가 이전 성장기가 끝날 무렵에 새로운 눈을 형성하여 다음 성장기를 준비할 때 이루어진다.

건조한 지역에서는 평균적으로 잎의 크기가 작다. 잎이 크면 과열되기 쉽고, 잎이 작으면 수분 보존에 더 효과적이다. 그늘지고 습한 지역에서는 늘어져 있는 큰 잎을 볼 가능성이 높으므로, 정글에서 가장 큰 잎을 발견할 수 있을 것이다.

종합해 보면 비정상적으로 작은 나뭇잎이나 바늘잎은 햇볕이 잘 들고 건조하며, 춥고 바람이 많이 부는 지역에서 발견할 수 있을 것이다. 산에 숲 정상을 표시하는 수목 한계선 부근의 나뭇잎을 조사하고, 계곡에 있는 강 부근의 나뭇잎과 비교해 보면 크기가 엄청나게 차이가 나는 것을 알 수 있다.

모양 변화

다른 지역에 비해 훨씬 더 바람이 많이 불거나, 어둡거나 또는 습한 지역이 있기 때문에 다양한 크기의 잎이 존재하는 이유를 쉽게 알 수 있다. 하지만 왜 이렇게 모양이 천차만별일까? 식물학자들은 잎의 모양을 설명하기 위해 스뫼르고스보르드smörgåsbord(온갖 음식이 다양하게 나오는 뷔페식 식사를 의미하는 스웨덴어다—옮긴이)라는 용어에까지 손을 뻗친다. 난형

ovate, 삼각형deltoid, 능형rhomboid 등 보통 그림을 그릴 때 쓰이는 용어는 물론, 심장형cordate, 이회이출겹잎형bigeminate, 기수우상형imparipinnate, 장상심렬형palmatipartite과 같이 미소를 짓게 하지만 이미지가 잘 떠오르지 않는 모호한 용어까지도 사용한다*.

앞서 나뭇가지 끝부분에서 살펴본 잎의 크기와 가지의 패턴 사이에는 흥미로운 관계가 존재한다. 잎의 관점에서 다시 살펴보면, 큰 나무의 경우 잎이 작을수록 가지가 더 많을 것이다. 그 이유는 간단하다. 커다란 잎 하나를 지탱하려면 튼튼한 가지 하나만 필요하겠지만, 작은 잎은 틈새를 채우기 위해 많은 가지가 필요하다. 돌이켜 보면 명백한 일이지만, 우리가 주의해서 알아차리기 전까지는 눈앞에 숨어 있는 것이나 다름없다. 지표면 가까이에서 탐험을 즐길 수 있는 패턴이기도 하다. 대황rhubarb처럼 큰 잎을 가진 식물은 잎 아래에 굵은 줄기가 하나 있지만, 수백 개의 작은 잎이 달린 허브는 수많은 작은 가지로 나누어져 있다는 사실에 주목하자.

나뭇잎 모양을 관찰할 때 가장 먼저 해야 할 일은 '홑잎simple leaf'인지 '겹잎compound leaf'인지 구분하는 것이다. 지금 보고 있는 잎이 단독인가, 아니면 여러 잎이 모여 있는 무리의 일

* 난형: 달걀 모양 또는 타원형, 삼각형: 그리스 문자 델타 모양, 능형: 마름모꼴, 심장형: 심장 모양, 이회이출겹잎형: 두 개로 구성된 잎이 두 쌍 있는 겹잎 형태, 기수우상형: 잎과 말단 잎의 개수가 홀수인 형태, 장상심렬형: 손바닥 모양으로 잎몸의 주맥 가까이 갈라진 형태다.

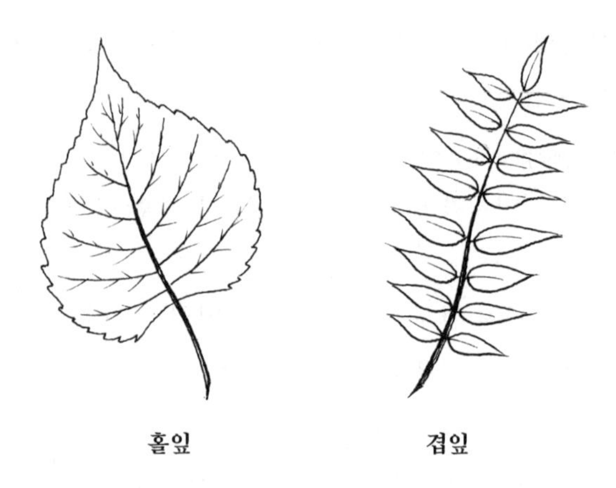

홑잎 겹잎

부인가? 홑잎은 껍질로 덮여 있는 나뭇가지에 줄기인 '잎자루'가 붙어 있다. 겹잎은 일종의 녹색 갈비뼈인 '잎줄기rachis'에서 돋아난다. 쌍을 이루는 잎들이 중앙의 잎줄기에서 떨어져 있으면 이를 깃모양겹잎pinnate compound(새의 깃 모양의 작은 잎이 잎줄기에 마주나기로 달린 겹잎으로 우상 복엽이라고도 한다. 홀수깃모양겹잎과 짝수깃모양겹잎이 있다—옮긴이)이라고 한다.

서늘한 온대 지역에서 자라는 나무는 깃모양겹잎을 통해 느리면서 비싼 대가를 치러야 하는 잔가지의 성장 없이도 많은 잎을 자라게 해서 많은 햇빛을 빠르게 흡수할 수 있다. 이와 같은 배치는 빠른 성장에 적합하지만, 밝은 곳이나 바람이 많이 부는 장소에서 더 잘 작동한다. 이러한 장점은 서로 함께 사용된다. 만약 개방된 땅이 있을 경우, 개척자 나무는 빠르게 성장하고 싶겠지만, 직사광선이 강하고 바람을 피할 방법이 없는 상황에 직면해야 한다. 또한, 햇빛은 겹잎 사이에 존재하는 틈새를 통해 걸러지므로 다층 나무의 경우 하부층도 부분적으로 빛을 흡수할 수 있다*.

요약하면, 물푸레나무와 딱총나무처럼 깃모양겹잎을 가진 나무들은 틈새를 최대한 잘 활용했음을 의미하는 일종의 신호이며, 기회를 잘 포착했다는 뜻이다. 그리고 개척자 나무들이 항상 그렇듯이, 나무의 경관이 아직 젊다는 의미로 향후 수십 년 동안 더 극적으로 변할 것임을 의미한다.

자신과 경쟁하지 말자

몇 년 전 런던의 한 공원에서 담요를 깔고 가족들과 피크닉을 즐겼던 기억이 난다. 공원 가장자리를 따라 이어진 포장도로 근처에 앉아 있었는데, 헐떡이며 달리기를 하는 사람들이 몇 초마다 한 번씩 우리 옆을 지나쳐 갔다. 여러분은 어떤지 모르겠지만 나는 운동을 하고 있을 때는 괜찮지만, 다른 것을 하고 있거나 입에 달걀 샌드위치가 가득 찬 상태일 때 운동하는 사람들을 보고 있으면 조금 우스꽝스러워 보인다. 우리 옆을 지나쳐 간 사람 중 한 명이 "나 대 나me vs. me"라고 적힌 티셔츠를 입고 있었다. 그들이 지나갈 때까지 웃음을 참아야 했다. 일부 프로 스포츠 선수들이 인터뷰할 때, 자신은 다른 사람과 경쟁하는 것이 아니라 자기 자신과 싸우는 것이라고 주장하는 모습을 종종 볼 수 있다. 이는 터무니없고 말도

---

* 기온이 더 높고 건조한 지역에서 겹잎은 또 다른 의미를 갖는다. 가뭄이 발생하면 겹잎을 가진 나무는 수분을 보호하기 위해 전체 잎줄기를 제거함으로써 많은 잎들을 효율적으로 제거할 수 있다.

되지 않지만, 아무런 의미도 없는 질문을 회피하기 위해 자주 사용하는 방법이기도 하다.

모든 유기체는 자원을 놓고 경쟁하며, 때로는 같은 종들끼리도 경쟁하곤 한다. 이미 충분히 힘든 상황이기 때문에 그 어떤 식물도 자신과 싸움을 더 할 필요는 없다. 숲에서 나무 한 그루가 쓰러지면, 이웃한 두 그루의 나무가 서로 경쟁하고, 새로운 빛을 차지하기 위해 개척자 나무들과 경쟁한다. 나무들에겐 자기 자신과 경쟁할 여유가 없다.

모든 나뭇가지와 잎이 서로를 향해 자라고, 서로를 가려 그늘을 만들려고 경쟁한다고 상상해 보자. 이는 오래 지속할 수 있는 전략이 아니다. 나뭇잎이 자라려면 많은 에너지가 필요하다. 같은 가지에서는 나뭇잎이 서로 경쟁할 수 있는 여분의 자원이 없다. 나뭇잎은 서로 협력해야 하며, 이는 계획적으로 이루어져야 한다.

가장 단순한 계획은 가지가 잎을 접시처럼 평면으로 펼쳐 놓는 것이다. 넓게 평면 형태를 이루고 있는 잎들 위에 다른 가지가 없다면 그늘이 생기지 않는다. 너도밤나무와 단풍나무는 이러한 배치를 선호하지만, 이는 장기적으로는 단층 나무에만 적용되는 이상적인 시나리오다.[70] 많은 나무는 이러한 계획에 의존할 수 없으며, 낮은 가지의 기존 잎보다 더 높은 위치에 있는 새로운 잎을 자라게 해야 한다. 몇 가지 품위 있는 전략을 통해 경쟁 대신 협력을 할 수 있다. 그중에서 각 잎의 각도나 길이를 조절하는 전략이 가장 일반적이다.

식물이 위쪽의 잎을 아래쪽의 잎과 다른 각도로 자라도록 하면, 그늘이 형성되는 위험이 줄어든다. 위에서 보면 마치 나선형 계단처럼, 단계마다 새로운 잎이 나오는 것과 같은 효과를 얻을 수 있다. 이런 전략은 나무보다 하등 식물에서 더 쉽게 발견할 수 있다. 다음 기회에 작은 잎이 많은 관목이나 허브 주위를 지나갈 때는 위에서 내려다보자. 식물이 어떻게 두 가지의 영리한 방법을 사용하는지 바로 발견할 수 있다. 첫째, 해당 식물의 잎으로 열린 공간 대부분이 덮여 있기 때문에 땅이 많이 보이지 않는다. 둘째, 눈에서 지면까지 수직선을 그린다고 상상해 보면, 비효율적인 중복을 피하기 위해 잎을 배치했기 때문에 그 수직선은 두 개 이상의 잎을 통과하지 않는다.

나무가 아래에 있는 잎에 그늘을 드리우지 않으면서도 잎을 자라게 하는 또 다른 방법이 있다. 나무가 가지를 짧게 하여 위에 있는 잎이 줄기에 더 가까이 자라도록 하면 아래에 있는 잎에 그림자가 직접 드리워지지 않는다. 또한, 위에 있는 잎이 더 작은 것이 논리적이므로 큰 잎을 위에 두는 것은 어리석은 일이다.[71] 식물은 어리석지 않다.

이러한 전략은 높은 캐노피보다 지면 부근에서 훨씬 쉽게 관찰되므로, 지면 부근의 가지에서 나뭇잎을 보게 될 경우, 잠시 멈춰서 나뭇잎이 서로 협력할 수 있는 계획이 무엇인지 찾아보자. 넓은 접시 모양, 영리한 각도, 짧은 줄기, 상부의 더 작은 잎, 아니면 이들의 기발한 조합일까?

역 틱 효과

앞서 살펴본 것처럼 나뭇가지가 햇빛을 향해 자라면서 '틱 효과'(또는 '체크 표시 효과')가 발생하게 된다. 틱 효과는 남쪽의 가지는 수평에 가까워지고 북쪽의 가지는 수직에 가까워지는 것을 의미한다.

나뭇잎에도 자체적인 틱 효과가 발생하지만, 그 반대이다. 나무의 남쪽에 있는 잎은 수직에 가까워서 지면을 향하고 있다. 북쪽에 있는 잎은 수평에 더 가깝다. 그 이유는 간단하다. 나뭇가지는 빛을 향해 자라지만, 잎은 빛을 흡수할 수 있는 방향으로 향해 자라야 한다. 이 때문에 스스로 잎 면의 방향이 햇빛에 수직이 되게 만든다. 남쪽은 아래쪽에서 더 많은 빛이 들어오는 반면, 북쪽은 대부분 빛이 위쪽에서 들어온다.

조금 혼란스러울 수 있지만, 한 가지 엉뚱한 시나리오를 상상해 보면 도움이 될 수 있다. 나무 안쪽에 앉아 한 손으로 줄기를 껴안고 있고, 다른 한 손에는 작은 태양광 패널이 있다고 가정해 보자. 나무의 줄기 부근은 어둡지만 우리는 가능한 한 많은 빛을 흡수하기를 원한다. 이때 최선의 전략은 무엇일까?

이는 우리가 나무의 어느 쪽에 있는지에 따라 다르다. 남쪽에 있다면, 우리는 남쪽에서 태양이 나올 것을 감지하고 그쪽으로 향할 것이고(가지의 수직 성장), 우리 위에 빛이 충분히 밝다고 느끼면 패널을 평평하게 펴서 그 높은 빛을 잡을 것이다(가지의 수평 성장).

우리가 북쪽에 있다면 남쪽으로 나무가 너무 많아서 빛을

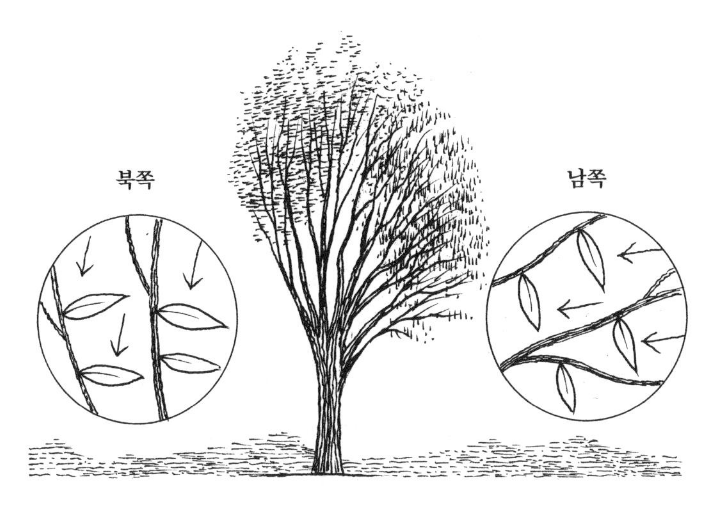

가지에서 나타나는 '틱 효과'와 잎에서 나타나는 '역 틱 효과'

감지할 수 없지만, 위쪽에서 일부 빛을 감지할 수 있을 것이다. 따라서 위쪽으로 올라가야 한다(수직으로 가지가 자라는 경우). 위쪽에서 빛이 충분히 밝다면, 패널을 평평하게 펴서 수평에 가깝게 위쪽에 있는 빛을 흡수할 것이다.

이런 효과는 모든 활엽수와 하등 식물에도 적용된다. 때로는 이치에 맞지 않는 방향으로 자란 나뭇잎을 발견할 때가 있는데, 이때는 잠시 멈춰서 중요한 사항을 기억할 수 있는 좋은 기회이다. 나뭇잎은 북쪽이든 남쪽이든 신경 쓰지 않는다. 나뭇잎은 단지 빛에만 관심이 있다. 나뭇가지가 방향과 관계없이 강이나 도로를 향해 뻗어나가는 것과 마찬가지로, 나뭇잎도 밝은 곳을 향해 뻗어나가는 것을 관찰할 수 있다. 그리고 우리가 어느 쪽을 향해 숲속으로 걸어가든 넓은 나뭇잎이 우리를 향해 있을 것이다. 우리는 항상 빛에서 출발하기 때문이다.

흐름에 따른 생장

버드나무의 경우 너무 많은 종과 그들 사이에 많은 잡종이 있어서 완벽하게 식별해 내거나 이름을 말한다는 것은 그렇게 재미있는 일은 아니다. 하지만 버드나무의 잎 모양은 흥미로울 뿐만 아니라 읽기도 쉽다. 집 근처를 산책할 때, 매일 보는 버드나무 중 잎이 타원형이고 넓어서 버드나무라고 바로 알아볼 수 없는 종도 있다. 호랑버들goat willow이라는 나무다. 무른버들crack willow을 포함한 다른 버드나무 종도 볼 수 있지만, '피침형lanceolate'이라고 하는 길고 매우 얇은, 전형적인 버드나무 잎 모양을 가지고 있는 무른버들은 자주 볼 수가 없다.

굳이 이름을 붙일 필요 없이 내가 아는 버드나무의 잎은 간단한 규칙을 따른다. 흐르는 물에 가까울수록 잎이 더 얇아지는 경향이 있다. 타원형 잎을 가진 호랑버들은 습한 토양에서 발견되지만, 흐르는 물 옆에서는 거의 발견되지 않는다. 무른버들과 그 외 얇은 잎을 가진 버드나무는 내가 강가에 가까워지고 있음을 알려준다. 얇은 잎은 넓은 타원형 잎보다 흐르는 물에 훨씬 더 잘 대처한다.

오리나무는 흐르는 물 근처에서 자라지만, 더 넓은 잎을 가지고 있어 논리상 맞지 않아 보인다. 하지만 이는 또 다른 단서가 된다. 오리나무와 버드나무 모두 물가에서 자라지만 서로 다른 전략을 취한다. 버드나무는 빠른 물줄기와의 싸움에서 질 것으로 예상하고, 실제로 이를 자신에게 유리한 상황으로 바꾼다. 흐르는 물이 버드나무의 가늘고 약한 나뭇가지를 부러뜨리면, 이를 하류로 떠내려가게 하여 물가의 진흙에 걸리게 되고, 나무는 자연적인 절단을 통해 다시 새로운 생명의 싹을 틔울 수 있다. 버드나무 한 그루가 하류에 번식할 수 있게 된다. 이는 버드나무가 강둑을 따라 길게 늘어서기 위한 전략 중 하나이다. 버드나무는 전투battle에서는 지지만 전쟁war에서는 승리한다.

오리나무는 다른 접근 방식을 취한다. 오리나무의 줄기와 뿌리는 더 강하고 물살에도 견딜 수 있도록 만들어졌다. 오리나무는 스스로를 지탱할 수 있을 뿐만 아니라 실제로 강둑이 침식되는 것을 막아준다. 그러나 이러한 접근 방식에는 한계가 있다. 따라서 오리나무는 완만한 강가, 특히 카carr라고 알려진 습지 숲을 형성할 수 있는 완만한 시냇물 가에서도 특히 잔잔하게 흐르거나 느린 속도로 흐르는 얕은 물이 있는 넓은 지역에서 잘 자란다. 또한, 물에 닿아 있거나 손바닥 너비만큼 물 위에 매달려 있는 버드나무 잎과 달리, 오리나무는 잎을 물 위쪽에 잘 붙들고 있다.

내가 탐험하고 싶어 하는 잉글랜드 남동부의 한 습지대에는 버드나무들이 있다. 그리고 그곳에는 앰벌리 브룩스Amberley Brooks라는 오리나무 습지 숲도 있다. 어느 여름날 오후, 나는 습지 숲 근처의 융기된 마른 땅 위에 놓여 있는 통나무를 깔고 앉아서 30분 동안 나와 함께 산책할 사람들을 기다리면서 일부 오리나무들을 바라보며 즐겁게 시간을 보내고 있었다. 강제로 움직일 필요가 전혀 없었고, 정신적으로도 좋은 시간이었다. 같이 산책할 사람들이 조금 늦게 왔지만 나는 신경 쓰지 않았다. 날씨도 좋았고, 오리나무와 버드나무 잎의 차이를 고민하느라 정신없이 바빴기 때문이다. 일행이 합류하기 전까지 내 머릿속에는 두 줄의 구절이 떠올랐다.

오리나무의 잎이 더 크다.
버드나무의 잎은 낮게 자란다.

더 뜨겁고 더 높은 결각

많은 나무가 결각을 가지고 있으며, 하나의 잎에 다섯 개의 손가락 즉, 결각이 있는 형태가 가장 흔하다. 특히 단풍나뭇과의 나무에서 흔히 볼 수 있다. 결각은 예뻐 보이지만, 자연에는 예쁨을 목적으로 예뻐질 여유가 없다. 그렇다면 결각이 존재하는 이유는 무엇일까? 결각은 잎의 가장자리를 분할하여 잎의 위쪽과 주변의 공기 흐름을 변화시켜 과도한 열을 쉽게 발산할 수 있도록 한다. 결각은 더운 날 선풍기처럼 작동한다. 잎사귀가 있는 나무는 자신의 양지잎에 더 깊고 선명한 결각이 있기 때문에 나무의 상부와 남쪽에서 더 선명한 결각을 관찰할 수 있다. 결각이 더 깊다는 것은 움푹 들어간 부분이 더 눈에 띈다는 것을 의미한다. 이렇게 생각하면 된다. 잎의 가장자리를 따라 선을 따라가다 보면 결각은 중앙을 향해 잠시 방향을 바꿀 때가 몇 차례 있다는 것을 의미한다. 중앙에 가까워질수록 잎은 더 깊게 패여 있다.

12월의 어느 화창한 아침, 나는 런던의 켄싱턴 하이 스트리트Kensington High Street에서 몇 시간을 보낸 적이 있다. 다가오는 크리스마스를 위해 쇼핑을 해야 했기 때문에 하루가 약간 힘들었다. 나는 선물을 고르는 것도 즐기고, 선물하는 것도 좋아하지만, 정작 내가 힘들어하는 것은 상점들이다. 나를 너무 피곤하게 만든다. 세 곳의 상점과 협상 끝에 선물 몇 개를 구입하고 나니 이미 이마에 땀방울이 송골송골 맺혔다. 나 자신에 대한 보상으로 시원한 야외 공기를 마시며 잠시 휴식을 취했다.

나는 넓은 포장도로에 서서 피곤한 숨을 쉬었다. 고급 빵집의 창문을 들여다보니 아래에 스펀지보다 더 많은 아이싱icing이 올려진 컵케이크와 아이싱이 녹아 스펀지에 불이 붙을 것 같은 가격표가 보였다. 이 달콤한 약탈에 우울해져 고개를 돌렸더니, 한 쌍의 버즘나무가 눈에 들어왔다.

버즘나무는 깊은 결각을 가지고 있다. 가장 낮은 잎에서부터 가장 높은 잎까지 살펴보니 갈수록 결각이 점점 더 깊어진다는 사실을 알 수 있었다. 나무의 꼭대기 부근에서는 결각이 유난히 깊었고, 잎들은 발가락이 다섯 개인 괴물 새의 발처럼 보였다. 나뭇잎의 모양이 변하는 것을 보니 매우 만족스러웠고, 그 어떤 값비싼 컵케이크보다 훨씬 더 위안이 되었다.

나무가 달라졌다

다음과 같은 옛 속담이 있다. “장군은 항상 마지막 전쟁을 치른다.” 때로는 교장 선생님도 마찬가지이다. 내가 십 대에

학교를 다닐 때, 머리 길이에 대한 규칙은 단순했다. 셔츠 깃에 닿지 않아야 했다. 학교에서는 히피 문화에 물든 부모님 세대의 잘못이 반복되지 않도록 간단한 방법을 고안했다고 생각했다.

하지만 우리는 십 대였고, 규칙은 복종을 위한 것임을 알고 있었다. 우리는 턱에 닿을 만큼 충분히 앞머리를 길렀다. 그런 다음 목 뒤의 옷깃에 거의 닿을 정도로 앞머리를 밀어 올렸다. 학교가 끝나자마자 우리는 활기가 넘치는 반항아들처럼 머리를 흔들며 헝클어진 머리카락으로 자신을 표현했다. 이제 나의 아들 세대에서는 '숭어mullet' 스타일을 부활시켜 앞머리와 옆머리는 짧게 자르고 뒷머리는 길고 헝클어진 채로 둔다. 끔찍한 발전이지만 각 세대에게 그들만의 어리석음이 존재하는 법이다.

인생에서 확실한 것이라고 해봐야 몇 개 되지도 않지만, 그중 하나는 성장과 함께 변화하는 우리의 모습일 것이다. 나뭇잎도 마찬가지이다. 같은 수종의 나무들을 모아놓고 보면, 더 오래된 나무의 잎이 그보다 어린나무의 잎과 다르게 보인다는 사실을 알 수 있다.

일부 식물 종은 어린잎과 성체 잎의 형태가 다르다. 잎의 형태는 식물의 어린 시절과 성숙기 사이에 변한다. 과학자들은 왜 이런 일이 일어나는지 열심히 연구하고 있다. 가장 논리적인 이론은 어린나무는 형성자builder이기 때문에 많은 탄소를 필요로 하고, 오래된 나무는 생존자이며, 자연 속에서 오랜 세월을 견뎌내야 하기 때문이다.[72] 잎의 모양은 이런 우선순위에 따라 변화한다. 연구자들은 더위나 추위와 같은 환경적 스트레스가 식물을 어린나무에서 성숙한 나무로 변화시키는 데 도움이 될 수 있다는 사실을 발견했다.[73] 그와 같은 환경적 스트레스는 나무를 죽이는 것이 아니라 더 성숙하게 만든다.

일부 나무는 잎의 형태가 너무 현저하게 변하기 때문에 이런 사실을 알지 못하면 잎만 보고서는 그 나무를 전혀 알아보지 못할 수도 있다. 예를 들어 유카리가 성숙함에 따라 잎이 둥글다가 길고 얇게 변한다. 하지만 극단적인 변화를 보여주는 개별 수종을 찾아 나설 필요는 없다. 우리 주변에서 독특하지만 미묘한 변화를 찾아내는 것이 더 만족스러운 일이다. 어린 침엽수의 잎은 대부분 오래된 침엽수와는 상당히 다른 모양과 느낌을 준다. 수종마다 다르긴 하지만, 어린 침엽수의 잎은 일반적으로 오래된 나무보다 짧고 얇으며, 촉감이 부드럽고 붓과 같은 느낌을 준다.

이 게임에서 재미있는 점은 나무의 모든 부분을 같은 나이로 간주할 수 없다는 사실이다. 우리는 사람을 하나의 나이로 생각하도록 길들여져 있다. 생후 한 달 된 아기나 마흔 살 또는 아흔 살 된 성인일 수도 있지만, 이 세 가지를 동시에 모두 가진 사람이 있다고는 생각하지 않는다. 그러나 이런 단일 숫자에 불과한 나이는 어떤 의미에서 세 가지 나이를 모두 포함하기 때문에 문화적 편의에 따른 것이라고 볼 수 있다. 사람들의 손톱 세포는 한 달, 심장 세포는 마흔 살, 눈 세포는 아흔 살일 수도 있는 것이다.

만약 우리가 묘목의 상단을 보고 있다면 나무의 부위 중 가장 어린 부분을 보고 있는 셈이고, 아래로 내려가면서 훑어본다면 시간을 거슬러 올라가 가장 오래된 부분인 바닥 부근에 도달할 것이다. 침엽수의 경우 묘목 상단에서 어린잎이 돋아나오고, 성숙한 잎은 더 아래쪽이나 옆 가지에 존재한다. 또한, 우리는 줄기에서 가장 멀리 떨어진 곳인 가지의 끝부분에서 나무의 가장 어린 부분을 발견할 수 있다.

때로는 어린잎을 줄기 가까운 곳에서 발견하고, 성숙한 잎은 캐노피 가장자리에 더 가깝게 발견할 수도 있다. 이는 잎의 나이를 반영하는 것이기도 하지만, 가장자리에 더 많은 스트레스가 가해져 새로운 변화를 유발하는 것이기도 하다. 저목림 작업과 같이 나무가 다시 시작해야 하는 충격적인 상황에서는 모체 그루터기가 아무리 오래되었다 하더라도 성숙한 잎이 아닌 어린잎이 생길 것이다*.[74]

---

* 이런 효과는 나무뿐만 아니라 하등 식물에서도 관찰된다. 나는 담쟁이덩굴(English Ivy 또는 Hedera helix)에서 이러한 변화를 매일 본다. 담쟁이덩굴은 나에게 식물학에 대해 많은 것을 알게 해준 식물이기도 하다. 어린 담쟁이덩굴의 잎은 여러 개의 결각을 가지고 있으며, 하나의 결각만 가지고 있는 성숙한 잎과는 매우 다른 형태이다. 산책을 주도할 때, 때로는 이러한 잎의 차이를 이용해 재미있는 장난을 치곤 한다. 아무도 나를 보고 있지 않을 때 한 나무줄기에 자라고 있는 담쟁이덩굴에서 어린잎과 성숙한 잎을 딴 뒤에 각각 하나씩 손에 들고 조금 앞으로 걷다가 누군가에게 두 잎을 보여준다. "이 잎을 각각 식별할 수 있겠어요?"라고 물어본다. 그 차이를 식별할 수 있는 사람도 일부 있다. 하지만, 사람들의 가장 흔한 반응은 여러 개의 결각을 가진 어두운색의 어린잎을 가리키며 "그건 담쟁이덩굴의 잎이지만, 다른 잎은 잘 모르겠어요"라는 말이다.

건조한 햇빛에서 반짝이다

나뭇잎에서 볼 수 있는 다양한 모양과 무늬 그리고 색상이 나뭇잎이 자라는 미시 세계를 반영하고 있다는 사실을 깨닫기까지는 시간이 걸린다. 우리는 비슷한 환경 조건을 공유하는 지역에서는 동일한 추세가 나타날 것으로 예상한다. 이는 누구나 단순하게 예측할 수 있는 하나의 진리와도 같다.

스페인 남부와 그리스, 호주에서 산책을 하며 다양한 나무들을 보았는데, 대부분 강렬한 태양 아래에서 자라고 있었다. 처음에는 공통점이 거의 없어 보이지만 유사점을 발견하기 시작하면 더 이상 놓치기 어렵다.

올리브나무와 유카리는 세계 각지에 자생하지만, 두 나무 모두 더운 지역에서도 잘 자란다.[75] 올리브나무는 남유럽의 덥고 건조한 기후에서 번성하고, 유카리는 호주의 덥고 건조한 지역에서도 살아남을 수 있다. 이 두 계통의 식물은 서로 다른 반구hemisphere의 강렬한 열기와 태양에 대처하기 위해 진화했으며, 다양한 특징을 가지고 있지만, 잎이 은빛을 띠는 공통점이 있다. 은색은 햇빛을 반사하여 더운 서식지를 더 살기 좋게 만드는 색이다.

담녹색과 암녹색

여러분도 많은 나무가 윗면과 아랫면이 서로 다른 색조의 잎을 가지고 있고, 때로는 윗면과 아랫면의 색이 다른 것도 보았을 것이다. 이런 효과는 대부분 나무에서 관찰할 수 있으며, 바람이 부는 날에는 일부 활엽수에서도 볼 수 있다. 흰 포플러와 같은 일부 종은 나무에 색이름을 붙일 정도로 눈에 띄는 특징을 가지고 있다. 흰 포플러는 또한 깊게 팬 잎을 가지고 있으며, 당연히 모로코처럼 뜨겁고 건조한 지역에서 자란다.

잎의 윗면과 아랫면은 역할이 다르기 때문에 다르게 보이는 것이다. 대부분 직사광선은 잎의 윗면에 닿기 때문에 광합성에 필요한 대부분의 엽록소가 이곳에 집중되어 있다. 잎의 아랫면은 가스 교환에서 더 중요한 역할을 한다.

녹색은 엽록소를 의미하지만, 엽록소는 한 가지가 아니다.[76] 더 정확히 말하면 엽록소에는 여러 종류가 있으며 담녹색부터 암녹색까지 색조가 다양하다. 각 잎에 포함된 엽록소의 종류는 잎의 역할에 따라 달라진다. 낮은 조도에 적응한 잎과 오래된 잎은 암녹색의 엽록소를 더 많이 함유하고 있다. 이것이 그늘잎이 양지잎보다 더 짙은 암녹색인 이유이며, 여름이 되면 색이 더 짙어지는 이유이기도 하다.

푸른 기쁨

내가 하는 작업에는 내가 생각한 것보다 더 많은 이동 시간이 포함되지만, 이를 더 긍정적으로 만드는 매우 간단한 기술을 배웠다. 평소와 같이 그 기술을 배우는 데 어려움과 어리석음이 따랐지만, 이 경험을 통해 흥미로운 나무의 단서 하나를 발견할 수 있었다.

2008년에 자연항법학교natural navigation school를 설립할 때만 해도 힘든 일이 될 거라는 걸 알고 있었다. 나를 응원해 주는 가족과 친구들조차도 그것이 절대로 성공할 수 없는 '도박 같은 직업'이라고 생각하고 있음을 그들의 눈빛으로도 알 수 있었다. 그래서 나는 일반적인 통념을 거스르는 대다수의 사람처럼 스스로 결의를 품고 그것이 가능하다는 것을 입증하고자 했다.

나의 단순한 철학 가운데 하나는 부탁을 받으면 무조건 "예"라고 대답하는 것이다. 학교 설립 초기에 잉글랜드 북부에서 몇 시간 떨어진 곳에 아주 작은 그룹을 대상으로 강연을 해달라는 요청이 이메일 수신함에 와 있었다. 나는 우선 빈칸 일색인 다이어리를 확인한 다음 "예"라고 답했다.

몇 달 후, 한 가지 문제가 발생했다. 지금 생각하면 웃음이 나오지만, 당시 나는 다이어리를 관리하는 데 익숙하지 않았다. 약속한 날 오후 8시에는 시간이 비어 있었지만, 다음 날 아침 9시 콘월주Cornwall에서 다른 요청을 이미 수락한 상태였던 것이다. 전날 저녁 약속 장소에서 차로 8시간이나 떨어진 곳이었다.

첫 번째 강연이 끝난 후, 몇 시간마다 차를 세워 쪽잠을 자가면서 차를 몰고 내려가서 두 가지 일을 모두 마쳤다. 기름값보다 적은 수입이었지만, 그 대신 새로운 시도가 늘 그렇듯이 몇 가지 귀중한 교훈을 얻었다. 첫 번째는 다이어리에 적힌 날짜, 그 숫자가 그날의 모든 이야기를 다 말해주는 것은 아니라 점이다. 두 번째는 끔찍한 계획 때문에 새로운 목적지로 떠나야 하는 것은 어리석은 일이라는 점이다. 첫 번째 목적지에서 몇 시간만이라도 여유가 있었다면 추가 비용 없이 멋진 야생 풍경을 탐험하며 시간을 보낼 수 있었을 테니 말이다.

그 이후로 나는 모든 목적지와 도중에 들를 장소에서 보낼 최소한의 시간을 확보하는 것을 원칙으로 삼았다. 지난 10년 동안 가장 가치 있는 습관 중 하나였다. 이제 나는 이동 시간이 긴 일이 생기면, 가끔 목적지 근처와 집으로 돌아오는 길 중간 어딘가 있을 작은 모험의 기회를 놓치지 않고 포함시킨다. 이 작은 습관 덕분에 계획된 여정보다 더 많은 우연한 발견을 하게 되었다. 푸른 나무 나침반도 그렇게 해서 발견한 것이다.

11월 어느 날 스코틀랜드 갤러웨이Galloway에서 일을 마치고 돌아오는 길에 글렌켄스Glenkens 지역에서 한 번도 가본 적이 없는 산들을 관통하는 경로를 선택했다. 나는 주차를 하고, 자연항법에 도전하기 위해 언덕으로 모험을 떠날 준비를 했다. 이처럼 여정 중간에 짧은 도전을 할 때는 단순한 루틴을 따른다. 기분이 좋을 때까지 걸은 다음, 자연이 안내하는 또 다른 경로를 따라 차량이 있는 곳으로 돌아오는 것이다.

출발하기 전에 방향을 찾는데, 가문비나무의 푸른빛이 나의 시선을 사로잡았다. 우리 모두 가끔 침엽수를 덮고 있는 희미한 푸른빛을 발견한 적이 있을 텐데, 이는 햇볕 아래 침엽수에서 나오는 기분 좋은 냄새와 잘 어울린다. 하지만 이 가문비나무의 경우 눈에 띄는 푸른색이었다. 침엽수를 보고 파랗다고 하면 보통 청록색을 의미하지만, 이 가문비나무는 최소한 내 눈에는 녹색보다 더 푸른색으로 보여 눈에 띄었다.

나는 잠시 멈춰서 감탄하며 그 주변을 걸었다. 그 가문비나무는 침엽수림의 남쪽 가장자리에 있었는데, 몇 발자국 걷지도 않았는데 나무가 덜 파랗게 보였다. 처음에는 빛의 변화 때문이라고 생각했다. 태양이 구름 사이로 살짝 비치고 있었고, 그 각도가 내가 보는 색조에 큰 영향을 미쳤을 것이라고 생각했다. 사실이었다. 하지만 그런 효과를 뛰어넘어 나무의 가장 남쪽 가장자리만 파란색으로 물들인 진정한 푸른색이었다.

당시에는 몰랐지만, 우리가 보는 푸른색은 왁스 때문이었다. 나는 바늘잎을 보호하고 있는 두꺼운 왁스층을 보고 있었던 것이다. 이 왁스층은 태양에서 뿜어져 나오는 위험한 형태의 자외선으로부터 바늘잎을 보호하는 역할을 한다. 햇볕이 잘 드는 남쪽의 바늘잎에 있는 왁스층이 더 두껍다는 이야기는 남쪽이 더 푸르다는 의미이다. 이 작은 발견을 한 이후, 나는 푸른 나무 나침반 찾기를 즐겼다. 이처럼 즐거움을 주는 발견을 할 수 있다면 어떤 여행이라도 늘 보람을 느낄 수 있을 것이다*.

---

* 한 가지 특징을 발견함으로써 유사한 특징들도 빛을 발할 수 있다는 사실이 놀랍다. 스코틀랜드에서 돌아온 후, 몇 주 동안 침엽수의 색상 변화에 주목하지 않을 수 없었다. 거의 매일 푸른빛을 볼 수 있었으며, 몇 년 동안 보지 못했던 다른 색들도 다시 눈에 들어오기 시작했다. 햇빛에 비치는 일부 침엽수에는 건강한 황금빛이 도는데, 특히 남쪽 부분이 그렇다. 이는 유전적인 효과에 의한 것으로, 상업적으로 나무들을 재배하는 사람들이 선호하기 때문에 정원에서 자주 볼 수 있다.

황변

가을이 다가오면 나무들은 잎으로부터 엽록소를 회수한다. 나무는 이 귀중한 자원을 감히 낭비하는 법이 없다. 이맘때 나뭇잎에서 흔히 볼 수 있는 노란색이나 주황색 또는 갈색은 나뭇잎에서 엽록소가 빠져나가서 그런 것이다.

가을이 오기 훨씬 전임에도 불구하고 노랗게 물든 나뭇잎을 볼 때가 있는데, 이는 나뭇잎이 영양분을 달라고 외치고 있는 것이다. 공식적으로 '황화chlorosis'로 알려진 황변yellowing은 나무에 질소나 마그네슘과 같은 주요 영양소 중에서 하나 이상의 성분이 부족하다는 일종의 신호인 셈이다. 황변은 야생에서는 드물게 발생하며, 특히 도시 지역이나 황무지를 개간하는 데 열중해 토양이 좋지 않은 곳에서 인간이 나무에 너무 많은 요구를 할 때나 흔하게 나타난다.

노란색은 흥미롭다. 왜냐하면 하나의 부정적인 효과를 의미하기 때문이다. 우리는 노란색을 보고 있지만, 실제로는 녹색이 빠진 색을 보고 있는 것이다. 황화 현상은 나무에 엽록소를 만드는 데 필요한 성분이 부족하다는 신호이다. 이런 내용은 잎의 색깔에 관한 퍼즐을 이해하는 데 도움이 되므로 알아두면 좋다. 노란색이나 주황색으로 만든 것이 무엇인지 궁금해하는 대신 녹색이 어디로 사라졌는지 그리고 그 이유는 무엇인지 우리 자신에게 자문해 보면 더 빨리 퍼즐을 풀 수 있다.

나뭇잎의 색깔에 영향을 미치는 요소는 수분, 산성도 그리고 교란이다. 습한 저지대에서 건조한 고지대까지, 또는 자연 그대로의 야생에서 울창한 숲에 이르기까지 모든 풍경에서 색의 변화를 관찰할 수 있다. 따라서 높은 곳에서 숲을 내려다보면, 같은 수종 내에서도 항상 색이 변한다는 사실을 알 수 있다.

토양의 산성도가 급격히 높아지면 잎이 강하게 착색되는 경우가 있다. 산성 토양은 영양분이 부족할뿐더러 어떻게 조경을 하더라도 산성도를 균일하게 할 수 없다. 나는 광산이 있는 지역의 산비탈에서 아래를 내려다볼 때는 항상 수분, 교란 그리고 산성도에 큰 변동이 있기 때문에 그런 현상을 발견하고자 노력한다. 일반적으로 채굴 활동이 가장 활발한 곳 인근에서 착색의 잔물결을 발견할 수 있다.

반대로 일부 나무, 특히 노르웨이 가문비나무와 같은 침엽수의 경우 산성 토양에서 더 잘 자라며, 토양이 강한 알칼리성인 경우 나뭇잎은 풍부한 녹색을 일부 잃게 된다. 강과 도로는 수분과 토양의 화학적 성질을 변화시키므로, 나뭇잎이 같은 색조를 가장자리까지 유지하는 경우는 드물다.

항상 몇 가지 변수가 있기 마련이다. 따라서 가장 단순하게 생각하면 나무의 색이 균일하고 진한 녹색이면 핵심 요소들이 나무가 견딜 수 있는 범위 내에 있다는 신호이다. 나무의 색이 '퇴색된' 상태라면 이러한 요소 중 하나가 해당 수종의 위험 수준을 미세하게 높이고 있다는 신호이다. 만약 수분과 교란을 잠재 원인에서 제외했다면 토양의 화학적 성질과 관련된 문제들을 고려해 볼 수 있다.

명백하지만 눈에 보이지 않는 것

몇 년 전 산책 중에 미끄러운 백색 연토질 석회암 위에서 최대한 미끄러지지 않으려 노력하며, 나뭇잎의 색깔에 집중하고 있었다. 나는 그늘잎의 색이 짙어진 현상과 강풍에 시달린 참나무에서 바람이 불어오는 쪽의 상부에서 일부 나뭇잎의 탈색 현상을 바라보는 것을 즐겼다.

산책로 주변에 있는 야생 단풍나무 옆에서 멈춘 후, 열두 개의 나뭇잎을 자세히 살펴보면서 우리 눈에 보이는 색깔 속에서 항상 의미와 가치를 찾을 수 있을 것이라는 나의 믿음에 충실하기로 했다. 나는 의미와 가치를 찾고자 최선의 노력을 다했다. 그런 의미와 가치가 없다는 생각에 굴복하지 않고, 아직 발견하지 못했을 뿐이라고 생각했다. 몇 분 후, 같은 길을 따라 조금 더 떨어진 어린 참나무 옆으로 가서 같은 행동을 반복했다. 결과는 동일했다. 참나무 잎의 색깔에서도 눈에 띄는 메시지를 발견하지 못했다. 솔직히 말하자면 조금 실망스러웠다. 그룹마다 잎의 색깔은 서로 비슷했고, 다른 나무들의 색깔과도 유사했다.

하지만 나는 뭔가 색이 다르다는 것을 느꼈다. 이전에 본 나뭇잎에 대한 기억만으로는 어떤 색인지 가늠하기 어려웠기 때문에 참나무에서 나뭇잎 두어 개를 따서 단풍나무가 있는 곳으로 다시 걸어갔다. 단풍나무 잎 옆에 참나무 잎을 올려놓으니 색깔이 비슷했다. 잎사귀가 깊게 패어 있었지만 모양이 완전히 달라 헷갈릴 정도는 아니었다. 그리고 분명하지만 숨겨져 있는, 색조에 분명히 다른 무엇인가가 있었다. 참나무 잎의 광택이 더 센가? 아니, 그런 것 같지는 않았다. 그러다 문득 깨달았다. 수년 동안 내 눈에는 보이지 않던 무엇인가가 불쑥 튀어나왔다. 잎맥vein(잎에 분포되어 있는 관다발과 그것을 둘러싼 부분을 말한다—옮긴이)이 완전히 달랐다.

단풍나무 잎에는 하부에서 각각의 결각으로 이어지는 선으로 정맥이 뻗어 있었지만, 참나무에는 강한 주맥main vein과 각 결각으로 퍼지는 약한 선이 있었다. 잎맥은 주 잎보다 옅은 색이었고, 그 패턴에 따라 색이 달라졌다. 갑자기 내가 본 색이 더 이상 비슷해 보이지 않았다. 나는 이 감동의 순간을 대도시의 항공 사진을 내려다보면 모든 것이 비슷해 보이는 것에 비유하고 싶다. 갑자기 우리가 잘 아는 동네를 가면 일반적인 것은 사라지고 특별한 것이 눈에 들어오게 된다. 놀라운 점은 분명하게 뇌가 이런 감각을 즐기고 그것에 집착한다는 사실이다. 한번 눈에 띈 패턴은 다시는 숨어 있을 수 없다.

단풍나무를 포함한 일부 나무는 줄기 근처의 중앙 밑동에서 뻗어 나오는 주맥을 가지고 있고, 참나무와 너도밤나무를 포함한 일부 나무에는 중앙 맥이 있다는 사실을 알면, 우리가 보는 색깔의 미묘한 변화를 설명하는 데 도움이 된다. 예를 들어, 가을에는 개별 나뭇잎에서 변화하는 색의 패턴을 인식할 수 있을 것이다. 나뭇잎의 변색 패턴은 주맥 패턴과 밀접하게 관련되어 있는 경우가 종종 있다. 하나의 나뭇잎 속에 노란색이나 주황색이 무작위로 나타나는 것이 아니라, 주맥에서 등거리로 배열되어 있음을 확인할 수 있다. 이제 우리는 색깔을 설명해 주는 지도를 갖게 되었다.

잎맥은 독특하며 각 나무의 특징적인 부분 가운데 하나이다. 그리고 많은 시각적인 특징들처럼, 우리는 그 특징들을 묘사하기 전에 어떤 패턴들을 먼저 인식하게 된다. 이제 나는 다른 단서 없이도 잎맥의 패턴만으로 많은 나뭇잎을 식별할 수 있다. 층층나무가 좋은 예이다. 마모로 인해 잎의 모양과 색이 아무런 단서가 되지 않음에도 불구하고, 잎맥에 드러난 독특한 '평행 곡선' 특성 덕분에 땅에 떨어진, 오래되고 찢어지거나 부서진 잎을 보고도 단번에 층층나무라는 것을 알았던 적이 있다. 여러분에게도 잎맥의 특징을 곧바로 알아볼 수 있는 순간이 올 것이다. 그리고 이상한 일이긴 하지만 머지않아 여러분은 자신의 손금보다 이런 패턴을 더 잘 알게 될 것이다.

가장 선명하고 뚜렷한 패턴은 쉽게 이해할 수 있지만, 그 과정에서 몇 가지 기묘한 특징들도 만나게 된다. 예를 들어, 호두나무 잎의 경우 주맥에서 가장자리를 향해 힘차게 돌진하다가 마지막 순간에 포기하고 끝에서 맥이 휘어진다.

수천 개의 참나무와 단풍나무의 잎을 봐왔음에도 불구하고 나무들 간에 존재하는 단순하고 명백한 잎맥의 패턴 차이를 눈치채지 못했다는 사실이 이상할 정도다. 이제 그 차이는 해 질 녘에 번개가 번쩍거리는 것처럼 빛난다. 속도를 늦추고 바라보는 행위를 통해 보이지 않던 것들을 분명하게 볼 수 있게 된다.

흰색 선

침엽수 중에는 잎에 흰색 선이 있는 수종도 있고, 없는 수종도 있다. 미송, 흰 전나무silver fir, 대왕전나무grand fir를 포함한 많은 전나무 종의 경우 잎 밑면에 두 개의 평행한 흰색 선이 있지만, 대부분의 가문비나무에는 그런 흰색 선이 없다. 흰색 선이 있는 이유는 무엇일까? 기공 조선stomatal bloom이라는 현상 때문이다.[77]

기공stoma은 모든 잎이 가스를 교환할 때 사용하는 작은 구멍을 말한다. 기공은 꼭 필요하지만, 약점이 되기도 한다. 잎은 광합성을 위해 기체를 교환해야 하기 때문에 모든 기공이 밀폐될 수는 없지만, 수분이 빠져나갈 기회를 제공하므로 나무가 가장 주의 깊게 보호해야 하는 자원 중 하나이다. 열과 수분 손실이 덜하고 광합성에 중요하지 않은 잎의 밑면에 기공이 더 많은 것은 당연하다.

기공은 돋보기를 이용하면 쉽게 관찰할 수 있지만, 너무 작아서 육안으로 보기에는 어려움이 있다. 일부 수종은 작은 기공 주위에 흰색 왁스로 만들어진 보호 코팅이 존재한다. 이것을 기공 조선이라고 하며, 전나무의 잎 밑면에도 흰색 선 형태의 기공 조선이 있다.

흰색 기공 조선이 무엇인지 아는 것만으로도 만족스럽지만, 이 작은 미스터리는 깊이 파고들수록 더 흥미로워진다. 몇몇 수종의 경우, 잎의 윗면에서 흰색 선을 볼 수 있는데, 그 이유는 무엇일까? 그 답은 이 장의 앞부분에서 살펴본 푸른 나무 나침반과 관련이 있다. 잎의 윗면에 기공 조선이 있는 나무는 태양의 복사열에 의해 잎이 건조해지거나 손상되지 않도록 기공을 보호한다. 이는 직사광선에서 잘 자라는 나무에서 더 흔하게 나타난다. 그늘에 잘 견디는 나무는 광합성을 위해 잎의 윗면을 사용해야 하므로 그늘잎의 윗면에는 기공 조선이 존재하지 않는다.

개방된 곳이나 주요 수목 한계선 위쪽에서 자라면서도 고립되어 있는 침엽수 잎의 윗면에서 흰색 기공 조선을 발견할 가능성이 높다. 햇빛을 필요로 하는 수종들이 가장 잘 자라는 곳이기 때문이다. 자연항법 측면에서 보면 숲의 가장자리에 있는 잎의 윗면에 흰색 기공 조선이 있다는 사실은 우리가 그 숲의 남쪽에 있음을 알려주는 하나의 단서가 된다.

지금쯤이면 여러분도 더 폭넓은 패턴을 발견했을 수도 있다. 만약 우리가 나뭇잎에서 흥미로운 색깔을 관찰하게 된다면, 항상 그에 대한 합당한 이유가 있을 것이다. 그리고 만약 그 색깔이 은색, 파란색 또는 흰색이라면, 그것은 태양이 원인이라는 단서가 될 것이다. 그리고 우리가 보는 것에 태양이 영향을 미칠 때마다, 우리는 그 속에서 나침반을 찾을 수 있다.

나는 당신의 고통을 느낀다

어떤 나뭇잎이 정상적이지 않다고 느껴진다면, 그 나무에 "나는 당신의 고통을 느낀다"라고 말하는 것이 타당하다. 나뭇잎이 예상보다 두껍거나 질기거나 끈적거리거나 털이 많거나 날카롭게 느껴진다면, 그 나뭇잎이 삶의 난관을 극복하기 위해 노력한 것이 분명하다. 유일한 질문은 '무엇 때문이었을까?'이다.

만약 잎이 거칠게 느껴진다면, 덥거나 추운 혹독한 날씨를 견뎌내야 한다는 신호이다. 월계수와 유카리 그리고 올리브나무와 털가시나무는 모두 자생지에서 덥고 건조한 계절을 견디며 잎이 거칠고 가죽 같은 느낌을 준다. 추운 겨울에는 큰 잎이 부담스럽기 때문에 상록 활엽수가 많지 않지만, 호랑가시나무처럼 겨우내 큰 잎을 유지하는 나무는 모두 거친 잎을 가지고 있다. 호랑가시나무의 잎은 일 년 내내 유지되며, 유난히 두껍고 다른 대부분의 잎과는 다른 느낌을 준다. 가시 때문에 호랑가시나무의 잎을 만져보려는 사람은 그리 많지 않은데, 이는 또 다른 도전의 신호이다.

잎에 잎바늘이 자라는 나무는 방목하는 동물로부터 자신을 방어한다. 이는 호랑가시나무를 포함한 많은 수종에서 나타나는 일종의 역동적인 반응이며, 잎에 가시가 많을수록 동물의 침입을 막기 위해 더 열심히 노력하고 있음을 의미한다. 이 때문에 호랑가시나무의 경우 아래쪽의 잎이 위쪽의 잎보다 가시가 더 많다. 정원사의 예초기 칼날이 지나간 호랑가시나무 울타리에 가시가 매우 많은 것도 같은 이유 때문이다.

가시는 잎바늘과는 다르다. 나무 가시는 가지에 형성되며, 둘 다 동물에 대한 방어 역할을 한다. 가시나 잎바늘이 있는 나무를 발견하면 잠시 멈춰서 동물의 흔적이 있는지 살펴보는 것도 좋은 방법이다. 대부분의 가시나무는 주요 캐노피 나무보다 훨씬 짧기 때문에 지상 100피트(30미터) 높이에서 풀을 뜯는 사슴을 방어할 필요도 없다. 작은 새를 포함한 일부 동물은 가시와 잎바늘이 있으면, 빠른 포식자가 나무를 드나들지 못하도록 방어막 역할을 한다는 사실을 알아냈다. 가시나무는 좋은 피난처이자 집이 된다. 일 년 중 특정 시기에 특히 눈에 띈다. 겨울이나 봄에 가시와 가시 사이를 날아다니는 송새 한 마리일지라도 작은 동물의 활동 흔적을 발견하지 못한 채 호랑가시나무나 산사나무 또는 검은 산사나무blackthorn 덤불을 지나치는 경우는 드물다. 나중에 새들은 나무의 열매를 먹고 씨앗을 퍼뜨리는 것으로 보답한다. 나는 다음과 같이 생각하고 싶다. '가시와 잎바늘은 동물을 가리키는 손가락이다.'

우리가 흔히 볼 수 있는 서양쐐기풀stinging nettle의 산성 털처럼 일부 하등 식물은 방어용 화학 물질을 보관하기 위해 개별 털을 사용한다. 그러나 일반적으로 나뭇잎에 붙어 있는 털은 우호적이며, 유난히 부드러운 느낌의 잎은 솜털로 이루어진 솜털층을 가지고 있다. 이 작은 털은 잎 옆에 얇은 공기층을 가두어 수분 증발로 잎이 마르는 것을 막아준다.[78] 공기 경계층은 서리를 막아주기도 하며, 일부 잎의 경우 털은 벌레의 공격으로부터 잎을 보호하기도 한다. 털은 늘 해야 할 일이 있다. 우리 동네 숲에 있는 너도밤나무를 포함한 많은 수종에서 이 솜털층은 잎이 어릴 때는 뚜렷하게 나타나지만 성장하면서 사라진다.

윤기가 흐르고 왁스처럼 느껴지는 큰 잎은 자외선 차단제와 비옷을 동시에 입고 있는 것이나 마찬가지다. 수분을 차단하는 왁스층은 강한 햇빛과 폭우로부터 잎을 보호하며, 열대 우림에서 매우 흔하게 볼 수 있다. 왁스층을 가진 잎은 끝이 뚜렷한 경우가 많으며, 표면은 빗물이 잎끝으로 이동해서 최대한 빨리 밑으로 떨어지게 만든다. 일반적으로 잎끝이 뾰족할수록 그 지역에 더 많은 비가 내린다고 볼 수 있다.

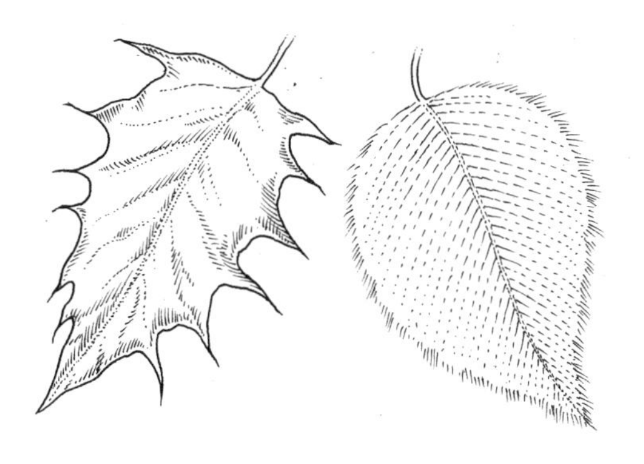

잎바늘이 많은 호랑가시나무 잎과 너도밤나무 잎

이러한 차이를 보고 느끼다 보면 많은 나뭇잎의 윗면과 아랫면이 모양뿐만 아니라 촉감도 많이 다르다는 것을 알 수 있다. 윗면은 유해한 광선으로부터 더 많은 보호가 필요하기 때문에 왁스가 더 많지만, 아랫면은 건조되는 것을 막아야 하기 때문에 털이 많은 경우가 종종 있다. 미세한 털로 이루어진 솜털 뭉치는 흰 포플러 잎의 밑면을 매우 밝게 만든다.

나뭇잎을 느끼기 위한 마지막 팁은 발도 함께 사용하는 것이다. 맨발로 걷는 것 자체만으로도 즐겁긴 하지만, 그렇다고 맨발로 걸으라는 것은 아니다. 도시나 시골에서 나뭇잎에 발이 미끄러지는 느낌이 들 때 주변에 양버즘나무를 찾아보면 보통 그곳에 있다. 양버즘나무 잎은 썩으면 미끄럽고 끈적끈적하게 변한다. 숲에서 갑자기 땅속에서 깊은 샘물이 솟아나는 것을 발견하면, 바늘잎을 가진 잎갈나무를 올려다보게 된다. 좋은 날씨에 바람도 없는 날, 나뭇가지 위를 살피다가 발밑에 솔방울 같은 것이 느껴질 수 있다. 가문비나무의 솔방울은 밟아도 물렁해서 소리가 나지 않고, 소나무의 솔방울은 훨씬 더 바삭바삭한 소리를 낸다.

잎줄기

길거리 음식 노점상 앞을 지나가다가 유혹을 뿌리칠 수 있을 것 같았지만 바람결에 냄새를 맡고 주저앉은 적이 있는가? 나는 그런 경험은 없지만, 프랑스 남부 브르타뉴Bretagne 지방의 크레이프 가게 주변에서는 그 효과가 매우 강력하다고 한다.

과실수는 관심을 끌기 위해 치열한 경쟁을 벌인다. 수분pollination을 위해 곤충을 유인해야 하지만, 곤충을 통해 수분하는 식물과 경쟁해야 하고 시간도 촉박하다. 꽃은 매력적인 표지판 역할을 하지만, 항상 거래를 성사시키지는 못한다. 그렇기 때문에 많은 과실수와 일부 견과류 나무에는 잎 밑에 곤충이 거부할 수 없는, 달콤하면서도 에너지가 풍부한 꿀을 분비하는 '꿀샘nectary'이 있다.[79]

나는 체리와 자두 그리고 아몬드와 복숭아 나뭇잎의 밑동에 튀어나온 돌기를 만지는 것을 좋아한다. 돌기를 만지면 나무에 핀 꽃을 지나쳐 날아가려던 꿀벌들이 크레이프 가게, 즉 꿀을 향해 방향을 바꾸면서 의지력이 무너지는 모습이 떠오른다.

나뭇잎의 밑동을 만져보면 잎줄기마다 고유한 특징이 있다는 사실을 알 수 있다. 특히 어린잎은 붉은색을 띠는 등 색깔이 다양하고 모양도 상상 이상으로 다양하다. 대부분 잎줄기는 단면이 대략 둥근 편이지만, 그렇지 않은 경우에는 한번 생각해 보고 살펴볼 가치가 있다. 둥글지 않고 납작한 잎줄기는 잎의 유연성을 높이기 위해 진화한 것이다.

모든 나뭇잎은 산들바람을 따라 움직이지만, 그 유연성은 나무 종류에 따라 매우 다양하다. 밝고 탁 트인 곳에서 자라는 나뭇잎은 바람에 흔들린다. 자작나무와 같은 대부분의 개척자 나무의 잎은 빠르게 펄럭이지만, 월계수처럼 그늘에 잘 견디는 나무의 잎은 안정적으로 흔들린다. 침엽수에서도 이러한 효과를 발견할 수 있다. 소나무와 잎갈나무는 햇빛을 좋아하고, 바늘잎이 바람에 약간 흩날린다. 주목과 솔송나무는 짙은 그늘에서도 잘 버티며, 강풍이 불 때만 잎이 흔들린다.

빛을 좋아하는 포플러과 식물은 잎이 많이 움직이는데, 그중 사시나무aspen의 경우 그 효과가 매우 두드러져 나무를 정의하는 데 사용된다. 자연에 대해 글을 쓰는 작가들은 디지털 칠판에 '떨고 있는 사시나무', '전율하는 사시나무', '펄럭이는 사시나무'라는 표현을 백 번 써야 하는 강좌에 등록한다. 그런 다음 로제 동의어 사전Roget's Thesaurus이 있는 방에 갇혀서 이러한 진부한 표현을 피하는 방법을 찾아낼 때까지 풀려나지 않을 것이고, 불안하고 초조하며 신경증적인 사시나무에 대한 글을 쓰지만, 이미 알려진 것 이외에 아무것도 진전시키지 못한다. 잠시 주제에서 벗어났다. 가장 약한 산들바람에도 잎이 나풀거리는 나무들은 모든 잎이 바람을 견디면서 빛을 공유할 방법을 찾아냈다. 그래서 그 나무들은 평평한 줄기를 가지고 있다.

건축업자들이 철제 대들보를 많이 사용하지만, 단면이 둥글거나 단단한 경우는 드물다는 사실을 알고 있는가? H, I, L, T, U 모양의 철제 대들보는 있지만 둥근 모양은 없다. 그 이유는 둥근 대들보가 약해서가 아니라 강도에 비해 너무 무겁기 때문이다.

기술자들은 어떤 형상은 무겁지 않으면서도 필요한 모든 강도를 가지고 있다는 사실을 알고 있다. 무엇을 만들든 모든 방향에 힘이 필요한 것은 아니다. 무게는 항상 신뢰할 수 있는 하강의 힘을 의미한다. 따라서 기술자들은 갑자기 중력의 방향이 반대로 바뀌면 교량과 같은 구조물이 어떻게 될지 걱정하지 않는다. 모든 대들보의 모양은 문제가 되지 않을 힘이 아니라 처리해야 할 힘에 맞게 선택하는 것이다. 자연 역시 이와 같은 원리를 좀 더 일찍, 사실상 수억 년 전에 발견했다.

가끔 알파벳 U자 모양의 잎줄기를 발견할 수 있다. 이는 해당 식물이 둥근 줄기의 무게를 모두 지탱하지 않고 무거운 것을 들고 싶어 한다는 신호이다. 이러한 효과는 수많은 식물과 나무에서 정도에 따라 다양하게 관찰할 수 있지만, 잎이 클수록 이를 더 잘 관찰할 수 있다. 야자수에서 떨어진 잎을 본 적이 있다면, 잎줄기에 독특한 U자 또는 V자 모양이 있는 것을 보았을 것이다. 야자수 잎이 땅에 떨어진 이유는 모양상 저항하기 힘든 방향에서 불어오는 돌풍과 같은 비정상적인 힘을 경험했기 때문이다. 대황을 포함한 작은 식물에서도 이런 효과를 관찰할 수 있다.

이동 중

잎은 햇빛을 받을 수 있는 방향으로 향하는데, 이는 활엽수뿐만 아니라 침엽수도 마찬가지이다. 가능한 한 빨리 날씨가 좋은 날 해가 뜨기 전, 바람에 영향을 받지 않는 식물을 골라 그 잎을 관찰해 보자. 잎이 어디를 향하고 있는지 살펴보고, 그 선상에 있는 것을 골라보자.

이제 해가 지기 전에 같은 실험을 다시 해보면 그 차이를 발견할 수 있을 것이다. 잎을 딸 때도 기술적인 요소가 필요하다. 낮 동안 유연한 나뭇잎이 필요하다. 당연하다. 바람이 조금만 불어도 뒤틀리는 나뭇잎은 쓸모가 없다. 나는 같은 식물에서 잎을 몇 개 따서 그 잎들이 향하는 평균적인 방향을 계산하는 편이다. 넓은 잎을 가진 지상 식물부터 시작해서 활엽수, 마지막으로 침엽수로 옮겨가는 것을 추천한다.

많은 식물의 잎은 덥거나 춥거나 하는 온도 변화에 반응한다. 폭염이 지속되면 식물은 잎을 통해 대체할 수 있는 양보다 더 많은 수분을 잃게 되고, 이로 인해 식물 내부의 수압이 내려간다. 잎을 지탱하던 수압이 내려가면 잎이 처지면서 시들게 된다.

진달래rhododendron는 15피트(4.5미터) 이상 자라지 않는 작은 나무로, 나무라기보다는 관목에 가깝다고 생각하는 사람이 많다. 진달래는 영역을 침범하는 습성 때문에 우군도 있지만 적군도 많은데, 일단 한 지역에 자리를 잡으면 단호하게 퍼져나가면서 토착종을 밀어낼 수 있다. 진달래는 다양한 종이 있지만 대부분 산성 토양을 선호한다*.

최근 영국은 기록상 가장 온화한 12월을 보냈다. 하지만 서리가 곧 다시 내릴 것이고, 서리가 내리면 북쪽으로 30분 정도 운전을 해서 블랙 다운Black Down이라는 곳으로 갈 것이다. 잉글랜드 남동부에 위치한 웨스트서식스주에서 가장 높은 곳으로, 눈이 내린 후 탐험하기에 좋은 곳이다. 블랙 다운은 거대하지는 않다. 높이가 1000피트(300미터)가 채 되지 않지만, 내가 사는 지역의 적설량에 비하면 큰 차이가 나는 것은 사실이다. 나는 내륙으로 향하고 있기 때문에 그 효과는 더 커진다. 해안에서 멀어지면 눈이 더 깊어지기 때문이다.

블랙 다운은 북쪽과 남쪽에 있는 암석보다 비바람에 더 잘 견디는 산성 사암석으로 이루어진 그린샌드 리지Greensand Ridge라는 지질적 특징을 가진 지형에 자리하고 있다. 랜드로버에서 내리기도 전에 이미 토양 속의 산성 성분이 주변의 모든 동식물을 어떻게 변화시켰는지 느낄 수 있었다. 침엽수가 많고, 가시금작화gorse와 헤더heather(낮은 산이나 황야 지대에

---

* 어원상으로는 장미 나무(rose tree)를 말한다. 로도(rhodo)는 장미를 의미하고 덴드론(dendron)은 나무를 의미한다. 웨스트서식스주의 한 식물협회는 뉴스레터에서 진달래를 "야수 같은(beastly)"이라고 기술한 바 있다.

자라는 야생화로 보라색, 분홍색, 흰색의 꽃이 핀다—옮긴이)가 잘 자란다.

주차를 하고 정상을 향해 오르막길을 걷다가 깊은 눈 위로 발을 들어 올리며 주변을 둘러본다. 진달래 잎이 땅을 향해 있고 "이곳은 추워요"라고 말하며 나를 반긴다. 진달래 잎은 추운 날씨에 돌돌 말리거나 처져서 땅을 향하는 습성으로 유명하다.[80]

침엽수 그물

침엽수 잎이 흩어져 있는 것을 발견하면 그 안에 무엇이 있는지 한번 살펴보자. 침엽수의 잎은 그물망 역할을 하며 많은 관심 있는 것들을 잡아낸다. 해당 계절과 최근 날씨에 따라 낙엽과 깃털, 배설물, 먼지, 곤충, 거미줄 그리고 꽃가루 등 많은 것들을 발견할 수 있다. 암녹색 침대에 누워 있는 깃털을 보고 새 둥지를 찾아봐야겠다고 생각한 적이 한두 번이 아니었다.

그물 속을 들여다보는 행동은 곧 다른 것들을 발견할 수 있기 때문에 발전시켜야 할 교활한 습관이다. 각 나무의 모양이 지형에 따라 어떻게 달라지는지 알아차릴 수밖에 없다. 예를 들어, 개방된 땅의 소나무보다 숲속의 주목 잎을 내려다보기가 훨씬 쉬운데, 이는 우리가 알다시피 우리가 만나는 나무의 모양은 풍경을 반영하기 때문이다. 소나무는 햇빛이 잘 드는 곳을 좋아하고 하부의 밑가지가 거의 없지만, 주목은 그늘에서 잘 자라고 밑가지도 많다.

10

껍질 신호

빈센트 반 고흐의 그림 중 일부는 갤러리에서 볼 수 있을 만큼 운이 좋았지만, 가까이서 본 적이 없어 꼭 보고 싶은 작품이 있다. 바로 《거대한 버즘나무Large Plane Trees》이다. 나무에 대해 특별히 관심이 없는 사람에게도 멋지게 보이는 그림이기도 할뿐더러 나무껍질에 대해 생각할 때 특히 흥미로운 부분이 있다.

사실 하나의 그림이 아니라 두 개의 그림이다. 반 고흐는 1889년 이 장면을 처음 그린 후 "거대한 버즘나무"라고 불렀지만, 이후 《생 레미의 도로 정비공The Road Menders at St Rémy》이라는 유사한 그림을 그렸다. 윤곽선은 거의 동일하다. 같은 나무와 인물 그리고 건물이 같은 위치에 등장한다. 그러나 두 번째 그림은 모사본과는 거리가 멀고, 색채에 많은 차이가 있다.

반 고흐는 선명한 색채 사용의 선구자로 유명한데, 두 번째 그림에서 색상을 더욱 강조하고 있다. 하지만 그는 균일하게 색상을 사용하지는 않았다. 등장인물들은 퇴색되어 보이게 했고, 바구니처럼 보이는 것을 들고 있는 여인은 실루엣으로 처리했다. 하지만 나무들은 더욱 선명한 색채로 가득 차 있다. 두 번째 그림에서는 가을 단풍잎을 대담한 황금빛 노란색으로 표현했지만, 내가 볼 때는 나무껍질이 더 눈에 띈다. 마치 나무껍질이 튀어나온 것처럼 보인다.

버즘나무는 독특한 껍질을 가지고 있기 때문에 혹자는 "군용 위장military camouflage"이라고 묘사했고, 또 다른 이는 "거꾸로 선 표범reversed leopard"이라고 표현하기도 했다.[81] 반 고흐는 색채에 관해서는 비정상적일 만큼 예민했지만, 그런 그조차도 버즘나무의 껍질이 제공하는 멋을 간과한 적이 있다. 나무껍질에 주목하기는 쉽지 않은 일이지만, 우리는 지금 의미를 찾고 있기 때문에 다른 사람들에 비하면 더 유리한 상황에 있다. 두 나무의 껍질은 결코 동일할 수 없다.

얇거나, 두껍거나, 거칠거나 혹은 매끈하거나

갈색, 회색, 올리브색, 녹슨 색, 빨간색, 흰색, 은색, 검은색, 매끄러운, 얇고 건조한, 거친, 줄무늬 같은, 끈적끈적한, 주름진, 나선형의, 벗겨진, 출혈이 있는 것 같은…… 나무껍질의 색상과 질감은 매우 다양하다. 어디서부터 시작해야 할까? 가장 큰 차이점과 가장 강렬한 신호부터 시작해 보자.

물론, 계통 사이의 대조가 가장 크다. 너도밤나무의 부드럽고 얇은 껍질을 본 다음 성숙한 자작나무의 거칠고 울퉁불퉁한 껍질과 비교해 보자. 두 나무 모두 햇빛을 향해 일부의 잎들을 들어 올리는 동일한 목표를 가지고 있는데, 왜 껍질은 그렇게 차이가 날까? 이는 틈새 분화niche specialization와 관련 있다. 너도밤나무는 수백 그루의 다른 너도밤나무와 함께 울창한 숲속, 그늘이 잘 보호되는 곳에서 자리 잡기를 원한다. 반면 자작나무는 홀로 설 준비가 되어 있어야 한다. 비바람뿐만 아니라 동물과 싸울 준비도 되어 있어야 한다. 그늘에 적응하도록 진화한 나무는 껍질이 얇고, 일부 과실수처럼 독립적으로 자라거나 작은 그룹으로 자라는 개척자 나무의 껍질은 두꺼운 편이다. 우리 집 오두막에서 야생 벚나무를 볼 수 있는데, 그 단단한 나무껍질에 감탄한다. 숲의 가장자리에 서 있는 야생 벚나무의 거친 껍질은 일 년 내내 태양과 바람, 비, 우박 그리고 눈으로부터 자신을 보호하는 갑옷과도 같다(여기에 서로 겹치는 단서가 하나 있다. 매끄러운 껍질은 나무가 천천히 자랐다는 신호이다. 줄기의 둘레가 부풀어 오르면서 껍질의 틈새를 메우는 데 시간이 걸리기 때문이다. 반면, 거친 나무껍질은 나무가 빠르게 성장하여 자신의 피부를 뚫고 나왔다는 신호이다. 우리가 앞서 살펴보았듯이 너도밤나무와 같은 거북이 나무들처럼 그늘에 적응한 나무들만이 천천히 자랄 수 있다).

나무껍질의 두께를 보기만 해서 어떻게 알 수 있을까? 균열이나 큰 상처가 있으면 쉽게 알 수 있긴 하지만, 건강한 줄기의 껍질만 보고도 두께를 측정할 수 있는 방법이 있다. 좋은 지표 중 하나가 질감이다. 거친 껍질은 두껍다는 의미이며, 매끄러운 껍질은 일반적으로 매우 얇다는 것을 의미한다.[82] 절대적인 방법은 아니긴 하지만 대부분은 효과가 있다.

숲이 아닌 개방된 곳을 걸을 때는 거친 나무껍질을 볼 가능성이 매우 높다. 내가 사는 지역에서는 숲속인 경우에는 너도밤나무, 서어나무hornbeam, 호랑가시나무와 같이 매끈한 껍질을 가진 나무들을 볼 수 있고, 그 외의 곳에서는 버드나무와 포플러, 산사나무, 야생 자두나무, 자작나무, 잎갈나무, 딱총나무처럼 매끈하지 않고 거친 질감의 껍질을 가진 나무들을 볼 수 있다. 모든 규칙에는 예외가 있다. 주목은 그늘에서 잘 자라며, 할아버지의 이마도 매끄럽게 보이게 만드는 나무껍질을 가지고 있다. 그 이유는 아마도 이웃 나무들보다 수백 년 더 오래 살기 때문일 것이다.

침엽수에도 같은 규칙이 적용되지만, 나무껍질이 약간 거칠어지는 경향이 있기 때문에 상대적이다. 소나무는 햇빛을 좋아하고 나무껍질이 매우 거친 반면, 숲속으로 더 들어가면 나무껍질이 덜 거친 가문비나무를 볼 수 있다.

일부 나무는 나무껍질이 매우 얇은데, 이는 나무에 도달하는 빛을 조금이라도 더 흡수할 수 있기 때문이다.[83] 나무의 얇은 껍질, 특히 어린나무의 껍질에 긁힌 자국이 있는 곳이 녹색이라면 껍질이 잎을 돕기 위해 노력하고 있음을 의미한다. 이런 현상은 어린 물푸레나무에서 흔히 볼 수 있다.[84] 나는 이 시나리오를 팀워크에 대한 진화의 시험이라고 생각하고 싶다. 여러분도 두 팀이 무언가를 얻기 위해 경쟁할 때 서로 다투는 팀은 실패하고, 협력하는 팀은 승리하는 시나리오를 알고 있을 것이다. 수백만 년 전에 두 종류의 나무가 그늘진 풍경 속에서 생존을 위해 경쟁하며 고군분투하고 있다고 상상해 보자. 두 어린나무의 잎이 나무껍질을 향해 "친구야, 우리 좀 도와서 광합성 좀 해줄래? 단 몇 계절 동안만이야. 우리의 키가 더 자라면 너는 줄기와 가지를 보호하는 본연의 임무로 돌아갈 수 있을 거야"라고 말한다.

나무껍질에 "내가 할 수 없는 일이야"라고 말하는 유전자가 있다면, 이런 나무 종은 멸종하고 말 것이다. 반면, "문제없어. 몇 년 동안 갑옷을 벗고, 햇볕을 쬐며, 비바람, 생물들과 함께 기회를 잡아보자. 굶어 죽는다면 줄기를 보호할 필요도 없으니까"라고 말하는 유전자가 있다면, 이 종은 오늘날까지도 그늘진 곳에서 볼 수 있을 것이다.

한편 일부 수종의 경우, 숲에 불이 날 경우를 대비하기 위해 매우 두꺼운 껍질을 생장시키기도 한다. 자연에서 발생하는 최악의 재난에도 생존할 수 있도록 진화해 온 코르크참나무cork oak와 같은 나무들은 적절한 보호가 필요하다. 그러나 사례는 다양하지만 전달하고자 하는 메시지는 동일하다. 나무껍질이 더 두껍다는 것은 햇빛이나 바람 또는 화재로부터 더 나은 보호막을 찾고 있음을 의미한다.

직무에 적합한 복장

나무껍질에는 수백 가지의 색조와 색상이 있지만, 대부분 회색, 녹색 또는 검은색이 살짝 가미된 갈색인 경우가 대부분이다. 모든 색조에 집중할 필요는 없다. 우리는 이상치에 대해 의문을 제기하는 것만으로 족하다. 나무껍질이 독특한 색상이거나, 전형적인 패턴을 벗어나는 경우, 잠시 멈춰 서서 '이런 반항은 무슨 문제를 해결하기 위한 것인가?'라고 역사학자들이나 물을 법한 질문 하나를 해볼 만한 가치가 있다.

백자작나무 껍질은 밝은 흰색으로, 빛을 잘 반사하고 태양의 복사열로부터 나무를 보호한다. 흰색 껍질은 개척자 나무들이 직면한 문제를 해결할 수 있는 좋은 방법이다.

반 고흐는 두 번째 버전의 그림에서 버즘나무 나무껍질에서 얼룩덜룩한 모자이크 효과를 포착했다. 버즘나무는 대규모로 껍질을 벗겨내는 습성이 있어 다른 수종보다 오염에 대한 내성이 강하며, 이로 인해 전 세계 어느 도시에서든 쉽게 버즘나무를 볼 수 있다. 진화론적으로 볼 때, 오염은 최근에 발생한 문제일 수 있고, 우리의 먼 조상들이 피웠던 불에도 가장 먼저 살아남은 것이 버즘나무일 수도 있다.

붉은색 또는 보라색 껍질, 특히 빛이 난다면 새롭게 생장하고 있다는 신호이며, 이는 시간의 문제로 이어진다.[85]

껍질의 시간

키가 큰 오래된 나무와 키가 작은 어린나무를 찾아보자. 이제 두 나무의 껍질을 비교해 보자. 예상한 대로 상당한 차이가 있을 것이다. 이제 각 나무에서 높이에 따라 나무껍질을 비교해 보자. 발밑의 나무껍질과 머리 높이의 나무껍질을 살펴보자. 생각보다 큰 차이가 있을 것이다.

나무가 자라면서 껍질도 변한다. 우리는 나무의 가장 아래쪽이 가장 오래되었으며, 밑동 근처의 나무껍질이 더 오래되어 보인다는 것을 알고 있다. 일부 나무는 우아하게 늙어가는 껍질을 가지고 있다. 100년 된 너도밤나무의 껍질은 그 4분의 1 나이의 너도밤나무 껍질과 비슷해 보인다. 그러나 대부분 나무는 자신의 특성을 과장하는 껍질을 가지고 있다. 어린나무의 껍질에 거친 부분이 있다면 시간이 지남에 따라 더 거칠어지게 될 것이고, 갈라진 틈이 있다면 더 깊어질 것이다.

피부를 잃고 재생시키는 일은 많은 동식물이 직면한 문제이다. 여러분의 피부도 재생이 필요하지만, 피부 없이는 살 수 없다. 그럼 어떻게 해야 하나? 여러분이 뱀처럼 정기적으로 얇은 겉껍질을 벗겨낼 수 있는 이유는 그 밑에 더 많은 층이 있다는 사실을 알기 때문이다. 아니면 많은 나무가 하는 것처럼 한꺼번에 벗겨낼 수도 있다.

나무들이 사용하는 한 가지 방법은 안쪽 부분이 생장하고 팽창하는 동안에 일부 바깥쪽 일부를 유지하는 것으로, 우리가 볼 수 있는 혼합된 패턴으로 이어진다. 나무껍질에 십자무늬가 보이면, 오목한 골짜기로 둘러싸인 일련의 융기된 다이아몬드 모양 또는 그 사이에 융기된 부분이 있는 낮은 다이아몬드 모양으로 형성되어 있음을 알 수 있다. 어느 경우든 아래쪽 영역은 내층이 오래된 외층을 밀어내며 형성한 틈을 의미한다. 수종마다 새로운 층이 형성될 때, 고유한 특징을 가지고 있다. 노르웨이 가문비나무 껍질은 마른 진흙처럼 보인다. 소나무 껍질은 크고 두꺼운 판 형태이며, 서어나무 껍질은 너무 작은 옷에서 터져 나온 듯한 형태이다.

모든 나무는 나이가 들면 나무껍질이 벗겨지고 교체되며, 아래쪽보다 위쪽이 더 많이 벗겨지는 것이 일반적이다. 따라서 대부분 나무의 밑동에 나무마다 고유한 특징을 가지고 있다. 성숙한 유럽 소나무도 아래쪽보다 위쪽의 껍질이 더 많이 벗겨지므로 윗부분이 주황색으로 보인다. 특히 늦여름에 가장 두드러지게 나타난다. 이 시기에는 껍질이 더 많이 벗겨지고, 한여름보다 태양의 위치가 낮기 때문에 효과가 더욱 두드러진다.

단풍버즘나무는 남쪽 측면에 더 많은 껍질이 없어지기 때문에 나무의 북쪽과 남쪽 면이 상당히 다른 모습을 보인다. 나는 이런 현상을 수백 번도 더 보았다. 도시에서도 활용할 수 있으면서도 가장 재미있는 자연항법 기술 중 하나이다. 과학적인 이유는 아직 명확하지 않지만, 태양이 원인일 가능성이 높다. 그게 아니라면 나무가 안쪽 껍질을 이용해 광합성을 시도하고 있거나 햇볕에 탔거나 아니면 서리가 내리고 얼음이 녹는 주기가 남쪽에서 더 많은 영향을 미치기 때문일 수도 있다. 또는 남쪽의 조류와 이끼가 나무껍질을 막고 있기 때문일 수도 있다.[86] 또는 이 모든 요인이 복합적으로 작용해서 나타난 결과일 수도 있다. 원인이 무엇이든, 이제 도시에 있는 나무의 껍질을 나침반으로 사용하는 방법을 알게 되었으니 주의 깊게 살펴볼 가치가 있다.

큰 변화

매년 여름 숲 바닥에서는 작은 녹색 묘목들이 돋아난다. 내가 사는 지역의 숲에서는 물푸레나무가 가장 흔하다. 손과 발로 동시에 다른 묘목들을 만질 수 있지만, 이상하게 보일까봐 그런 행동을 하지는 않는다.

땅 위로 튀어나온 묘목은 초록색이고 부드러워서 주변의 키가 크고 줄기가 굵은 노목과는 전혀 다르게 보일 것이다. 우리는 시간이 지나면서 나무의 껍질에 상당한 변화가 있을 것이라고 예상한다. 그러나 대부분 사람들은 그런 변화가 점진적인 과정이라고 생각한다. 나무는 일생에 걸친 점진적인 변화들도 겪지만, 껍질처럼 한 번의 큰 변화도 겪는다.

나무는 아주 어릴 때 표피epidermis라고 하는 부드러운 껍질을 가지고 있다. 수종에 따라 다르지만, 어느 시점이 되면 표피는 더 단단하고 두꺼운 주피periderm(표피 아래의 2차 조직으로 코르크 조직이라고도 한다 — 옮긴이)로 대체된다. 주피 내부에는 살아 있는 세포가 있고, 외부에는 죽은 세포가 있는데, 마치 우리 피부와 유사하다. 많은 종에서 나무는 타닌이나 송진 또는 고무즙으로 틈새를 메워 주피의 방어력을 강화시킨다.

이런 큰 변화는 나무껍질에서 쉽게 감지할 수 있다. 거대한 참나무의 바깥쪽 가장자리를 손톱으로 긁어도 상처가 나지 않지만, 우리 키만 한 나무를 손톱으로 긁으면 상처처럼 느껴질 수가 있고 실제로도 상처가 되기도 한다. 성장 초기 단계의 나무는 껍질이 매우 얇을 뿐만 아니라, 나무의 바깥쪽 가장자리 근처의 층에서 중요한 영양분을 운반하기 때문에 더 취약하다. 동물이나 사람이 어린나무 껍질을 제거하면 이 중요한 공급 경로가 차단되어 그 위의 나무가 죽을 수도 있다. 이를 환상 박피girdling라고 한다. 다람쥐나 사슴, 비버 또는 금속 칼날은 표피에 짧은 상처를 낼 수 있다.

2차 피부에 해당하는 주피는 어린 껍질 안쪽에 자란다. 주피는 표피를 대체하지만, 주피가 형성되는 방식에 따라 우리가 관찰할 수 있는 여러 가지 다양성이 존재한다. 나무의 껍질에는 네 가지 유형이 있다. 얇은 껍질, 줄무늬 껍질, 무늬 껍질, 그리고 고르지 못한 껍질이다. 큰 변화가 일어나는 방식이 각각을 설명한다. 가장 간단한 것부터 살펴보자.

얇은 껍질. 감귤류, 호랑가시나무, 유카리 등 일부 나무의 경우, 어린나무 껍질인 표피가 성숙할 때까지 남아 있다. 이런 종류의 나무들은 껍질이 얇고 취약하다. 유카리는 껍질이 벗겨지는 것으로 악명이 높지만, 레몬과 라임 나무의 껍질은 훨씬 더 단단하며, 이런 종류의 나무들은 대부분 껍질이 매끈하다. 어떤 경우이든 껍질이 눈에 띄게 얇다. 일반적으로 다른 나무들의 껍질보다 더 밝은색을 띤다.

줄무늬 껍질. 나무껍질에 세로로 긴 줄이 있는 나무들을 많이 보았을 것이다. 이런 종류의 나무로는 향나무, 연필향나무 및 서양측백나무white cedar와 같은 눈측백속*thujas*(측백나뭇과에 속하는 나무의 총칭이다—옮긴이) 등이 있다. 이런 나무들은 완전한 원을 그리며 반지 모양으로 형성된 주피를 가지고 있다.

무늬 껍질. 이 광범위한 용어는 거친 질감을 가지고 있으면서 어느 정도의 질서도 가지고 있지만 완벽하게 깔끔하지는 않은 나무들의 껍질을 의미한다. 여기에는 소나무와 참나무가 포함된다. 일반적으로 나무껍질이 손바닥보다 작은 크기로 약간 돌출되어 있다. 이러한 나무에서는 주피가 곡선 모양의 덩어리로 형성된다.

고르지 못한 껍질. 버즘나무는 앞서 언급한 무늬 껍질과 같은 방식으로 주피를 형성하지만, 덩어리 또는 판이 너무 커서 독특한 효과를 나타낸다. 이로 인해 위장한 듯한 형태를 가지게 된다.

늦은 변화[87]

사실, 각각의 수종이 이러한 껍질의 변화를 만들어내는 방법에 대한 정확한 메커니즘을 이해하려고 하면 너무나 복잡하고 기술적인 내용이 되어버린다. 그리고 껍질을 읽는 데 별로 도움이 되지도 않는다. 우리가 보는 패턴들은 단순한 이유에 의한 것이고, 우리가 선택만 한다면 언제든지 개별 나무의 주피에 대해 더 깊이 파고들 수 있다는 점만 인식하고 있다면 안심이 될 것이다.

큰 변화와 관련해 한 가지 더 주목할 점은 바로 변화의 시기이다. 대부분 나무는 수령이 10년 정도 될 무렵에 큰 변화를 겪지만, 예외적인 경우도 찾아보면 흥미롭고 가치가 있을 것이다.

나처럼 야생에 대한 지식을 소중히 여기는 수많은 사람이 야생 벚나무에 매료된다. 야생 벚나무의 껍질은 수 세기 동안 전통 의학 분야에서 사용되어 왔으며, 기침, 통풍, 관절염

등 무엇이든 치료할 수 있다고 한다. 벚나무와 자두나무의 껍질은 상처가 나면 두꺼운 고무즙이 나오는데, 이 고무즙은 매우 쫄깃하고 영양가가 높다. 18세기 스웨덴 여행가이자 자연주의자인 프레드리크 하셀크비스트Fredrik Hasselqvist에 따르면, 약간 의심스러운 이야기이긴 하지만, 100명이나 되는 남자들이 벚나무의 고무즙만 먹고 두 달 동안 벌어진 포위 공격에서 살아남았다고 한다.[88]

대부분의 야생 벚나무는 껍질만 봐도 바로 알아볼 수 있다. 야생 벚나무는 짙고 붉으며, 가느다란 가로줄 무늬 모양의 '피목lenticel'을 가지고 있어 가스 교환이 가능하다. 피목을 가지고 있는 나무는 많다. 나무껍질과 과일에서도 흔히 볼 수 있지만, 야생 벚나무의 피목은 뚜렷하고 독특하다. 사과에서 볼 수 있는 작은 갈색 반점이 일종의 피목이다. 자연항법 기술을 기억하는 방법은 다음과 같다. 벚나무 껍질의 수평 피목선을 숲속에 있는 나무들을 고정하는 울타리의 난간이라고 생각하면 된다. 야생 벚나무는 숲의 가장자리에서 발견된다.

하지만 수년 동안 친숙해진 수종임에도 불구하고, 내가 매일 보는 야생 벚나무의 경우, 그 껍질에 대한 비밀을 알고 나서야 더 이상 혼란스럽지 않게 되었다. 일부 껍질에는 익숙한 피목 줄무늬가 있지만, 대부분 껍질에는 줄무늬가 없고 훨씬 더 거칠어 보인다. 나는 이 벚나무에 병이 있는 줄 알았다. 지금은 섞여 있는 질감들이 표피를 대체한 주피 때문이며, 대부분의 다른 종들과 달리 주피가 형성되는 시기가 매우 늦어서 그렇다는 사실을 알고 있지만, 이러한 벚나무의 습성을 발견하지 못했다면 추측하기 매우 어려웠을 것이다.

표피에서 주피로의 변화가 느리게 일어나는 특성을 가진 나무들은 약간 특이한 그룹에 속한다. 이 그룹에는 벚나무, 자작나무, 전나무, 가문비나무, 자두나무, 살구나무, 천도복숭아, 아몬드 등이 있다. 이런 변화가 일어나는 데 50년 또는 그 이상의 시간이 소요될 수 있으므로, 어린나무와 오래된 나무의 껍질은 완전히 다르게 보일 수 있다.

내가 매일 보는 그 벚나무에는 큰 변화를 일으킨 큰 껍질 조각과 원래의 얇은 줄무늬 표피가 남아 있는 껍질 조각이 있다. 10년 후에는 주피가 더 많아지면서 나무 전체가 더 거칠어 보일 것이다.

스트레스 지도

두 가지 물건을 접착제로 붙인 후 얼마 지나지 않아 손에 묻은 마른 접착제가 손가락을 움직일 때마다 쪼글쪼글해지고 갈라지며, 벗겨지는 것을 느낀 적이 있는가? 이때 묘한 만족감이 느껴질 때가 있다. 얇은 층이 다른 물체 위에 고정되어 있을 경우, 위에 있는 얇은 층은 그 밑에서 어떤 움직임이 일어나고 있는지를 알려준다.

나무의 구조에 비정상적인 움직임이나 스트레스가 있다면 껍질에서 그 흔적을 찾을 수 있다. 앞서 〈사라진 가지들〉에서 언급한 클라우스 마테크 교수는 나무껍질을 "나무의 스트레스 위치를 나타내는 래커lacquer"라고 표현하며, 나무껍질의 균열과 패턴을 통해 나무가 관리하려는 더 깊은 곳의 스트레

스를 알 수 있다고 말한다.[89]

수직으로 기울어진 나무를 보게 되면, 잠시 멈춰서 나무껍질을 살펴볼 가치가 있다. 만약 우리가 머리와 어깨를 오른쪽으로 기울이면, 허리 우측면의 피부는 주름이 지고 좌측면의 피부는 늘어난다. 나무도 같은 경험을 한다. 강풍에 의해 줄기가 휘면, 바람이 불어가는 방향 쪽에서는 나무껍질에 주름이 생기고 바람이 불어오는 방향 쪽에서는 껍질이 늘어나거나 갈라진다. 이로 인해 상단에는 껍질 사이에 더 큰 틈이 생기고, 하단에는 주름지고 구겨지는 형태가 나타난다. 이런 효과는 두꺼운 껍질에서 가장 두드러지게 나타나며, 얇은 껍질에서는 늘어나는 현상보다 구겨지는 현상을 더 많이 관찰할 수 있다.[90]

나무는 극적인 일이 일어나지 않을 때도 항상 새로운 스트레스에 적응하고 있다. 조금만 연습하면 껍질의 패턴에 각 나무의 긴장 상태가 어떤 형태로 나타나는지 알 수 있다. 이를 관찰하기 좋은 위치는 큰 밑가지가 줄기와 만나는 교차점인 가지 깃이다.

나무는 가지의 크기에 대해 별다른 계획을 가지고 있지 않다는 점을 기억하자. 모든 가지는 작고 가벼운 상태로 시작해서 그 크기로 떨어지기 때문에 나무는 거대한 가지를 지탱해야 할 필요를 느끼지 않는다. 하지만 만에 하나라도 가지가 성숙할 때까지 살아남아서 길고 거대하게 자라게 되면, 나무가 무게를 감당하지 못해서 처질 수도 있을 것이다. 가지의 각도가 바뀔 수도 있을 것이다. 하지만 그전에 가지 깃 부위의 껍질에 단서들이 존재할 것이다. 하부에서는 뭉침이 발생하고, 상부에서는 껍질에 균열이나 틈이 생길 수 있다. 다시 말하지만, 껍질이 두꺼울수록 효과가 더 두드러지게 나타날 것이다.

줄기와 가지가 만나는 연결부가 부풀어 오르고 그 연결부를 비정상적으로 큰 가지 깃이 둘러싸고 있다면, 나무가 해당 가지를 잘라낼 준비를 하고 있다는 신호일 수 있다.[91] 나무는 가지가 떨어져 나가면 병원균이 침입하는 것을 막기 위해 그 부위를 봉쇄할 준비를 한다. 폭풍우로 인해 부러지는 큰 가지와 나무가 의도적으로 떨어져 나가게 만든 큰 가지 사이에는 큰 차이가 있다. 가지 깃이 두툼해 지면 나무가 의도적으로 떨어져 나가게 하는 것임을 의미한다.

지피융기선

이러한 효과를 찾기 시작하면, 줄기와 가지의 연결부 상단을 가로지르는 흥미로운 선 하나를 발견할 수 있을 것이다. 이 선은 많은 나무의 입장에서 보면 짙은 흉터라고도 말할 수 있는데, 이를 지피융기선branch bark ridge이라고 한다. 내 눈에는 용접 부위처럼 보이기도 하는데, 지피융기선은 심한 장력이 작용하는 곳이며, 나무가 가지를 줄기에 고정하려고 하는 곳이므로 적절한 비유라고 할 수 있다.

가지를 줄기에 연결하고 지탱하기 위해 특별한 종류의 목재를 형성해야 하므로 건강한 나무에는 지피융기선이 존재한다. 나무가 가지를 지탱하는 데 어려움을 겪고 있다면 지피융기선이 더 넓어지거나 균열이 발생할 것이다. 잠시 4장 〈사라진 가지들〉을 소환해 보면, 오래된 나뭇가지가 떨어져 나간 자리에 남아 있는 작은 타원형 패턴에 해당하는 남쪽 눈이 생각 날 것이다. 가끔 사람의 '눈썹'같이 생긴 남쪽 눈도 있다. 이런 눈썹 모양은 지피융기선의 흔적에 해당한다.

지피융기선도 없고, 가지와 줄기가 서로 단단하게 결합되어 있지 않은 듯한 모습이라면, 나무의 심각한 구조적 약점 중 하나인 '껍질 간 접합'(정식 명칭은 수피 매몰bark inclusion이다) 현상을 발견한 것일 수도 있다. 가지의 껍질과 줄기가 서로 맞닿아 있지만 하나로 결합되어 있지 않은 것처럼 보인다. 수평보다 수직에 가까운 가지에서 더 흔하게 나타난다.

엄지손가락을 벌려서 집게손가락과 그 사이의 피부를 보면, 엄지손가락이 손에 붙어 있고 피부가 관절처럼 기능하고 있음을 알 수 있다. 하지만 이제 두 손바닥을 서로 마주 대고 기도 자세를 취한 다음, 두 엄지손가락의 바닥을 서로 밀어 바닥이 단단히 눌러지도록 한다. 여기서 한 엄지손가락은 나무의 줄기에 해당하고, 다른 엄지손가락은 큰 가지에 해당하며, 피부는 껍질에 해당한다. 일시적으로 서로 결합하여 있지만, 접합부를 보면 두 바닥 사이를 가로지르는 어둡고 얇은 균열이 있음을 알 수 있다. 이것을 "껍질 간 접합"이라고 부르며, 얼마나 약한 접합인지도 알 수 있다. 가해진 압력을 풀자마자 엄지손가락은 각각 제 갈 길을 간다.

나무가 가지가 자라고 있음을 감지하지 못한 채 점점 무거워지는데도 가지를 지탱할 수 있을 정도로 접합부에 목재를 제공하지 못할 경우, 나무껍질과 나무껍질 사이에 접합이 형성된다. 왜 이런 일이 발생할까? 일반적인 이유 중 하나가 '버팀'이다.

한 가지가 같은 나무나 다른 나무의 더 높은 곳에 있는 가지에 닿으면 두 번째 가지가 지지대 역할을 할 수 있다. 다른 나무가 그 무게를 지탱하고 있기 때문에 나무는 자신의 가지가 커지거나 무거워지는 것을 감지하지 못한다. 나무가 자신의 가지를 지탱하는 데 필요한 목재를 생장시키지 않아서 껍질 간 접합이 형성되는 것이다.

어떤 이유로든 지주 역할을 하는 두 번째 가지가 부러지면, 접합부가 하중을 견딜 만큼 튼튼하지 않기 때문에 실패할 가능성이 높다. 이런 결과가 바로 나타나는 것은 아니다. 모든 구조적 약점들과 마찬가지로 폭풍우와 같이 큰 스트레스를 받는 순간까지 버티다가 부서진다.

이 모든 것이 높이, 규모 그리고 시간과 관련이 있다. 손가락 굵기의 가지가 며칠 동안 다른 나뭇가지 위에 얹혀 있어도 큰 문제가 되지 않는다. 내 주변의 개암나무에서 늘 일어나는 일이기도 하다. 하지만 작은 가지가 큰 가지로 자라고, 버팀목이 더 높은 곳에서 그 가지를 받치고 있다면 수년 동안 별다른 일이 발생하지 않더라도 문제가 발생할 수 있다.

분기가 가진 문제점

나무의 경우 가장 큰 문제점들은 작은 것에서부터 시작된다. 작은 가지의 접합부가 '껍질 간' 약점을 가지고 있는 상태에서 작은 가지가 큰 가지로 생장하면 심각한 문제가 발생한다. 나무의 구조에 심각한 구조적 약점이 있을 경우, 이전으로 되돌릴 방법은 없다. 위험한 고장이 발생할 가능성이 높으며, 이는 단지 시간문제일 뿐이다. 줄기가 분기될 때에도 흔하게 발생하는 문제이다.

건강한 줄기 하나만 있으면 스트레스 문제는 간단하다. 하지만 분기가 만들어지면 우선 중력과 관련된 문제가 발생한다. 두 개의 줄기가 수직을 유지하는 것은 불가능하다. 어린 줄기의 경우 몇 년 동안은 수직으로 함께 자랄 수 있지만 결국에는 둘 중 하나 또는 둘 다 멀어지는 방향으로 자라야 한다. 이와 같은 분리 현상은 분기가 일어나는 지점에 엄청난 스트레스로 이어진다. 나무가 스트레스를 일찍 감지하면 연결 부위에 목재를 형성시킨다. 그리고 줄기가 갈라지는 지점에 약간의 부풀어 오르는 현상이 나타나고, 지피융기선이 만들어진다. 그렇지 않을 경우에는 그보다 훨씬 약한 껍질 간 접합이 형성될 가능성이 높다.

몇 년 동안은 어린줄기가 수직으로 함께 자랄 수 있지만, 결국 두 개의 줄기가 거대해지면서 서로 분리되어 생장하는 시점에 도달하게 될 것이다. 이때 연결부에 가해지는 스트레스를 견뎌낼 수 없게 된다. 큰 나무라 하더라도 절반이 떨어져 나갈 수 있으므로 잠재적으로 치명적인 상황인 셈이다. 따라서 전문가들은 공원이나 기타 공공장소에서 이런 상황이 오랜 시간 동안 지속되도록 내버려두지 않는다.

희소식은 나무를 읽을 줄 아는 사람들은 이런 문제점을 발견할 수 있으며, 나무가 위험해지기 전에, 때로는 수십 년 전에 문제를 예측할 수 있다는 사실이다. 앞으로 다가올 며칠 동안 이런 나무 중 한 그루의 나무를 지나가게 될 것이고, 다가오는 미래에 일어날, 그 나무에 대한 무서운 소리와 큰 재앙을 예측할 수 있을 것이다. 폭풍이 몰아칠 때면 내가 잘 알고 있는 가장 위태로운 분기들이 일부 생각난다. 일 년에 한 번 정도 폭풍이 지나간 후 쓰러진 분기를 발견하곤 한다.

껍질 간 접합은 나뭇가지의 적이지만 더 강한 접합의 건강 상태를 읽는 데도 기술이 필요하다. 두 줄기 사이, 완만하게 구부러진 U자형 접합은 날카로운 V자형 접합보다 더 튼튼하다. 나는 이렇게 생각한다. 만약 여러분이 접합부를 가라테로 관절을 꺾어 여러분의 손을 가둘 수 있다면, 손바닥을 접합부 사이에 내려놓을 때보다 약할 것이다.

나무껍질을 연구해 보면 약한 V자형 접합부에서도 단서들을 찾을 수 있다. 분기에 있는 지피융기선은 가지의 접합부에 생기는 동일한 선을 과장해서 표현한 것처럼 보이며, 메커니즘은 동일하지만 응력이 훨씬 더 크다. 이로 인해 접합부에 있는 껍질 내에 특정 패턴이 생긴다. 융기선을 따라 갈매기 모양이 보인다면 어느 방향을 가리키고 있는지 주목하자. 갈매기 모양은 화살표와 같다. 화살표가 아래쪽을 가리키면 접합부가 약하다는 의미이고, 위쪽을 가리키면 좀 더 강하다는 의미이다. 아래쪽을 가리키는 화살표는 그 부위가 취약하다는 것을 의미한다. 언젠가는 부러져 땅에 떨어질 가능성이 높다. 화살표가 하늘을 가리킨다면 나무는 더 오래 버틸 수 있

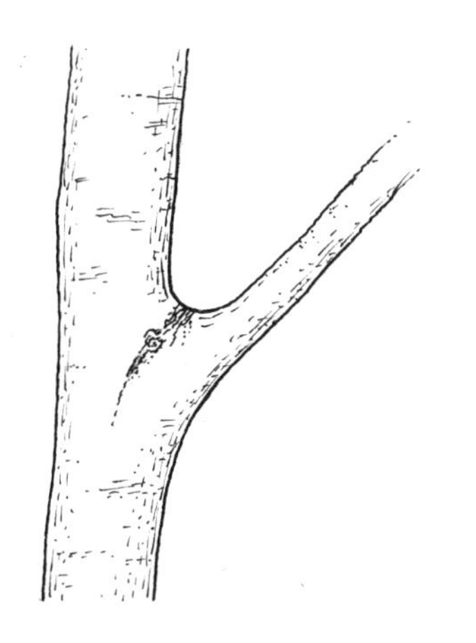

지피융기선

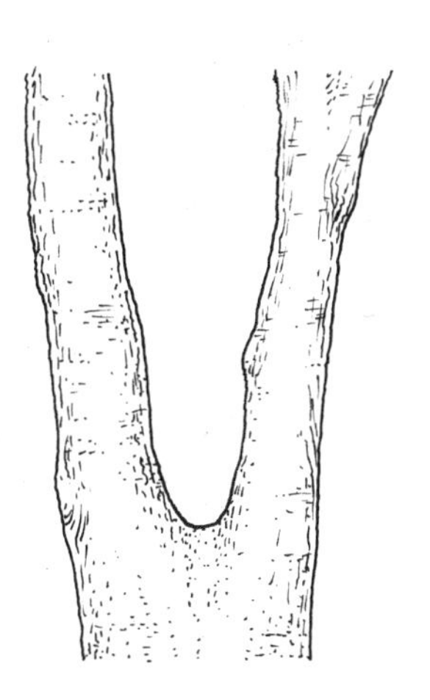

강력한 U자 모양

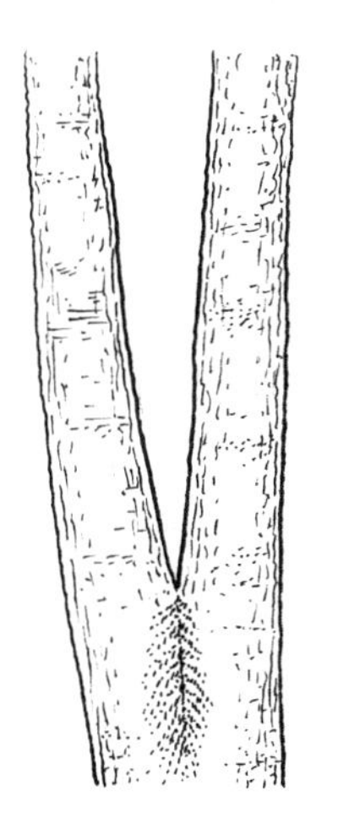

약한 V자 모양

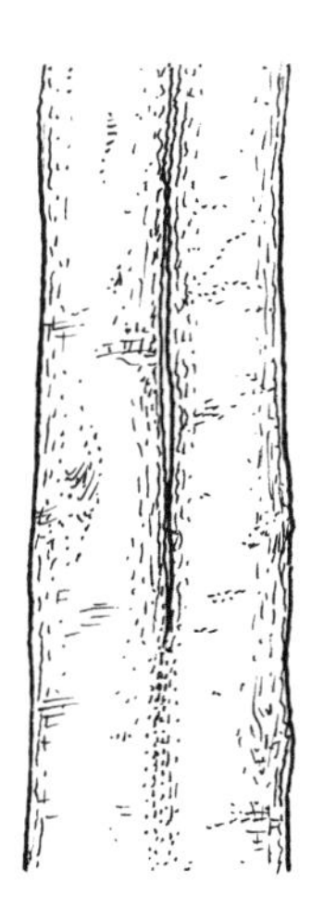

껍질 간 접합[92]

을 것이다. 나는 다음과 같은 방식으로 기억한다. '화살표가 땅을 가리키고 있다면 그 방향이 앞으로 나아가는 방향이다.'

우리는 두 개의 가지가 서로 맞닿는 지점에서 어떻게 융합되는지에 대해 살펴보았다. 예를 들어 줄기의 분기 위에 있는 두 개의 큰 가지에서 이런 현상을 발견한다면, 그 분기를 주의 깊게 살펴보자. 껍질 간 접합을 발견하거나 아니면 나무가 강한 접합을 형성하지 못한 또 다른 단서들을 발견할 수 있을 것이다. 그런 나무는 미래에 실패할 가능성이 높다.

우리는 나무를 여러 각도에서 볼 수 있지만 의외로 그 사실을 쉽게 잊어버린다. 갈라지는 지점을 틈새를 통해 볼 수 있는 위치에서 살펴봤다면, 몸을 돌려 갈라지는 지점의 두 갈래가 보이지 않는 측면에서 바라보자. 그리고 나무의 윤곽을 살펴보자. 접합부가 있는 줄기가 부풀어 있는가? 실제로 부풀어 있을 가능성이 높으며, 그 정도에 따라 나무가 얼마나 많은 응력을 받고 있는지를 알 수 있다. 부풀어 오른 크기가 척도가 되며, 부풀어 오를수록 큰 스트레스를 받고 있다는 뜻이다.

이처럼 껍질에서 발견할 수 있는 신호들을 모두 취합한다면, 이제 우리도 가지나 줄기 접합부의 현재 건강 상태와 미래의 위험을 예측하기 위해 전문가들이 사용하는 많은 도구를 사용할 수 있게 되는 것이다.

상처 입은 나무

나무가 보호막인 껍질이 뚫리는 상처를 입을 때마다 경쟁이 시작된다. 나무가 상처에 석고를 바르고, 산소를 차단할 수 있을 만큼 빠르게 보호막을 형성할 수 있을까? 아니면 침입자가 들어와 내부의 취약한 조직을 먹어 치울까? 곰팡이나 박테리아가 득세하면, 나무가 상처를 덮기 위해 노력하게 된다. 상처의 색이 변하거나, 심지어 상처에서 진물이 흘러나오는 경우도 종종 볼 수 있다. 이런 현상을 감염에 대해 광범위하게 사용되는 용어인 동고병canker이라고 한다.

수종마다 자신들과 연관된 곰팡이, 바이러스 그리고 박테리아 병원체를 가지고 있으며, 대부분 특정한 수종에 특화되어 있다. 사이토스포라cytospora는 다른 대부분의 병원체와 달리 버드나무, 포플러, 소나무, 가문비나무에서 발견된다. 내가 사는 지역의 숲에서는 가문비나무의 경우 상처에서 흘러내리는 하얀 왁스 같은 물질을 자주 볼 수 있다.

식물의 동고병은 감염되면 사람에게서 생기는 상처와 유사하다. 병원체에 노출이 되어 감염되면, 고름이 생기고, 때로는 심한 냄새가 나며, 이 모두가 흉터가 된다. 그다지 유쾌한 비유는 아니지만 기억해 둘만하다.

나무가 상처를 새로운 층으로 덮는 데 성공할 때 나타나는 새로운 생장을 상처목재woundwood라고 한다. 상처의 가장자리에서 딱딱하고 느리게 자라는 나무다. 상처목재는 껍질이나 껍질 안에 있는 층들과는 다르기 때문에 상처를 입은 나무에는 수십 년 동안 지속되는 흉터가 남게 된다.

최근 텍사스행 비행기를 탔다. 돈틀리스 에어Dauntless Air라는 이름의 항공 소방 회사로부터 교육을 해달라는 요청을 받았기 때문이다. 조종사와 승무원으로 구성된 팀은 소형 항공기로 호수에서 물을 퍼 올린 다음 불이 난 곳으로 날아가 불길이 가장 심한 곳에 물을 뿌려서 산불을 진압했다. 대단한 팀이었다. 나는 수석 조종사 중 한 명과 함께 비행 훈련에 참여하여 호수의 물속에서 신호를 찾아내고 그 의미를 해석하는 데 도움을 주었다. 평생 잊지 못할 경험이었다. 롤러코스터와 통나무 플룸라이드flume ride의 중간 지점을 한번 상상해 보라. 레일은 없고 10배나 더 시끄럽다. 그리고 진동이 너무 심해서 눈알이 빠져나오는 느낌이 들 정도이다.

텍사스로의 짧은 여행 중에 앞서 언급했던 고속 도로 한복판에서 폐쇄된 공간에 갇힌 뿌리를 발견했다. 또한, 포트워스 식물원Fort Worth Botanic Garden에 들러 원예 전문가이고, 국외 거주자이면서 동료이기도 한 영국인 스티븐 헤이든Stephen Haydon을 만났다. 스티븐은 남서쪽 한 측면에만 심각한 세로 상처가 있는 벚나무 몇 그루를 소개했다. 가장자리에서부터 점점 안쪽으로 이동하고 있는 상처목재를 선명하게 볼 수 있었다. 나무들은 큰 상처를 입은 것이 분명했지만, 그 상처가 한쪽에만 나타났다는 사실이 흥미로웠다. 특정한 양상만을 선호하는 자연의 특징들은 자연항법사가 관심을 가질만한 요소이기 때문이다. 나는 스티븐에게 그 원인이 무엇인지 물었다.

"햇볕에 덴 상처인데, 벚나무의 남서쪽에서만 발생해요."

나는 기쁜 나머지 몸을 위아래로 흔들었다. 이는 내가 수십 년 동안 알고 있던 현상이다. 나무의 남쪽과 서쪽 사이에 발생하는 것으로 알려져 있으며, 동계피소Southwest Winter Injury

라고도 알려져 있다. 나는 이런 현상이 희귀하지만 멋진 나침반이 될 수 있다고 생각했다. 수년 동안 검색을 했지만 명백한 사례를 찾지 못했는데, 이렇게 론스타주Lone Star State의 한 식물원에서 발견한 것이다.

추운 아침, 햇빛이 서리에 반사되어 아름다운 장면을 연출하지만, 작동하고 있는 힘의 세기는 상상하기 어려울 정도다. 동결 해동 주기freeze-thaw cycle에 발생하는 팽창은 말 그대로 바위를 깰 정도이며, 어떤 식물이든 심각한 상처를 입을 수 있다. 텍사스주는 건조한 더위로 유명하지만, 온도 변화도 심하다. 3월인 데다가 짧은 기간 동안 그곳에서 체류했음에도 따뜻한 남풍이 하룻밤 사이에 북풍으로 바뀌었고, 일몰과 일출 사이에 기온이 거의 20도나 떨어졌다. 밤새 기온이 영하로 떨어지다가 나무가 햇볕으로부터 급격하게 열을 받게 되면, 겉껍질 바로 아래의 섬세한 층이 죽을 수 있다. 오후 공기는 아침 공기보다 훨씬 따뜻하고 이때 태양은 남서쪽에 있기 때문에 나무의 남서쪽 측면에 상처와 흉터가 생긴다. 나무는 상처 위에 상처목재를 생장시킨다. 이는 식물원에서 목격했던 모습과 동일하다. 벚나무는 햇빛을 흡수하는 짙은 색 껍질을 가지고 있고, 앞서 살펴본 바와 같이 다른 나무보다 얇은 표피를 더 오래 유지하기 때문에 특히 햇볕에 데여 상처를 입기 쉽다.

햇볕에 덴 상처와 혼동하기 쉬운 나무껍질 흉터가 있다. 나무가 쓰러지는 과정에서 주변 나무와 충돌하며 나무가 손상을 입을 수 있다. 이로 인해 영향을 받은 나무의 한쪽이 손상되고, 그곳 껍질에 세로로 흉터가 생긴다.[93] 흔히 일어나는 경우이며, 작업 중인 숲속에서 찾아볼 만한 가치가 있다. 좋은 방법은 나무들을 휩쓸고 지나간 임업용 차량의 바큇자국을 발견할 때마다 나무껍질을 살펴보는 것이다.

덩어리와 돌출부

유명한 친구가 자신의 외모에 대해 신경 쓰지 않기 위해 사용하는 비법을 알려준 적이 있다. 우리는 외출하기 전에 거울을 보고 잡티가 보이면, 다른 사람들도 그 잡티를 알아보리라 생각한다. 하지만 그 친구는 거울 대신 상점 유리창에 비친 자신의 모습을 확인하는 방법을 터득했다. “세부 사항 없이 어렴풋이 보이는 것이 다른 사람들이 보는 내 모습이야. 우리를 알아보는 사람은 거의 없어.”

나무의 허영심에 대해서는 걱정할 필요가 없으며, 시간을 들여 나무의 껍질을 제대로 살펴보면 결점들을 발견할 수 있다. 완벽한 나무껍질은 없다. 그리고 완벽하다면 더 이상하게 보일 것이다. 우리는 나무껍질에 혹이나 울퉁불퉁한 부분이 있어 전혀 우아해 보이지 않는 나무를 더 흔하게 볼 수 있다.

나무줄기에 껍질로 덮여 있는 것처럼 보이는 매끄럽고 둥근 돌기를 볼 수 있는데, 이를 목부 마디sphaeroblast라고 한다. 크기가 다양하며 작은 것은 자두 크기 정도인데, 한번은 자동차처럼 큰 것을 본 적도 있다. 목부 마디가 공식적인 이름이지만, 나무를 연구하는 나무 과학자들이 목부 마디에서 무슨 일이 일어나는지 정확히 알고 있을 것이라고 착각하지는 말

자. 사실 과학자들도 잘 모른다. 우리가 아는 것은 호르몬의 지시에 따라 자랄 수 있는 눈들이 나무껍질 아래에 있다는 정도이다. 그리고 나무가 상처를 입었을 때, 대처하기 위해 목재를 키운다는 사실도 알려져 있다. 이 과정은 때때로 계획대로 진행되기도 하고, 그렇지 않을 때도 있다. 나무껍질에 둥근 덩어리의 목부 마디가 생겼다는 것은 계획이 조금 이상하게 진행되었다는 신호이다. 좋은 소식은 이러한 돌출부가 크다고 할지라도 나무에 큰 질병이나 약점이 있다는 신호는 아니라는 점이다. 사람 몸에 나는 사마귀처럼 심각한 건강 문제라고 하기보다는 정상적인 미용상의 문제일 뿐이다.

표면이 울퉁불퉁하고 주변 껍질과 매우 다른 거친 돌출부를 볼 수 있는데, 이를 옹이burl라고 한다. 옹이는 목부 마디의 한 가지 유형에 해당한다. 다시 말하지만, 과학은 현재 진행 중이다. 이러한 거친 돌출부는 일반적으로 상처나 바이러스 또는 곰팡이로 인해 눈들이 과도하게 반응하여 나무에 크고 거친 생장이 나타났기 때문이다.

건강한 나무껍질을 알아보는 것이 하나의 문제를 정확하게 진단하는 것보다 훨씬 더 쉽다. 문제를 정확하게 진단하는 것은 전문가들에게도 까다로운 일이다. “행복한 가정은 모두 비슷하고, 불행한 가정은 저마다의 방식으로 불행하다”라는 《안나 카레니나》의 시작 부분에 나오는 톨스토이의 유명한 대사가 생각난다.[94] 나무껍질에는 이끼, 지의류 및 기타 착생식물epiphyte 등 수천 가지의 다양한 유기체가 서식할 수 있다. 대부분 손님은 나무에 거의 해를 끼치지 않지만, 일부는 나무에 문제가 있다는 하나의 신호일 수 있다.

땅속에서는 나무와 균류fungi가 공생할 수 있지만, 땅 위의 각 나무는 그들을 목표로 하는 병원균에 취약하다. 일반적으로 이끼와 지의류는 나무에 해가 되지 않지만, 싹이 트거나 액체가 흘러내리게 만드는 균류는 심각한 문제가 될 수 있다.

뿌리에 자라는 균류는 건강한 팀워크의 일부일 수 있지만, 껍질에서 자라는 균류는 다르다. 어떤 나무도 균류가 줄기를 먹고 자라는 것을 원하지 않으므로 껍질에 균류가 보이면 나무가 공격을 받고 있거나 이미 죽었다는 신호이다. 자작나무에서 구멍장이버섯bracket fungus이 발견되면 나무에 무슨 문제가 있거나 이미 나무가 죽었다는 것을 의미하며, 땅에서 약 20피트(6미터) 높이까지 생장하다가 갑자기 생장이 멈춘 줄기에 구멍장이버섯이 증식하고 있는 것을 흔히 볼 수 있다. 썩은 목재에서만 자라며, 건강한 나무에는 피해를 주지 않는 부생균saprotroph이라고 하는 대형 균류도 있다. 어느 쪽이든 나무껍질에 균류가 자란다는 사실은 건강한 신호는 아니다.

동물 이야기

나무 밑동 부근과 가지가 원줄기와 만나는 접합부 부근, 이 두 곳에 나무껍질이 벗겨진 것을 자주 보았을 것이다. 동물은 특히 어린나무의 껍질을 먹기 때문에 그 흉터는 수십 년 동안 지속될 수 있다. 생쥐와 들쥐, 토끼 그리고 사슴은 모두 나무껍질을 먹는다. 다람쥐는 껍질을 갉아먹을 뿐만 아니라, 경쟁자에게 자신의 영역임을 나무껍질에 표시하기도 한다. 나뭇가지가 연결된 부위에 나무껍질이 벗겨져 있다면 다람쥐 때문일 가능성이 높다. 다람쥐는 나뭇가지를 집어 들고 연결 부위의 나무껍질을 갉아먹는다.

사슴은 나무를 타고 오르지 않기 때문에 사슴에 의한 훼손 흔적은 밑동 부근에서 볼 수 있지만, 우리가 생각하는 것보다는 좀 더 높은 위치인 경우가 많다. 잉글랜드 중남부 해안에 위치한 국립공원인 뉴포레스트New Forest에서 참나무에 머리 높이까지 이어지는 수백 개의 짧은 수직선들을 본 기억이 난다. 굶주린 다마사슴fallow deer이 나무에 앞다리를 얹어 더 높이 뻗으려고 하다가 생긴 자국이었다.

앞에서 살펴본 것처럼 겉껍질이 벗겨진 곳을 발견했다면 좀 더 자세히 살펴볼 필요가 있다. 그 아래에 드러난 속껍질에 초점을 맞추면 작은 '여드름'처럼 생긴 돌기를 볼 수 있다. 이것은 나무껍질 아래에 숨어 있다가 화학적 신호가 오면 싹을 틔우려고 기다리는 휴면아들이다. 안타깝게도 나무껍질이 벗겨지면 눈들이 살아남지 못할 수도 있지만, 이 모든 것을 보는 것은 흥미롭다.

곡선과 비틀림

구부러지거나 기울어진 나무를 발견할 때마다 그 표면을 살펴보자. 이끼와 지의류는 수분 함유 정도에 매우 민감하며, 나무의 줄기가 기울어지거나 구부러질 때는 그 양이 엄청나게 달라진다. 비가 내린 후에는 윗면이 더 오래 젖어 있기 마련이다. 습기는 이끼가 서식하기 좋은 환경을 만들고, 아래쪽에 다양한 지의류가 자랄 수 있게 영양분을 제공한다.

휘거나 기울어진 나무의 모양은 나선형과는 다른 형태이다. 일부 줄기는 뒤틀린 것처럼 보이며, 나무껍질에 나선무늬가 나타날 수도 있다. 여기에는 유전적 요인과 환경적 요인, 두 가지가 주요 원인으로 작용한다. 밤나무와 같은 일부 수종은 뒤틀리는 것을 좋아한다. 친한 친구의 집 앞에 키가 큰 밤나무가 한 그루 서 있는데, 나선형으로 생긴 밤나무의 껍질만 봐도 어지러울 정도이다.

나무가 비트는 힘에 노출된 경우, 예를 들어 숲의 가장자리에서 한쪽으로만 바람이 불거나 이웃 나무들을 잃으면 나뭇가지들이 줄기를 비틀게 할 수 있다. 이런 효과는 매끄러운 나무껍질에서 가장 많이 발견된다.

선구자

'선구자적'이란 단어는 고전적인 의미와 현대적인 의미를 가지고 있다. 오늘날 누군가를 "선구자"라고 묘사하면 그 사람은 일반적으로 새로운 영역에서 빠르게 움직이고 있는 사람임을 의미한다. 이는 널리 사용하는 비유이지만 원래의 의미를 약간 왜곡한 것이다. '흔적을 남긴다'라는 말은 자신의 발자취를 되짚어 보거나 다른 사람들이 따라오도록 도와야 할 때, 알아볼 수 있도록 흔적을 남긴다는 뜻이다. 보르네오섬의 중부 지역을 다약족Dayak 사람들과 함께 걸어갈 때, 그들은 길가에 있는 나무를 긴 칼날로 베곤 했다. 다른 나라에서는 자연 훼손으로 간주할 수 있는 행동이지만, 다약족에게는 길을 표시하는 하나의 신중한 방법에 지나지 않았다. 민담에도 비슷한 행동들이 많이 등장한다. 그 이유는 간단하고 효과적이며, 말 그대로 누구나 따라 할 수 있는 실용적인 방법이기 때문이다.

나무에 부자연스러운 자국과 선명한 선들 그리고 나무껍질에 자연에 의한 것이 아닌 것이 분명한 얼룩들을 보게 된다면, 현대적 의미의 새로운 길을 여는 의도적인 표시를 보고 있음을 의미한다. 사람들이 페인트나 기타 밝은 물질로 나무에 표시하는 이유는 크게 두 가지가 있는데, 하나는 조금 전에 살펴본 것처럼 고전적인 의미에서 유래한다. 달리기나 사이클링 또는 다른 경주를 할 때 숲을 통과해야 하는 경우, 주최자는 종종 나무에 페인트를 칠해 흔적을 남긴다. 동화 《헨젤과 그레텔》을 연상시키는 이 방법은 점점 인기를 얻고 있는 환경친화적인 기법이다. 길의 교차점에 있는 진흙 위에 하얀 밀가루로 만든 작은 화살표가 참가자들이 돌아갈 길을 가리킨다. 일시적이지만 빵가루보다는 낫다.

나무에 페인트를 칠하는 또 다른 이유가 있는데, 이는 나무에는 좋지 않은 이유에 해당한다. 산림 관리사는 페인트를 사용하여 서로에게 신호를 보내는데, 각 표시는 각 나무에 대해 어떤 조치를 취해야 하는지 알려준다. 예를 들어, 산림 관리 책임자는 관리하는 숲에서 병들거나 위험에 빠진 나무가 있는지 살펴본 다음, 해당 나무에 형광 페인트로 표시를 한다. 이 표시는 거의 죽음을 의미하는 표시이며, 다음 팀이 나무를 벌목하게 된다. 때로는 색 코드가 덜 엄격할 때도 있다. 어느 한 가지 색은 벌목용이고, 또 다른 색은 위험한 가지라서 잘라내라는 뜻이다. 이런 암호들을 해독하는 재미를 누려보자.

마지막으로, 쓰러진 나뭇가지나 줄기에서 껍질의 패턴을 찾아보자. 바닥에 누워 있는 나무가 보이면 동물이 그 위를 지나다닌 흔적을 찾을 수 있는지 살펴보자. 동물들은 나뭇가지나 통나무 위를 지나갈 때, 발로 나무껍질을 긁는다. 동물에게는 습성이 있기 때문에 한 번 일어난 일은 수천 번 일어날 가능성이 높다. 숲을 지나는 사람들의 경로에서 이런 효과를 찾는 연습을 할 수 있다. 치우지 않고 그대로 쓰러져 있는 나무줄기에 사람과 개가 밟고 지나간 자국이 어떻게 생겼는지 살펴보자. 사람과 개가 밟고 지나가면 곧 해당 부분의 껍질이 모두 벗겨진다. 일단 나무에서 껍질이 벗겨진 것을 발견했다면, 사슴이 다니는 길이나 다른 동물들이 뛰어다니는 경로에서도 그런 현상을 발견해 낼 수 있을 것이다. 숲에 사는 동물들은 나무껍질 위로 우리가 따라갈 수 있는 길을 열어준다.

11

숨겨진 계절

겨울에는 나무가 앙상해지고, 봄에는 잎이 돋아나며, 여름에는 과일 향이 가득하고, 가을에는 낙엽이 떨어진다. 이를 반복한다. 하지만 다음 장으로 넘어가기엔 아직 이르다.

가족들은 내가 도랑에 사는 것처럼 옷을 입는다고 자주 꾸짖는다. 나는 근무 시간 동안에는 진흙탕 바닥에 앉거나 누워도 주저할 필요가 없는 옷을 입고 일한다. 따뜻하고 건조한 방에서 이 글을 쓰는 중에도 조만간 숲으로 나가고 싶은 충동이 들 것이기 때문에 더러운 아웃도어 장비를 착용하고 있다. 하지만 아주 가끔은 씻어야 할 때도 있다.

약 5년 전, 나는 어느 영국 출판사의 인상적인 런던 본사 옥상 테라스에서 나의 문학 에이전트와 출판사 직원과 함께 점심을 먹기 위해 열은 크림색 리넨 정장을 입고 자리에 앉아 있었다. 우리는 햇살 아래 음료를 마시며 템스강 위를 지나가는 배들을 내려다보았다. 옆 테이블에서는 에너지가 충만한 젊은 출판인들이 컵을 들지 않은 손으로 손짓을 해가며 새 책 출시 계획을 논의하고 있었다. 잠시 동안 부랑자라기보다는 바이런Byron이 된 것 같은 위험한 기분이 들어, 난간에 기대어 행인들에게 시를 낭독하고 싶은 유혹을 참아야 했다.

> 길이 없는 숲속에는 기쁨이 있습니다.
> 외로운 해안가에는 황홀함이 있습니다.
> 아무도 간섭하지 않는 사회가 있습니다.
> 깊은 바다와 그 풍랑 속에 음악이 있습니다.
> 나는 사람이 아니라 자연을 더 사랑합니다.

우리 셋은 향후 출간할 책에 대한 아이디어를 나누기 위해 만났다. 10분 동안 즐겁게 이야기를 나눈 후, 나는 의자를 앞으로 기울여 “나무의 여섯 가지 계절: 벌거벗은, 새싹, 꽃봉오리, 꽃, 열매, 가을”이라고 말하며 아이디어를 던졌다. 그리고 끝까지 말을 하지 않고 거기서 멈추었다.

출판사 직원은 내가 아웃도어 장비를 착용하고 나타났다는 듯이 표정을 지었다. “잘 모르겠습니다. 일단 전통적인 계절을 나누기 시작하면 1년을 무한정 나누면 안 되나요? 어디서 멈춰야 하나요?”

당시 나는 그의 반응에 놀랐고 약간 실망했지만, 그의 말은 일리가 있었다. 일본에는 매년 72후seventy-two micro-seasons(춘분,

하지, 추분, 동지를 기점으로 1년을 24등분한 24절기를 다시 3등분한 것을 말한다—옮긴이)를 따르는 전통이 있다.

분위기는 좋았지만 확실한 계획은 세우지 못한 채 회의를 마쳤다. 나는 여전히 '나무의 여섯 가지 계절'이 마음에 들지만, 그 속에 숨은 아이디어가 더 마음에 든다.

그 책에 대한 나의 아이디어는 사계절로만 생각하면 놓칠 수 있는 나무들의 주요 변화를 보고 흥미를 느낀 것이 계기가 되었다. 실제 계절이 72개까지는 안 되지만, 사계절이라는 개념이 순진해 보일 정도로 많은 변화가 존재한다. 이러한 변화를 발견할 수 있는 열쇠는 전통적인 계절의 경계에 초점을 맞추는 것이다. 먼저 봄부터 시작해 보자.

봄 소나무와 창백함

매년 봄이 되면 나는 계절의 특정 순간을 기다린다. 올해는 햇볕이 가득하고 바람도 적당해서 기억에 남는 최고의 날이었다. 숲속의 넓은 오솔길을 걷고 있는데, 하늘에서 작은 분홍색 물체들이 산들바람에 실려 내려오기 시작했다. 나무 틈 사이로 햇살이 비집고 들어와 떨어지는 건조한 유색의 조각들이 빛났다.

나무는 꽤 멀리 내다보고 계획을 세운다. 봄이 시작될 무렵부터 활기차게 생장하려면 선택의 여지가 없다. 봄이 시작될 무렵에는 기온이 아직 낮고, 햇볕이 여름의 강도에 미치지 못하는 등 사용할 수 있는 에너지가 많지 않기 때문이다. 한 가지 해결책은 올 한 해를 대비해 작년의 에너지 가운데 일부를 저장하여 작은 묶음으로 포장해 두는 것이다. 이 묶음을 '눈'이라고 한다.

생장의 계절이 끝날 무렵, 낙엽수는 다가올 봄에 새로운 생장을 준비하기 위해 나뭇가지에 눈을 만든다. 눈에는 새로운 가지, 잎, 꽃에 필요한 모든 것들이 포함되어 있으며, 저장된 에너지를 통해 왕성한 생장을 이룰 수 있다. 눈은 씨앗과 배터리 그리고 계획의 혼합물이라고 생각할 수 있다. 눈은 지나간 여름의 상태에 크게 영향을 받기 때문에 꽃이 많이 피거나 열매가 잘 맺으면 현재의 계절만큼이나 이전의 계절에 대해 많은 것을 알려준다.

낙엽수의 눈은 비늘('아린'이라고도 한다 – 옮긴이)로 보호되어 있으며 대부분은 분홍색 또는 붉은색을 띠고 있다. 잎이 나오기 전에 눈이 부풀어 오르고 색이 더해져 나무는 분홍색과 붉은색으로 물든다. 1월부터 매주 한 번씩 나무의 색을 관찰해 보면, 잎이 나오기 전까지 나무들이 분홍색으로 물든 것을 발견할 수 있을 것이다. 나뭇가지에 가까이 다가가면 각각의 눈들을 볼 수 있다. 수종마다 형태와 색깔이 다르므로 눈은 나무를 식별하는 데 도움이 될 수 있다. 그리고 일부 수종에서는 다른 수종에 비해 붉은빛이 더 강하게 나타나기도 한다. 내가 사는 지역의 너도밤나무는 분홍색으로 물든다. 여러분 주변에도 그런 나무가 있을 것이다. 매년 이른 봄, 나무에 잎이 돋아나기 전에 나무에서 마른 비가 내린다. 분홍색, 빨간색 그리고 갈색이 뒤섞인 이 마른 비는 눈에서 잎이 돋아나고 비늘이 땅에 떨어질 때 햇빛을 산란시킨다.

곧 나무에 잎이 나지만, 놓치기 쉬운 몇 가지 봄의 색깔을 더 찾아볼 만하다. 가장 초기의 잎 중 일부는 분홍색 또는 붉은 색조를 띠기도 한다. 이 색은 안토시아닌anthocyanin이라는 색소에 의한 것으로 과도한 직사광선으로 인한 손상으로부터 어린잎을 보호하는 데 도움이 된다.[95] 분홍색에서 붉은색으로 변하는 현상은 나무의 남쪽 잎이나 검은딸기나무bramble('블랙베리'라고도 한다—옮긴이)와 같이 햇빛에 노출된 다른 식물에서 가장 흔하게 나타난다. 이를 자녀들에게 자외선 차단제를 발라주는 것에 비유하고 싶다.

물론 대부분 잎은 분홍색이 아니라 녹색이지만, 여기에서도 놀랄만한 요소가 있다. 가장 이른 잎은 여름 중후반에 볼 수 있는 잎보다 더 밝은색을 띤다. 단풍잎은 계절이 진행됨에 따라 특히 윗면이 옅은 색에서 짙은 색으로 변한다. 대부분 사람은 가을이 다가오면서 나뭇잎이 갈색으로 변하는 것에만 주목하기 때문에 이런 변화를 놓치곤 한다. 그래서 나는 8월 하순에 짙은 녹색의 나뭇잎들을 기억 속에 담아두려고 노력한다. 사진에서도 쉽게 찾을 수 있지만, 그렇게 만족스럽지는 않다.

초봄에 나뭇잎이 유난히 옅은 이유는 여러 가지가 있겠지만, 가장 설득력 있는 이유는 이 시기가 나뭇잎에 취약한 시기이고 나무가 탐욕스러운 동물에게 엽록소를 너무 많이 잃는 것을 좋아하지 않기 때문이라는 것이다.[96] 나무가 더 성숙하고 더 잘 보호될 때까지 잎에 충분히 투자하지 않기 때문에 잎에 색소가 부족한 것이다.

겨울이 끝나가면 분홍색과 옅은 색에 주목하고, 여름이 절정을 지나면 나뭇잎이 짙은 색으로 변하는 것에 주목하자. 곧 사계절 사이에 숨어 있는 계절도 볼 수 있게 될 것이다.

낙엽 혹은 상록?

좋은 위치에서 보면, 어떤 지역에서 침엽수가 우세하고 어떤 지역에서 활엽수가 우세한지를 쉽게 알 수 있다. 하지만 주의해서 봐야 할 또 다른 구분이 있는데, 바로 상록수와 낙엽수이다. 상공에서 보면 위스콘신주State of Wisconsin의 크랜던Crandon 지역에는 검은가문비나무와 잎갈나무를 비롯한 몇 가지 주요 수종이 서식하고 있다.[97] 가문비나무와 잎갈나무는 모두 침엽수이지만, 잎갈나무는 낙엽 침엽수라는 점에서 특이하다. 잎갈나무의 바늘잎은 매년 가을에 떨어졌다가 봄에 다시 자라난다.

가을마다 잎을 떨어뜨린다는 것은 심지어 갈색 잎이라도 많은 양의 수분과 미네랄을 내던져 버리는 것을 의미한다. 따라서 나무는 잎을 떨어뜨리기 전에 잎에 있는 미네랄의 약 절반 정도를 회수한다. 크랜던 지역 중 토양이 건조한 곳에서는 상록수인 가문비나무가 수분이 부족한 잎갈나무를 이기고, 수분이 풍부한 지역에서는 잎갈나무가 승리한다. 또한, 습기가 있는 토양은 나무에 필요한 영양분이 많이 함유되어 있어 더 비옥한 편이다. 이는 광범위하게 적용할 수 있는 단순한 규칙 중 하나로, 낙엽수나 활엽수 또는 침엽수를 볼 수 있다면, 토양이 해당 수목이 자라는 데 적절하다는 것을 의미한다.

이해를 돕기 위해 자주 사용하는 방법은 상록수는 연중 내내 잎을 유지하는 반면, 낙엽수는 가을에 잎을 떨어뜨리고 봄에 새로운 잎이 난다고 말하는 것이다. 상록수와 낙엽수는 유용한 분류법이지만, 습성들을 모아놓은 두 개의 상자로 생각하는 것이 가장 좋다. 상록수, 낙엽수와 같은 분류법은 과도하게 단순화되어 수많은 흥미로운 개별 행동이 드러나지 않는다.

상록수부터 살펴보자. 상록수라고 해도 5년 이상을 유지할 수 있는 잎은 많지 않은데, 그 시기가 되면 잎 내부의 세포들이 뭉치기 시작하기 때문이다. 하지만 상록수는 5년을 기다렸다가 한꺼번에 잎을 모두 떨어뜨리는 것이 아니라, 각 나무마다 잎을 떨어뜨리고 교체하는 방식이 다르며, 이는 잎이 있는 장소를 반영한다.

옷을 벗는 나무들

우리는 시원한 실내에서 뜨거운 햇볕이 내리쬐는 외부로 나갈 때, 적응하기 위해 옷을 갈아입기 마련이다. 겉옷은 벗고 소매를 걷어 올린다. 일부 상록수도 비슷한 행동을 취한다. 가뭄과 같은 스트레스 상황에서는 많은 양의 잎을 떨어뜨린다.

여러분이 건조한 지역에 살고 있다면 앙상한 나뭇가지를 자주 발견할 수 있을 것이다. 죽은 나무라고 생각하기 쉽지만, 우기가 지나고 다시 가보면 건강한 잎이 생긴 것을 볼 수 있다. 나무는 낙엽과 상록을 통해 이를 관리한다.

옷에 비유하는 방법도 괜찮지만 완벽하지는 않다. 나무는 더위가 아니라 수분 부족에 반응하고 있는 것이다. 이런 습성을 공식적으로 헤테롭토시스heteroptosis라고 한다.[98] 앞으로 10년 동안 이 단어를 사용할 때마다 동전을 모아도 셔츠 한 장도 살 수 없을 것이다.

겨울에 얇아지는 나무들

일부 상록수는 겨울에 잎을 일부 떨어뜨린다. 겨울에 나뭇잎을 얇게 만든 다음, 다시 두껍게 만든다. 호랑가시나무와 미국 서어나무가 이에 해당한다. 일반적으로 일부 상록수는 겨울이 혹독할수록 나뭇잎을 더 많이 떨어뜨린다. 이런 습성을 가진 종류의 나무가 다양한 기후에서 자랄 수 있다면 혹독한 극한 지역에서는 한겨울에 잎이 거의 없지만, 그보다 더 온화한 지역에서는 충분한 양의 잎을 가지고 있을 것이다.

이런 효과는 먼 거리에 따라 다르지만, 미기후microclimate(주변 다른 지역과는 다른, 특정 좁은 지역의 기후를 뜻한다 — 옮긴이) 덕분에 훨씬 더 작은 규모에서도 발견할 수 있다. 혹독한 서리 속에서 자라는 호랑가시나무 덤불은 인근에 그보다 더 따뜻한 곳에서 자라는 호랑시나무 덤불보다 나뭇잎이 더 얇을 수 있다. 일부 식물학자들은 이런 습성을 "잠깐 낙엽brevideciduous"이라고 부르지만, 나는 "겨울철 솎아내기winter-thinning"라고 부른다.[98]

반상록수

1762년 잉글랜드 남서부 데번주에서 원예사로 일하던 윌리엄 루콤William Lucombe은 도토리를 심어 키운 참나무가 겨울에도 잎을 떨어뜨리지 않는 이상한 현상을 발견했다.[99]

주로 열대 지역에 서식하는 일부 나무는 반상록수semi-evergreen 또는 반낙엽수semi-deciduous로 알려져 있다. 이런 나무들은 단기간에 잎을 떨어뜨리지만, 그만큼 빨리 다시 잎이 자라난다. 마치 가을과 겨울이 며칠로 압축된 듯하다.

루콤이 키운 참나무는 잡종으로 터키 참나무와 밀접한 관련이 있는 종으로, 현재까지 소수의 개체만 생존하고 있다. 이 이상한 잡종 외에도 브라질 티크teak와 같은 몇몇 다른 수종들도 이러한 습성을 가지고 있지만, 우리가 자주 볼 수 있는 것은 아니기 때문에 흥미를 유발하기 위해 언급한다.[100]

윌리엄 루콤은 원래의 모체 나무에서 복제된 나무를 키운 후, 1785년에 그 나무로 만든 관에 묻히고 싶어서 나무를 베어냈다. 그 나무를 잘라 만든 널빤지를 침대 밑에 보관한 다음, 마지막 안식처로 사용하려고 했다. 그가 무려 102세의 나이로 세상을 떠났을 때, 데번에 있는 집의 습한 공기 때문에 그 널빤지는 이미 썩어 있었다.

겨울-녹색[98]

우리는 여름에는 캐노피가 꽉 찬 낙엽수를, 겨울에는 앙상한 가지를 드러낸 낙엽수를 볼 것으로 기대한다. 겨울은 나무에게 혹독하고 여름은 온화한 온대 기후에서 잘 작동하기 때문이다. 그러나 겨울이 온화하고 여름이 혹독한 일부 지역에서는 나무들이 이 리듬을 뒤집는 방법을 알게 되었다.

칠레, 남아프리카, 캘리포니아 등 전 세계에 걸쳐 분포하는 지중해성 기후의 여름은 건조하고 불볕더위가 기승을 부리지만, 겨울은 비가 내리며 온화하다. 이 지역에서는 캘리포니아 벅아이California buckeye(캘리포니아 말밤나무라고도 함)와 같은 나무가 늦겨울부터 봄까지 단풍이 만개했다가 한여름이 되면 잎이 떨어진다. 미기후의 힘을 보여주는 또 다른 사례이다. 캘리포니아에서는 해안가에 가까울수록 여름이 온화하고 습기가 많아 나무가 여름 내내 잎을 유지할 가능성이 높다.[101]

작다는 것은 이르다는 것을 의미한다

작은 나무가 완전한 캐노피 그늘에서 자라도록 진화했다면, 나쁜 상황을 최대한 잘 활용하는 방법을 개발했다고 볼 수 있다. 천천히 그리고 꾸준히 일을 처리하는 것이 도움이 된다. 여름이나 겨울에는 숲 바닥 근처에 빛이 많지 않을 수 있지만, 일 년 내내 작은 나무가 자라기에는 충분한 빛이다. 간단한 해결책은 상록수가 되는 것이다.

겨울에 낙엽수림을 걷다보면 일부 키가 작은 수종의 경우, 아직 잎이 남아 있는 것을 곧바로 발견할 수 있다. 호랑가시나무, 주목, 회양목box 등은 여름에는 짙은 그늘, 다른 시기에는 어두운 조명에서도 잘 자라는 것을 자주 보는데, 특히 초봄과 늦가을에 잘 자란다. 가문비나무나 전나무와 같은 상록수인 침엽수 아래를 걷다 보면, 이런 작은 상록수들은 보이지 않는데, 이는 봄, 가을, 겨울에 낙엽수 아래에서 받는 빛이 얼마나 중요한지 보여준다.

늦겨울에 분홍빛으로 물든 싹을 찾을 때는 눈높이를 낮춰야 한다. 많은 야생화는 시간이 얼마 남지 않았다는 것을 알고 있다. 곧 숲속 지상에는 햇빛이 별로 남아 있지 않을 것이다. 일찍 피는 꽃들은 나무보다 먼저 햇볕을 쬐어야 한다. 내가 사는 지역의 숲에서는 블루벨bluebell(청색이나 흰색의 작은 종 모양의 꽃이 피는 식물이다—옮긴이)이 너도밤나무 캐노피보다 먼저 피어서 마법처럼 라일락 카펫 같은 장관을 연출하는데, 이 광경을 보기 위해 사람들이 사방에서 몰려든다.

가장 작은 나무는 야생화 같은 속임수를 써서 키가 큰 캐노피를 가진 나무보다 먼저 잎을 피운다. 내가 사는 지역에서는 개암나무와 딱총나무 그리고 산사나무의 잎이 너도밤나무와 물푸레나무 그리고 참나무의 잎보다 항상 먼저 돋아난다.

나무의 크기와 관련된 규칙은 같은 수종 내에서도 적용된다. 어린나무는 모체 나무보다 몇 주 먼저 잎이 돋아난다. 이른 봄에 내가 가장 좋아하는 풍경 중 하나이다. 매년 4월 중순부터 2주간은 내가 사는 지역의 숲을 거닐며 멋진 색상들을 발견할 수 있는 시기이다.

내 머리 위 캐노피에는 아직 나뭇잎이 돋아나지 않은 상태이다. 수직으로 위를 바라보면 하늘이 잘 보이고, 실루엣이 있는 나뭇가지 사이로 구름이 지나가는 것을 볼 수 있다. 하지만 고개를 숙이고 숲을 수평으로 바라보면 나뭇잎이 건강하게 덮여 있다. 어린나무들이 더 늦기 전에 이른 햇살을 받기 위해 오래된 나무들보다 먼저 잎이 돋아나게 했기 때문이다. 이때가 그해 수확할 직사광선 대부분을 어렵지 않게 흡수할 수 있는 유일한 시기이기도 하다.

여러분도 그런 모습을 스스로 발견하게 되면 곧바로 두 가지 효과가 강력하게 결합되어 있음을 알 수 있다. 어린나무의 첫 번째 잎은 매우 옅은 색이다. 햇볕이 앙상한 나뭇가지들로 형성된 캐노피를 통과해 이 잎들을 비추면 인상적인 장면이 연출된다. 머리 높이에는 밝게 빛나는 옅은 잎이 펄럭이는 바다가 보이지만, 캐노피 위에는 아무것도 보이지 않는다. 이런 광경에 감동하지 않을 사람은 없겠지만, 이 광경을 찾는 방법을 알면 더 많은 기회를 가질 수 있으며, 왜 이런 일이 일어나는지를 이해하면 경험의 깊이가 더해진다. 정말 경이롭다.

적절한 시기는 언제인가?

춥고 습한 1월 어느 날 오후, 집에서 불을 피우고 차를 끓여 편안한 의자에 앉아 1963년 미국철학학회American Philosophical Society에서 발행한 논문 한 편을 펼쳐 들었다.

> 시간의 향기[102]
> 동양 국가에서 시간 측정을 위한 불과 향의 사용에 관한 연구

관우천关愚谦의 글 덕분에 우리는 6세기 중국에서 향이 시간을 계산하는 데 사용되었다는 사실을 알게 되었다. 그리고

당나라 618년부터 907년에 이르러 향 시계 기술은 더욱 정교해져 승려들이 명상하는 시간을 측정하는 데 사용할 수 있게 되었다.

시간은 자연항법에 있어서 필수적인 요소이다. 나는 수년 동안 흥미로운 초기 시간 측정 장치들에 대해 배우고 있다. 원자시계나 아이폰이 나오기 훨씬 전부터 해시계, 물시계, 양초시계가 있었다. 우리 집에서는 여전히 매년 12월에 대림초 Advent candle를 태우지만, 며칠 동안 잊고 있다가 다시 끝까지 태우곤 한다. 대림초 태워야 하는 일은 잊어버리고 미래를 위해 우리 자신을 불태운다. 이 때문에 웃음이 나온다. 그리고 지난 천년 동안 그런 규율을 제대로 지키지 못해 벌을 받았을 사람들에 대한 존경심이 커진다. 아마도 우리 집 찬장 어딘가에 모래로 채워진 단순한 모래시계로 시간을 재는 보드게임이 있을 것이다. 그런 게임들은 편안한 마음으로 할 수 있는 게임이 아니다.

인간이 매일, 매년 시간을 측정하는 방법에는 여러 가지가 있으며, 방법마다 장단점이 있다. 예를 들면, 물시계는 추울 때 느리게 작동한다. 자연에는 수많은 시계와 달력이 존재하며 모두가 잘 작동하지만, 각각의 시계와 달력에는 단점도 있다. 기본 규칙은 간단하다. 날씨보다 천문학적 단서를 더 신뢰할 수 있지만, 식물은 그 두 가지 모두에 민감해야 한다.

동지winter solstice의 정확한 시기는 확실하게 말할 수 있지만, 그날 태양을 볼 수 있을지는 불확실하다. 우리는 어느 주에 나뭇잎이 언제 돋아날지 예측하는 데 어려움을 느끼며, 심지어 지난 5년 동안 다른 나무들에 비해 더 일찍 잎이 돋아났다 하더라도, 이번에도 그럴 것이라고 정확하게 예측할 수 없다. 이 모든 것에 의문이 생긴다. 나무는 봄을 어떻게 알까?

우리는 나무가 시간을 측정하는 방법에 대해 완벽하지는 않지만, 어느 정도 이해하고 있다. 나무는 크게 두 가지 방법으로 계절을 가늠한다. 나무는 밤의 길이와 온도를 측정한다. 겨울이 봄으로 바뀌면서 밤이 점점 짧아지는데, 이는 나무가 사용하는 달력 가운데 가장 신뢰할 수 있는 부분이다. 나무가 밤의 길이만 측정한다면 봄은 시계추처럼 규칙적으로 일어날 것이므로, 우리는 매년 같은 날에 나뭇잎이 나오는 것을 볼 수 있을 것이다. 조금 지루할 수도 있겠지만, 그런 일이 일어나지 않아서 감사하게 생각한다.

온도는 신뢰도가 낮은 부분이다. 여름은 겨울보다 더 따뜻하지만 매년 봄에는 깜짝 놀랄만한 일이 발생한다. 4월의 한 주가 2월의 한 주보다 더 추울 수도 있으며, 실제 그렇기도 하다.

우리는 특히 작은 식물과 키가 작은 나무의 경우, 잎이 일찍 돋아 나오게 하는 것이 유리하다고 알고 있다. 하지만 위험 요소도 있다. 낙엽수의 잎은 영하의 기온에서 힘겨워하며, 밤에 단 한 번만 서리가 내리더라도 치명적일 수 있다.[103] 목표는 간단하다. 가능한 한 빨리 잎을 돋아나게 하되, 마지막 서리를 피할 수 있도록 노력하는 것이다.

10년마다 비정상적으로 늦은 시기에 서리가 내리는 경우가 있다. 이때 수많은 식물과 일부의 나무들이 죽을 수 있으므로, 모든 서리를 피하는 것이 목표가 될 수는 없다. 그렇게 하면 봄을 완전히 놓치게 되기 때문이다. 식물들은 계산된 도박을 감수해야 한다. 낙엽수는 위험을 관리하는 사업을 하고 있다.

밤의 길이는 날씨와 상관없이 나무가 일 년 중 적절한 시기를 대략 맞출 수 있게 해주는 거대한 진자 역할을 하는데, 1월에 나타나는 이상 고온 현상에도 불구하고 잎이 돋아나는 것을 볼 수 없는 이유이다. 온도를 이용한 시간 측정 방법은 훨씬 더 까다롭다. 나무는 마법의 수정 구슬을 가지고 있지 않기 때문에 날씨를 예측할 수는 없다. 나무가 할 수 있는 일은 현재 일어나고 있는 일과 일어난 일을 관찰하는 것뿐이다. 한 가지 영리한 방법이라고 한다면 나무는 계산을 할 수 있기 때문에 수종마다 얼마나 오랜 시간 동안 따뜻했는지 기록한다. 예를 들어 캐나다의 설탕단풍sugar maple tree은 140시간 동안 따뜻해야 봄이라고 간주한다.[104] 그리고 온도를 이용한 시계는 사계절 내내 작동한다. 개화 시기와 잎이 떨어지는 시기 그리고 휴면 시기 모두 각각의 계기가 존재한다. 설탕단풍의 경우, 겨울이 지났다고 느끼기 위해서는 추운 날씨가 2000시간이나 지속되어야 한다.

많은 수종이 따뜻한 시간을 계산하는 방식은 흥미롭다. 나무는 온도와 지속 시간에 민감하기 때문에 더운 날씨가 짧게 지속된다면 온화한 날씨가 약간 더 오래 길어지는 것과 동일하게 계산된다. 이 계산 방법을 열 합계thermal sum 또는 온도 시간degree hour이라고 한다. 시각화하기는 어렵지만, 필요한 총 온도를 모래시계 속의 모래알과 같다고 생각하면 된다. 나무는 모래가 모두 아래쪽 절반까지 흘러 들어갈 때까지 잎이 돋아나지 않도록 한다. 이 과정은 온화한 날씨가 2주 동안 꾸준히 진행될 수도 있고, 따뜻한 날씨가 7일 동안 지속되는 것처럼 훨씬 빠르게 진행될 수도 있다. 이 비유에서 모래시계의 위쪽과 아래쪽 사이의 구멍은 고온일 때 훨씬 더 커진다.

많은 과실수도 겨울에 저온 처리 기간이 필요하며, 이런 조건이 충족되지 않으면 꽃이나 열매를 맺지 못할 수도 있다. 나는 이 점이 항상 이상하게 느껴졌다. 이는 마치 이런 나무들은 긴 밤만으로는 부족하고, 겨울이 있었다는 것을 확실히 확인해야만 봄이라고 믿는 것처럼 보이기 때문이다. 따뜻한 날과 마찬가지로 식물은 추운 날도 계산한다.

설탕단풍과 같은 일부 식물은 다른 나무들보다 훨씬 더 많은 것을 필요로 한다. 영국의 겨울은 선선한 온도가 있어야 하는 너도밤나무에 확신을 줄 수 있을 정도로만 추울 때가 있다.[105] 이로 인해 잎이 늦게 돋아난다. 온화한 겨울은 나무가 봄이라고 판단하는 데 주저하도록 만들어, 기후 변화에 매우 취약하게 될 수 있다.

추위 시계coldness clock는 사과, 살구, 복숭아 및 견과가 열리는 나무 등의 수종에 많은 영향을 미친다. 비정상적으로 따뜻한 겨울은 이듬해 여름, 농부들의 농작물을 황폐화시킬 수 있다. 1931년부터 1932년까지 미국 남동부 지역에서는 비정상적으로 온화한 겨울 날씨로 인해 전체 복숭아 작황이 실패로

돌아갔다*.[106]

이상한 시스템처럼 보일 수 있지만, 날씨 또한 아주 이상한 형태로 나타날 수 있다. 나무들은 봄이 겨울을 끝내는 다양한 방식을 인식하려고 노력한다. 3주 동안 매우 추운 날씨가 이어지다가 더위가 찾아올 수도 있고, 몇 주 동안 포근한 날씨가 계속될 수도 있다. 천문학과 날씨 시계를 결합하면 나무는 너무 오래 기다린다거나, 좋은 빛을 놓치지 않고도 서리를 이겨낼 수 있다. 4월에 야외에서 대규모 모임을 계획해 본 적이 있다면, 나무가 직면한 어려움에 어느 정도 공감할 수 있을 것이다.

이쯤 되면 책상 서랍을 열고 "진화 도우미"라고 적힌 배지를 꺼내서, "잠깐만요. 물론 항상 신뢰할 수 있는 천문학 시계를 고수하는 것이 훨씬 더 쉽겠죠. 밤이 적당한 길이가 될 때까지 그냥 기다렸다가 봄이 시작되었다고 합시다"라고 참견할 수도 있다.

하지만 시도해 보자. 잘 알고 있는 낙엽수의 잎이 돋아나는 날짜를 적어두면, 속임수를 쓸 수 없을 것이다. 이후 몇 년 동안 관찰해 보자. 아마 처음 몇 년간은 적어둔 날짜에 잎이 돋아나겠지만, 온화한 날씨가 일찍 찾아와 지속되면 여러분을

---

* 온도 시계는 종과 아종에 따라 다르다. 가치 있는 상업용 작물과 관련된 식물들의 경우, 연구와 과학은 놀라울 정도로 상세하게 이루어진다. 5월에 피는 꽃처럼 복숭아 품종은 꽃이 피려면 꽃봉오리가 겨울에서 봄 동안 화씨 45도(섭씨 7.2도) 미만으로 1000시간 이상 노출되어야 한다. 오키나와(Okinawa)와 같은 품종은 단지 100시간만 지나도 꽃이 핀다.[107]

이긴 주변 나무들이 평소보다 2주 더 일찍 잎이 돋아나게 함으로써 좋은 빛을 모두 훔쳐 가는 것을 발견할 수 있을 것이다. 그런 다음 몇 년이 지나고 갑자기 늦은 강추위로 나무가 잎을 터뜨리게 될 것이다. 게임은 끝났다. 자연은 많은 것을 용인할 수 있지만, 완전한 에너지 손실과 죽음은 견디지 못한다. 자연은 죽음을 정말 싫어한다.

이러한 상상력을 이어가면 동네에 있는 나무마다 다르게 시작되는 봄 날짜를 정할 수 있게 될 것이다. 하지만 나무가 자라는 위치에 따라 개별 나무마다 다른 날짜를 선택해야 한다는 사실도 깨닫게 된다. 따뜻한 건물 부근보다 서리가 내린 곳에서 자라는 참나무의 봄은 늦고, 가뭄에 취약한 언덕 위에 서식하는 나무의 가을이 개울가에 있는 나무의 가을보다 빠르다는 것을 알게 된다. 한 지역에 있는 모든 나무에 대해 이런 작업을 수행하고 나면, 우리는 주까지 작업 범위를 확장할 수 있다. 주에서 왜 멈추는가. 당연히 전국의 모든 나무에 대해 작업을 진행할 수도 있을 것이다. 미송의 그림자가 어린 자작나무에 미치는 영향과 그로 인해 그 나무의 봄 시기가 바뀌어야 하는지에 대해 잠시 생각하면, 약간 지친 기분이 들 수도 있다. 이쯤 되면 각 나무가 제자리에서 빛과 열을 측정하며, 스스로를 돌보는 것에 감사하게 생각할지도 모른다. 계절이 나라마다 다르게 나타나는 이유, 고위도보다 저위도에 봄이 먼저 찾아오는 이유, 따뜻한 건물 옆의 참나무에 봄이 더 빨리 찾아오는 이유도 바로 이 때문이다. 우리는 운이 좋다. 그냥 여러 정보들을 내려놓고 나무 시계가 알아서 하도록 맡길 수 있으니 말이다. 나무 시계는 완벽하지는 않지만, 자신이 무엇을 하고 있는지 알고 있다.

태양의 패턴과 온도가 미치는 영향은 수종마다 다르다. 작은 나무는 밤의 길이에 더 많이 의존한다. 지상 근처의 기온은 변동이 심하기 때문에 그늘에서도 온도보다 빛에 더 의존할 수밖에 없다.[108] 나무들은 작은 식물보다 밤의 길이에 덜 민감하지만, 유럽 소나무와 자작나무는 다른 대부분의 나무보다 밤의 길이에 더 민감하다.[109] 각 나무의 고유한 타이밍은 나무의 특성과 취약점에서 찾을 수 있다. 뽕나무mulberry의 경우, 갑자기 짙은 과즙이 많은 열매를 무더기로 열리게 하는 습성으로 잘 알려져 있다. 나는 어머니에게 뽕나무에 대한 사랑과 증오가 공존한다는 사실을 기억한다. 먹을 때는 좋지만 빨래를 할 때는 좋지 않다. 부드러운 열매를 맺는 대부분의 식물과 마찬가지로 서리를 잘 견디지 못하는 뽕나무는 봄에 잎이 돋아나는 데 시간이 걸리는 많은 과실수 중 하나이다.

참나무와 물푸레나무 사이의 경쟁과 관련된 민속은 날씨를 예언한다고 한다.

> 만약 참나무의 봄이 물푸레나무보다 먼저 오면, 우리는 단지 소나기만 만날 것이다.
> 만약 물푸레나무의 봄이 참나무보다 먼저 오면, 우리는 반드시 흠뻑 젖을 것이다.[110]

이는 터무니없는 이야기이다. 식물은 미래의 날씨를 예측할 수 없다. 식물은 과거와 현재의 날씨를 반영할 뿐이다. 하지만 또 다른 흥미로운 이유들도 있다. 참나무와 물푸레나무는 같은 약점을 가지고 있기 때문에 봄에 상대적으로 늦게 개화한다.[111] 참나무와 물푸레나무는 잎이 나기 전에 새로운 도관을 성장시키는데, 이 관은 특히 서리에 취약하다. 때때로 두 나무가 서로를 앞서거니 뒤서거니 하는 것은 온도 시계를 반영하기 때문이다. 참나무는 기온이 1도 상승할 때마다 8일 더 일찍 잎이 나오는 반면, 물푸레나무는 4일 더 일찍 잎이 돋아난다. 따라서 따뜻한 봄에는 참나무가, 서늘한 봄에는 물푸레나무가 경쟁에서 승리하는 경우가 많다.

수종마다 유전적 변이가 존재한다. 같은 수종의 나무라고 해서 모두 똑같은 것은 아니며, 유전적 변이가 온도와 빛에 대한 반응에 영향을 미치게 된다.[112] 이론적으로는 모두 동일한 수종으로 이루어진 숲이라고 해도 내려다보면 봄이나 가을에 따라 색이 다르게 변하는 모습을 볼 수 있어 더 아름다운 풍경을 관찰할 수 있다.

가을의 특징

우리는 사람들이 '인생의 가을'이 될 때까지 꾸준하게 나이 먹는 것을 보게 된다. 나이를 먹게 되면 조금씩 쪼그라들고 결국 죽는다. 낙엽도 마찬가지로 늙고, 모양도 변하고, 쪼그라들어 가을이 되면 죽는다고 생각하기 쉽다.

그러나 나뭇잎은 자연적인 장기 노화 과정보다는 안락사에 훨씬 더 가까운, 고의적이고 적극적인 과정의 결과로 변화하고 죽는다. 피터 토머스Peter Thomas 박사는 킬대학교Keele University의 식물생태학 명예 교수이다. 좋은 직함이긴 하지만 나무 전문가라는 그의 지위에 걸맞지는 않다. 나무에 대한 이해를 증진하기 위해 피터보다 더 많은 일을 한 사람은 지구상에 없을 것이다. 나는 운이 좋게도 잉글랜드 남동부의 옥스퍼드셔주Oxfordshire에 있는 어느 숲에서 피터와 함께 나무를 관찰하며 시간을 보낸 적이 있다. 그는 가을에 대한 많은 사람의 생각과 실제로 발생하는 것과의 차이를 보여주는 간단하고 실용적인 실험을 제안했다. 우리가 모두 시도해 볼 수 있는 실험이다.

여름에는 아직 푸른 잎들이 붙어 있음에도 불구하고 나무에서 떨어져 나간 가지를 땅에서 발견할 수 있다. 이후 몇 주 동안 우리는 그 나뭇잎이 갈색으로 변하면서 죽어가는 것을 볼 수 있다. 이는 가을이 되면 그 나무의 다른 모든 나뭇잎이 죽는 것과 비슷해 보인다. 하지만 실제로 같은 죽음이 아니며, 우리는 그 차이를 느낄 수 있다. 갈색 나뭇잎들 가운데 하나를 잡고 가지에서 떼어내려고 하면 나뭇잎이 저항한다. 나뭇잎은 여전히 제자리에 단단히 고정되어 있다.

나무가 귀중한 화학 물질을 가지로 회수한 다음 '탈리abscission' 과정을 통해 잎이 떨어져 나간다. 나무가 단순히 잎에 수분과 영양분 공급을 중단하고 잎이 포기할 때까지 기다리는 것이 아니다. 가을에 잎이 떨어지는 이유는 이런 과정을 통해 잎과 나무의 부착을 끊어버리기 때문이다.

일단 땅에 떨어진 나뭇잎에 대해 이 방법을 시도해 보고 나면, 폭풍우로 부러진 후에 이미 죽었음에도 나무에 붙어 있는 가지에서도 같은 현상을 관찰할 수 있게 될 것이다. 그 가지에는 의심스러울 정도로 오래 지속되는 갈색 잎이 있는데, 가을에 건강한 잎들이 떨어진 후에도 겨울까지 나무에 붙어 있는 나뭇잎들이 있다.

우리는 시간을 들여 무언가를 조사하다 보면 종종 생각지도 못한 것을 발견하곤 한다. 만약 여러분이 겨울에도 갈색 잎을 계속 붙들고 있는 상처 입은 가지들을 찾고 있다면, 겨울까지도 저항하며 여러 갈색 잎을 계속 유지하고 있는 일부 작은 낙엽수들과 그보다는 더 큰 나무들의 밑가지를 곧 발견할 수 있을 것이다.

이런 현상은 상처와는 관련이 없다. 발생 지연marcescence(식물의 잎이 떨어지지 않고 시드는 현상이다—옮긴이)이라고 하는 건강한 과정의 결과물이다. 참나무, 너도밤나무, 서어나무, 일부 버드나무에서도 흔히 볼 수 있지만, 더 작고 어린나무나 성숙한 나무의 가장 아래쪽 가지에서 가장 두드러지게 나타난다.[113] 내가 사는 지역의 너도밤나무 숲에서는 1월에도 머리 높이 정도에 갈색 잎이 달린 가지를 수백 개나 볼 수 있지만, 위쪽 캐노피에서는 하나도 보이지 않는다.

너도밤나무의 발생 지연은 봄부터 가을까지는 녹색을 유지하고, 그 이후부터 다음 해 2월까지 갈색 잎을 달고 한두 달 동안 있다가 다시 새로운 주기가 시작되는 등 일 년 내내 잎을 유지한다. 이 때문에 울타리용으로 너도밤나무가 많이 사용된다.

이런 습성은 분명히 진화론적으로 이점을 가지고 있지만, 그 이점이 무엇인지는 분명하지 않다. 한 가지 아이디어는 죽은 갈색 잎은 맛이 없고 방목하는 동물에게 불쾌감을 주기 때문에 어린나무를 동물로부터 어느 정도 보호할 수 있다는 점이다. 또 다른 아이디어는 잎을 붙들고 있는 것이 봄 생장 직전에 적절한 순간이 되면 뿌리 위로 미네랄을 뿌려줄 수 있는 하나의 방법이라는 것이다.[114] 이 작은 수수께끼를 한 번에 해결하려는 것보다 더 나쁜 박사 학위 주제가 있을까?

가을이 오는 타이밍이 봄이 오는 타이밍을 거울처럼 그대로 반영할 것이라고 기대할 수도 있지만, 나무의 목표와 나무에 가해지는 위험은 시기마다 조금씩 다르기 때문에 시계를 읽는 방식도 달라진다. 나무는 가을이 되면 해시계, 즉 밤의 길이에 훨씬 더 많이 의존하기 때문에 잎이 돋아나는 날짜보다 잎이 갈색으로 변하는 날짜를 더 정확하게 예측할 수 있다. 나무가 온도에 중점을 두지 않는 이유 중 하나는 봄의 경우, 서리가 내려서 잎을 잃게 되더라도 다시 잎이 자라게 할 기회가 있지만, 가을에는 그런 기회가 없기 때문이다. 가을에 서리가 내리면 나무는 녹색 잎에 남아 있는 모든 귀중한 미네랄들을 더 이상 회수할 수 없게 된다.[115] 서리 때문에 나뭇잎이 사라지기 때문이다.

가을에는 땅도 변하여 메말라 있을 수 있다. 가을이 늦게 오는 것보다 빨리 오는 것이 덜 위험하다. 스트레스로 인해 가을이 조금 더 빨리 올 수 있다. 내가 이 글을 쓰고 있는 날짜는 2022년 7월 31일이다. 기록상 가장 건조하면서 가장 따뜻한 7월이었다. 신문들은 "기록적인 이상기온과 수분 부족으로 나무들은 잎을 떨어뜨리고 있고, 과일이 예정보다 몇 주 앞서 성숙해지고 있다"라며 전국적인 현상을 전하고 있다.[116]

직사광선은 잎의 색 변화를 포함한 여러 가지 자연적인 과정들을 가속하고, 향상시킨다. 이 때문에 가을이 되면 나무의 남쪽 부분과 북쪽 부분이 상당히 다르게 보일 수 있다. 옥스퍼드의 작은 숲속에서 뒤섞여 있는 활엽수들 사이를 걷는 동안, 피터는 나무의 상단이 하부보다 먼저 변화하는 이유를 설명해 주었다. 뿌리에서 잎으로 수분을 운반하는 도관에는 마찰이 있으며, 운반 거리가 멀수록 마찰이 커진다. 땅이 너무 건조하면 나무 상단의 잎들이 하부의 잎들보다 힘겹게 버티다가 먼저 변색이 되고 땅에 떨어진다. 이러한 효과로 인해 캐노피 남쪽 상단의 잎들은 북쪽 하부의 잎들보다 훨씬 먼저 황금색이나 빨간색 또는 갈색으로 변하면서 눈에 띄는 차이가 발생하게 된다.

진화는 천재적이지만 도시화를 따라잡는 데는 힘겨워한다. 도시에 서 있는 가로등 옆의 나무들은 인공조명과 햇빛을 혼동할 수 있다.[117] 밝은 거리의 나무는 가을이 오는 것을 알아채지 못하고 너무 오랫동안 잎사귀를 유지한다. 나무의 부분마다 자체적인 시간을 준수하고 있기 때문에 그 효과가 국지적으로 나타나고, 다른 쪽의 나뭇잎은 색이 변하고 떨어지지만, 가로등과 가까운 쪽의 잎은 녹색을 유지한다. 겨울에 내리는 첫서리는 녹색 잎에 잔인한 상처를 입힌다. 마치 가로등이 나무에 직접 피해를 주어 잎과 가지에 고통을 주는 것처럼 보이지만 잎을 죽이는 것은 서리이다. 물론 인공조명이 나무의 시계를 뒤흔든 것이 궁극적인 원인이다.

시계로 뒤덮인 나무

가로등이 나무에 미치는 영향은 국소적이다. 이 아이디어는 흥미롭고 중요한 개념을 더 깊이 탐구하도록 만든다. 더 깊은 탐구를 위해 나의 반려견을 예로 들어보자.

매일 오후 5시가 되면 집에서 개 두 마리와 고양이 두 마리 등 반려동물에게 밥을 준다. 반려동물을 부른 다음, 건조식품으로 채워진 터퍼웨어 용기를 흔들며 먹이 시간이 되었음을 알린다. 고양이들은 자신들의 특유한 방식으로 몇 분 동안 이를 무시한다. 이것은 일종의 힘겨루기이다. 하지만 개들은 급하게 달려와 모서리를 긁어버리는 경우가 많다.

개들은 밥 먹을 시간이라는 소리를 듣고 자신들의 허기와 그날의 시간대를 연결한다. 뇌가 신경계를 통해 팔다리로 메시지를 보내면 저녁 식사를 위해 미친 듯이 달리기 시작한다. 각 동물들의 결정은 가능한 한 빨리 먹이에 도달하려는 단일 목적에 맞게 나머지를 조정하는 다음 신호들이 이어진다. 우리는 이와 같은 동물적인 중추 신경계가 세상에 어떻게 반응하는지 보고 경험하는 데 너무 익숙해서 다른 모든 유기체가 동일한 방식으로 반응한다고 가정을 하기 쉽다. 하지만 그렇지 않다.

나뭇잎과 가지, 꽃 그리고 뿌리는 각각 자신들만의 작은 세계를 감지하고 반응한다. 하지만 중추 신경계와 같은 그런 시스템은 없다. 실험실의 과학자들은 같은 식물의 두 부분을 매우 다른 세계로 끌어들이는 것을 좋아한다. 한 부분은 빛이 많고 온화한 온도에 있고, 다른 부분은 어둡고 추운 곳에 있다. 지능이 있는 동물의 경우, 뇌가 두 세계를 하나로 조화시키려고 노력하기 때문에 심리적인 문제가 발생할 수 있지만, 식물의 경우 매우 다른 두 가지 측면으로 나타나게 된다.

이러한 국소적인 반응은 나무의 각 부분이 적절한 순간에 계절을 맞이하는 데 도움이 된다. 상단에 위치한 눈들은 지면에 더 가까운 눈들과는 서로 다른 미기후를 경험하고, 가지 끝단에 있는 눈들은 줄기에 더 가까운 눈들과는 서로 다른 온도를 경험한다. 하지만 나무는 그 차이를 알고 있으며, 눈들도 모두가 동일한 것은 아니다.[118] 눈들은 위치에 따라 다르게 반응한다. 예를 들어 복숭아나무의 경우, 상단에 위치한 눈들은 측면 가지에 있는 눈들만큼 오랫동안 차가워질 필요가 없다. 이 같은 사실은 매우 중요하며 균형을 유지하는 데 도움이 된다. 모든 눈이 온도에 정확히 같은 방식으로 반응한다면 나무는 어려움을 겪을 것이다. 작은 차이에도 많은 변화를 보일 것이기 때문이다. 청명한 겨울밤이 지나면 지면 가까이에는 훨씬 더 차가운 공기층이 형성된다. 나무가 이 점을 고려하지 않으면 냉각 효과chilling effect로 인해 가장 아래쪽에 위치한 가지들은 상단에 위치한 가지들과 다른 계절에 있다고 느낄 것이다.

나무들은 최선을 다하지만, 미기후로 인해 모든 부위에 발생하게 되는 온도 차이에 완벽하게 대응할 수는 없다. 이에 따라 각 나무마다 계절에 따른 차이를 볼 수 있다. 눈, 잎, 꽃 또는 열매가 완벽한 동시성synchronicity을 따르는 것이 아니라 나무마다 조금씩 다르게 나타난다는 말이다. 예를 들면, 여러분도 봄에는 잎이 어느 한쪽에서만 먼저 돋아나는 것을 볼 수 있을 것이다.

일단 여러분도 계절의 변화에 따른 국소적 차이를 찾아보는 데 시간을 투자하기만 한다면 가장 흥미로운 가을 현상 중 하나를 발견할 수 있을 것이다. 어떤 나무는 안쪽에서, 어떤 나무는 바깥쪽에서 색이 먼저 변한다. 자작나무와 같이 잎을 꾸준히 생산하고 개방된 곳을 선호하는 나무는 안쪽에서 먼저 단풍이 들고 바깥쪽으로 단풍이 진행된다.[119] 특히 단풍나무와 같이 봄에 잎이 돋아 나오는 숲속 나무는 일반적으로 바깥쪽에서 안쪽으로 색 변화가 일어난다.

가을바람

지난가을, 춥고 고요한 어느 날 아침에 산책하면서 이전에는 전혀 눈치채지 못했던 두 가지 사건을 목격했다. 땅바닥 위에 많은 낙엽이 있었고, 나무 위에도 여전히 많은 잎이 붙어 있었다. 가끔 갈색 나뭇잎 한두 개가 내 눈앞에서 흔들리곤 했다. 그때 여러 개의 나뭇잎이 동시에 떨어지면 어떤 의미가 있음을 깨달았다. 나뭇잎이 쏟아져 내리는 것은 머리 위에서 일어나고 있는 어떤 활동과 관련 있었다.

산비둘기가 날아오르고 다람쥐가 뛰어오르면 나뭇잎이 밀려서 땅으로 떨어지곤 했다. 얼마 지나지 않아서 그리고 그 이후로도 계속 가을이 되면 캐노피에서 나뭇잎이 떨어지는 모습을 발견할 때마다 새와 다람쥐를 찾아보게 된다. 매우 만족스럽다.

어떤 동물 한 마리가 나뭇잎을 떨어뜨릴 때마다 바람까지 불면 수천 개의 나뭇잎이 떨어져야 한다. 우리는 나무가 나뭇잎을 차단하고 봉인해 나무에 붙잡아 두는 결합을 끊어버린다는 것을 알고 있다. 하지만 나무는 잎을 버리는 것도, 강제로 떨어뜨리는 것도 아니다. 자연스럽게 떨어지도록 내버려 둘 뿐이다. 이런 과정의 마지막 단계에서 때로는 바람에 의해 나무에서 잎이 떨어져 나가는 것이다. 초가을에는 강풍에 의해, 늦가을에는 산들바람에 의해 나뭇잎이 떨어져 나간다. 여기서 우리는 패턴들을 발견해 낼 수 있다.

강풍을 맞은 쪽의 나무가 먼저 잎을 잃는다. 만약 여러분이 한쪽에만 갈색 잎이 무성하고 다른 쪽은 맨살이 드러난 나무를 본다면, 그쪽으로 탁월풍이 불어왔을 가능성이 높다. 나무의 맨살은 나침반의 바늘과 같아서 대부분의 강풍이 불어오는 방향을 가리킨다.

일단 이런 광범위한 효과를 몇 차례 발견했다면, 나무의 키에 따라서는 얼마나 더 두드러지게 나타나는지 살펴보자. 바람은 지면에서 가까울수록 약하고, 높이가 높아질수록 강하기 때문에 가을에도 나무에 흔적을 남긴다. 바람으로부터 보호를 받는 나무의 측면 방향에서 완전히 맨살을 드러내고 있는 상부 가지와 잎이 무성한 하부 가지를 찾아보자.

이제 국지풍의 영향을 살펴보도록 하자. 탁월풍은 전 지역

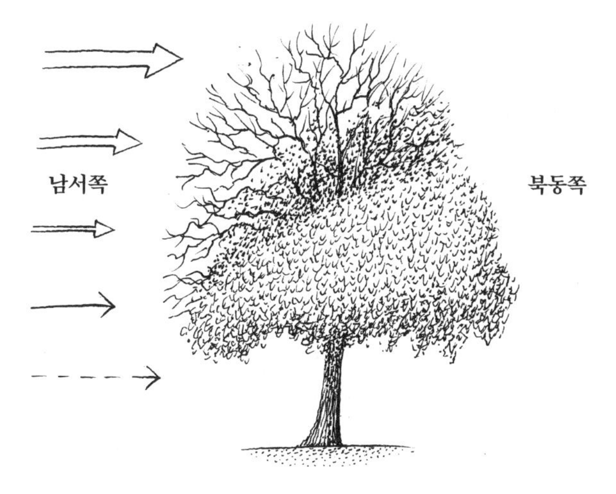

가을에 나뭇잎이 소실되는 패턴

에 영향을 미치지만, 지면에 닿으면 양상이 바뀌어 많은 국지풍이 만들어진다*. 나무에서 잎이 특정한 패턴으로 떨어진 것을 발견한다면 그럴만한 이유가 있을 것이다. 탁월풍의 방향, 최근의 강풍, 주변 풍경의 형태 등을 종합적으로 생각하면 수수께끼를 풀 수 있을 것이다.

작년 가을 풀럼Fulham의 길을 걷다가 벚나무 세 그루가 줄지어 서 있는 것을 보았다. 두 그루는 아직 잎이 남아 있었지만, 가운데 한 그루는 잎이 모두 떨어진 상태였다. 외로워 보였고 맨살이 드러나 있었다. 잠시 멈춰 주변을 둘러보니, 도로를 따라 탁월풍이 불어닥쳤고, 그 후 두 나무 사이의 틈새를 비

* 국지풍에 대해서는 이미 《날씨 세계》에서 기술한 바 있다.

집고 들어와 가운데 나무의 잎들을 떨어뜨린 것을 발견했다.

수줍은 꽃과 과시욕

일부 나무는 잎이 나오기 전에 꽃을 피운다. 산사나무의 경우 검은 나뭇가지에 하얀 꽃이 피는 것으로 유명하다. 하지만 대부분의 낙엽수는 앞서 언급한 맨살을 드러낸 상태에서 눈, 꽃봉오리(잎), 꽃, 열매, 낙엽의 순서를 따른다. 잎이 다 떨어지면 꽃이 피는지 계속 주시할 것이다. 그리고 꽃을 발견하는데 성공하기 위해서는 나무에 의존하기보다는 고대의 역사를 살펴보면 더 도움이 될 것이다.

나무에는 크게 두 가지 유형의 꽃이 있다. 우리가 현재 보고 있는 꽃과 그런 꽃이 핀 이유를 이해하기 위해 시간을 거슬러 올라가 보자. 침엽수는 활엽수보다 먼저 진화했으며, 번식을 위해 꽃가루를 꽃에서 꽃으로 옮겨주는 바람에 의존했다. 진화가 일어나는 전체 과정 중 후반부에 일부 창의적인 식물들은 바람보다는 주로 곤충같이 날아다니는 동물들이 꽃과 꽃 사이에서 꽃가루를 더 정확하게 운반할 수 있다는 사실을 발견했다. 이로 인해 우리가 볼 수 있는 꽃들 사이에 큰 차이가 생겼다.

여러분이 꽃가루를 옮기기 위해 바람에 의존하는 한 그루의 나무라고 상상해 보자. 꽃이 어떻게 생겼는지는 중요하지 않다. 바람은 무생물이기 때문이다. 바람은 선택하거나 선호도를 표시하지 않는다. 하지만 벌과 같은 곤충의 도움을 받기로 했다면, 선택을 받기 위해 동물들을 유혹하는 일을 갑자기 시작하게 된다. 이제 여러분은 다른 모든 동물로 수분하는 꽃들과 경쟁하게 되었다. 벌이 꽃에 모여들어 경쟁자의 꽃보다 내 꽃가루를 더 선호할 만큼 꽃을 매력적으로 만들지 못하면 번식에 실패하고 모든 것이 끝나버린다. 동물에 의한 수분은 바람보다 훨씬 효율적이지만, 꽃이 눈에 띄도록 만들어야 한다. 이는 마치 무자비한 원예 대회와도 같다. 금메달을 획득하지 못하면 여러분의 가족은 사라져 버린다.

대부분의 침엽수는 바람에 의해 수분이 이루어지고 대부분의 활엽수는 동물에 의해 수분이 이루어진다. 이것이 두 종류의 나무 꽃이 매우 다르게 보이는 이유이다. 하지만 이를 구분하기 위해 그 나무가 무슨 나무인지 식별하거나 나뭇잎을 볼 필요 없이 단지 꽃만 살펴보면 된다.

꽃잎이 예쁘거나 눈길을 끄는 색을 가진 매력적인 꽃이 핀 나무를 보게 된다면, 동물이 수분한 나무임을 의미한다. 그 주변을 잘 살펴보면 일부 곤충들도 관심을 두고 있다는 사실을 발견할 수 있을 것이다.

향기에도 동일한 논리가 적용된다. 바람은 냄새에 관심이 없지만, 곤충들은 그렇지 않다. 새들은 후각에 의존하지 않기 때문에 향기를 발산하는 꽃은 대부분 곤충에 의해 수분 된다. 웨이터가 한 손끝에 쟁반을 들고 있는 것처럼 넓고 편평한 산형꽃차례umbel(나뭇가지 끝에 기다랗게 무리 지어 달리는 꽃송이를 말한다—옮긴이) 위에 작은 꽃을 가진 식물들은 그다지 예쁘지는 않지만, 보통 작은 파리들이 뒤덮고 있다. 이런 식물들은 미적인 것은 포기하는 대신 배설물이나 썩은 살과 같은 자연의 즐거움을 흉내 내는 풍부한 향기를 갖추게 되었다. 파리에게 매력적인 향기이지만 우리 코에는 불쾌한 냄새일 수 있다. 산사나무와 산딸기나무는 산형꽃차례가 꽃을 피우지만 비교적 상쾌한 향기를 가진 식물 중 하나이다. 또한, 꽃 주변에는 종종 어두운색의 벌레들이 보인다.

바람을 통해 수분되는 나무들은 꽃을 숨기는 것이 아니라 눈에 띄지 않게 한다. 왜냐하면 그렇게 할 필요가 없기 때문이다. 바람은 침엽수의 꽃가루를 조용히 운반한다. 수백만 개의 꽃가루가 아무도 주목하지 않는 채 우리 주위를 떠다닌다. 가끔 유황 소나기sulfur shower로 알려진 두껍고 노란색 구름 속에서 꽃가루를 방출하는 침엽수를 볼 수 있지만, 그것은 예외적인 경우이다.[120] 사람들은 대부분 작은 침엽수의 꽃을 발견하지 못하며, 꽃가루 알레르기 환자만이 그 꽃가루를 바람에서 느낄 수 있다.

이상한 모양들

단풍나무는 그 사이에 있는 흥미로운 예이다. 단풍나무의 꽃은 매우 흥미롭고 화려한 모양이지만 특이하게도 눈에 띄지 않는 색을 가지고 있다. 그 특이한 꽃은 바람과 곤충에 의존하는데, 바람 수분이라는 오래된 방식에서 동물 수분이라는 새로운 방식으로의 전환을 상징한다. 단풍나무 꽃을 바라보고 있으면 수백만 년의 진화 역사를 아우르는 하나의 다리를 바라보고 있는 것과 같다. 우리가 꽃에서 흥미로운 모양들을 본다면 그렇게 된 이유가 존재할 것이다. 나는 이를 되새기기 위해 '종소리가 있는 곳에 벌이 있다'라는 구절을 이용한다.

뚜렷한 종 모양을 가진 꽃은 특정 동물들에게 유리한 상황을 조성하려고 노력한다. 이는 특히 키가 더 작은 식물에서 매우 흔하게 나타나는 현상이다. 디기탈리스foxglove는 호박벌bumblebee에게 유리하도록 진화시킨 기다란 종 모양의 꽃을 가지고 있다. 종 모양 꽃의 아랫입술에는 벌을 끌어들여 내려앉을 수 있게 만드는 예쁜 무늬도 있다. 모든 꽃의 형태와 동물의 행동 사이에는 복잡한 관계가 존재한다. 과학자들이 야생 식물(에리시뭄 메디오히스티컴Erysimum mediohispanicum)의 꽃을 연구한 결과, 꽃잎이 더 넓을수록 더 작은 벌을 끌어들이며, 반대로 꽃잎이 더 좁을수록 더 큰 벌을 끌어들였다.

일부 식물의 경우 수분 매개자로 조류를 더 선호하기 때문에 꽃 모양이 독특하다. 남아메리카가 원산지인 후크시아fuchsia는 긴 부리를 이용해 대롱꽃tubular flower 끝에 있는 꿀에 접근할 수 있는 특정 종의 벌새들을 끌어들인다. 새를 유인하는 꽃은 일반적으로 붉은색을 띠는데, 새가 벌보다 붉은색을 더 선명하게 볼 수 있다는 가설이 널리 퍼져 있지만, 과학은 그보다 더 미묘하고 복잡하다.[121] 새의 수분은 나무보다 작은 식물에서 더 흔하게 나타나지만, 인도 산호 나무coral tree는 선명한 붉은색과 풍부한 꿀로 새들을 유혹한다.

모든 색깔은 의미를 지니며, 봄이 오면서 신호가 바뀔 수 있다. 많은 식물의 꽃이 한 가지 색에만 국한되어 있는 것은 아니다. 말밤나무는 독특한 피라미드 모양의 꽃을 가지고 있으며, 그 꽃들은 짧은 생애 동안 다양한 신호들을 보낸다. 꿀이 함유되어 있는 부위는 처음에는 흰색이지만 개화하면서 노란색으로 변하며, 수분할 준비가 되었음을 알린다. 일단 수분이 되고 나면 벌이 잘 식별하지 못하는 진홍색으로 변한다. 이는 꽃이 벌들에게 전하는 메시지에 해당한다. "모든 일은 끝났고, 더 이상 꿀이 없으니 비켜주세요"라고 말하고 있는 것이다.

지난 5월, 잉글랜드 웨스트미들랜즈주West Midlands의 스트랫퍼드 어폰 에이번에 있는 시내 공원에서 말밤나무 주변을 30분 정도 걸으면서 보낸 적이 있다. 꽃의 색상에 분명한 경향이 있었고, 나무 한쪽에는 다른 쪽에 비해 더 많이 수분된 진홍색 말밤나무 꽃들이 피어 있었지만, 그 이유를 해석할 수 없었다. 이에 대한 조사는 계속되고 있고, 아직 퍼즐을 풀지 못했음에도 여전히 나는 그 시간이 매우 의미 있었다고 생각한다. 인생의 매 30분이 이렇게 알차게 채워진다면 얼마나 좋을까.

추한 것이 유행이다

나무에 아름다운 꽃잎이 달린 꽃이 보이면 동물 수분 매개자가 근처에 있다는 뜻이기도 하지만, 풍경의 단서가 되기도 한다.

곤충들을 유인하기 위해서는 빛과 약간의 개방성이 필요하다. 나무가 울창해서 어두운 숲 한가운데에 멋진 큰 꽃을 피워도 아무 소용이 없다. 반면 바람에 의한 수분은 까다롭지 않다. 바람이 나무에 닿을 수만 있다면 아무리 어두워도 문제가 없다. 꽃잎을 가지고 있는 꽃들은 과일나무처럼 고립되어 있거나 작은 그룹으로 자라는 나무에서 더 흔하게 볼 수 있고, 바람에 의해 수분된 꽃들은 숲에서 더 흔하게 볼 수 있다.

이는 대략적인 경험 법칙을 사용할 수 있음을 의미한다. 꽃이 더 크고 아름답다면 땅이 더 개방적일 가능성이 높고, 꽃이 더 작고 눈에 띄지 않을수록 울창한 숲이나 그 근처에 있을 가능성이 높다. 아름다운 꽃들은 동물과 사람에게 더 인기가 있는데, 특정 고도 이상에서는 바람에 의해 수분되는 꽃이 광활한 지역을 지배한다.

꽃 나침반

빛과 관련이 있는 식물의 어떤 부위라도 나침반을 만드는 데 활용될 수 있다. 꽃잎을 가지고 있는 꽃은 곤충을 향해 빛을 반사하기 때문에 나무의 밝은 남쪽 면에서 더 흔하게 발견된다. 또한, 꽃잎이 태양을 향하는 이유도 그 때문이다. 앞서 살펴본 나뭇잎들처럼, 많은 꽃은 가만히 있는 것이 아니라 하루 종일 태양을 따라 움직인다*.

* 요즘에는 많은 스마트폰 카메라에 타임랩스(time-lapse) 옵션이 있다. 한 시간 또는 그 이상 동안 잔디 위에 핀 데이지 몇 송이를 찍을 때 스마트폰 카메라의 타임랩스 기능을 설정하면, 꽃의 움직임을 더 선명하게 볼 수 있을 것이다. 이런 효과는 하루가 시작되는 시간이나 끝나는 시간대에 꽃이 열리거나 닫히는 것과 함께 태양의 움직임을 따를 때 가장 두드러지게 나타난다. 아래 링크를 통해 내가 찍은 영상을 볼 수 있다.
naturalnavigator.com/news/2020/04/daisies-opening-a-time-lapse

일부 종류의 나무들, 예를 들어 벚나무와 같은 나무들의 경우 서로 가까이 자라는 것이 일반적이며, 이때 이런 효과가 더 강화된다. 가장 남쪽에 위치한 나무의 남쪽 측면은 풍부한 빛을 받지만, 동일한 나무의 북쪽 측면은 거의 빛을 받지 못한다. 이는 태양의 반대쪽에 있으며, 이웃 나무들로부터 그림자가 드리워지기 때문이다. 나무의 한 측면에는 꽃으로 뒤덮여 있을 것이고, 반대쪽 측면에는 거의 꽃을 찾아볼 수가 없을 것이다.

건축가로서의 꽃

이제 4장 〈사라진 가지들〉에서 처음 만났던 신호를 다시 한번 살펴볼 시간이다. 이번에는 꽃을 중심으로 살펴보도록 하자. 내가 매일 지나치는 작은 나무 한 그루가 있는데, 나무라고 부르는 것은 칭찬을 아끼지 않겠다는 뜻이다. 사실 나보다 키가 크지 않기 때문이다. 내가 사는 백악질 언덕길에서 흔히 볼 수 있는 나무이기 때문에 매일 지나친다는 사실이 그리 놀랄만한 일은 아니다. 단서는 가막살나무wayfaring tree라는 이름에 있다.

봄에는 향기로운 흰색 꽃을 활짝 피우고 여름에는 납작한 붉은 열매를 맺는데, 이 열매는 계절이 지나면서 검게 변한다. 꽃이나 열매가 다 지고 나무에 잎이 가득할 때는 정말 예쁘다. 둥글둥글한 모양에 약간의 질서와 규율을 갖춘 형태를 하고 있다. 하지만 겨울이 되면 마른 가지가 사방으로 뻗어 있는, 이 땅에서 가장 지저분한 관목 중 하나인 듯 보인다. 혼

돈이 지배한다. 대혼란에는 이유가 있으며, 그 이유는 연초의 하얀 꽃의 위치에 있다.

꽃은 나무의 모양에 큰 영향을 미친다. 나뭇가지의 두 가지 주요 역할은 에너지를 흡수하기 위해 잎이 돋아나게 하고, 번식을 위해 꽃과 열매가 자라게 하는 것이다. 우리는 앞서 잎눈이 나무의 모양에 대한 단서를 제공하는 방법을 살펴봤다(마주 나오는 눈은 마주 나오는 가지를, 번갈아 나오는 눈은 번갈아 나오는 가지를 의미한다). 비슷하지만 약간 다른 단서는 꽃에서 찾을 수 있다. 나뭇가지에서 어느 위치에 꽃이 피었는지 항상 확인하는 것이 좋다.

각 나무는 두 가지 전략 중 하나를 선택해야 한다. 각 가지의 말단에 꽃을 피우거나, 가지 중간중간에 있는 눈에서 꽃을 피울 수 있다. 나무는 꽃을 가장 끝부분인 말단에 위치시키는 것이 유혹적일 수 있다. 왜냐하면 그 부분은 가지 중 가장 많은 빛을 받으며, 날아다니는 곤충에게 제일 많이 노출되기 때문이다. 그렇다면 왜 모든 나무가 그렇게 하지 않을까? 가장 끝에서 꽃을 피우는 데 문제가 있기 때문이다. 꽃은 가지의 끝이다. 가지 끝에 꽃이 핀다고 해서 가지가 죽는 것은 아니지만, 가지가 더 이상 그 끝에서 자랄 수 없으므로 방향을 바꾸고 새로운 방향으로 갈라져야 한다. 방향이 바뀔 때마다 가지에 약점이 생기고, 가지가 부러지기 전부터 전체 나무의 크기가 제한된다.

가지 측면을 따라 꽃들이 피는 나무는 곧게 자라고, 가지 끝에 꽃이 피는 나무는 지그재그 모양으로 자란다. 봄이 되어 꽃이 피었다면 목련magnolia, 층층나무, 단풍나무 등 끝부분에 꽃이 달린 나무가 겨울에는 어떻게 울퉁불퉁하고 어수선한 모습을 보이는지 알 수 있다. 이를 통해 앞서 말한 효과를 양쪽 끝에서 확인할 수 있다. 아니면 다음과 같이 기억해 보자.

> 끝단에 꽃이 핀 가지는 모두 분기가 있으며, 지그재그 모양이고, 휘어져 있다.

꽃은 생식 기관에 해당하며, 번식을 한다는 말은 성숙했음을 의미한다. 어린나무는 번식하지 않으므로 꽃을 피우지 않는다. 이것이 어린나무가 오래된 나무보다 질서 정연해 보이는 또 다른 이유이기도 하다.

열매와 씨앗

열매와 씨앗을 생산하는 것이 수분된 모든 꽃의 목표이지만, 그 방식은 다양하다. 예상대로 가장 큰 차이점은 활엽수와 침엽수 사이에서 나타난다. 활엽수의 과육 많은 열매를 잘 알고 있을 것이다. 사과, 복숭아, 배, 살구 등 슈퍼마켓에서 흔히 볼 수 있는 과일이 이에 해당한다. 또한, 호두처럼 잘 알고 있지만, 과일로 생각하지 않은 것도 있을 것이다. 사실 나무의 열매와 씨앗의 종류는 매우 다양하기 때문에 전체적인 패턴을 찾는 데 조금 어려움이 있겠지만, 내가 주목했던 몇 가지 패턴을 소개하고자 한다.

솔방울은 침엽수의 열매에 해당한다. 언뜻 보면 솔방울이

가문비나무 남쪽의 잎에 왁스가 많이 묻어 있어 흰색과 파란색이 나타난다.

끝이 뾰족한 개암나무 잎은 비를 막아주는 역할을 한다.
끝이 뾰족한 잎은 습한 지역에서 더 흔하다.

벚나무의 껍질은 '큰 변화'를 일으킨다. 피목과 함께
줄무늬가 있는 어린 표피를 벗겨내고 그 아래 더 단단한 표피를 드러낸다.

잉글랜드 남서부 윌트셔주의 호두나무가 뿌리 주변의 토양을 오염시켰다.

'남쪽 눈'과 '껍질 간 접합'이 있는
약한 분기.

측면에서 보면 나무가 스트레스에
반응하여 분기 부분이
부풀어 오른 것을 알 수 있다.

가막살나무의 가지 끝에 있는 꽃이나 열매는 지저분한 구조로 이어진다.

V형 무늬의 뾰족한 부분이 건강한 U자형 분기를 향해 위쪽을 가리킨다.

스티븐 헤이든이 텍사스 포트워스 식물원에 있는 햇볕에 덴
벚나무의 상처를 보여주고 있다.

우리 동네 숲에 있는 너도밤나무의 거대한 옹이.

줄기에서 튀어나온 곰팡이는 나무에 문제가 생겼다는 신호다. 이 너도밤나무에 곰팡이가 번성하는 것을 수년 동안 지켜봤지만 결국 폭풍우로 인해 실패했다. 또한 나무 밑둥에 도장지가 돋아나는 것도 스트레스의 또 다른 징후다.

밤나무 껍질에 있는 자연스러운 나선무늬의 모습. 오래된 아래쪽 가지가 아래를 향하고 있고, 잎은 밑동의 바람 그림자에 모여 있다.

단풍나무 새싹의 분홍색 덮개.

뿌리는 지형과 나무에 가해지는 스트레스에 적응한다.
뿌리는 예상보다 더 넓고 얕다.

큰 가지가 있던 자리에 상처목재가 자라나 구멍을 막는다.

너도밤나무의 단풍은 남쪽 높은 곳에서 시작된다.

웨일스 스노도니아에서는 활엽수가 계곡을 지배하고 침엽수가 높은 지대를 차지한다.
능선 위로 뾰족하게 솟은 큰 키의 침엽수가 깃발처럼 꽂혀 있다.
왼쪽 참나무에 나 있는 몸통순 나침반이 보인다. 노출된 활엽수의 오른쪽 남쪽에
단풍이 더 짙게 물들어 있다. 우리가 바라보는 방향은 남동쪽이다.

라고 생각할 수 있지만, 다양한 모양과 특징을 파악하려면 시간이 좀 걸린다. 침엽수에는 꽃가루를 생성하는 수꽃male cone과 씨앗을 생성하는 암꽃female cone이 있는데, 우리가 솔방울이라고 말할 때는 대부분 암꽃을 의미한다. 왜냐하면 수꽃은 일반적으로 암꽃보다 더 작고 부드러우며, 색상과 모양이 다소 솔방울 같아 보이지 않기 때문이다. 부록에서 다양한 솔방울에 대해 더 깊이 있게 설명해 두었다.

꽃이 빛을 곤충들에게 반사하고, 개방되어 있어 햇볕이 잘 드는 면, 특히 나무의 남쪽 측면에서 더 풍성하게 자랄 것이라는 논리를 우리는 쉽게 이해할 수 있다. 간과하기 쉽지만, 열매와 씨앗은 꽃으로부터 나오는 것이기 때문에 당연히 개방되어 있고 더 밝은 면, 특히 나무의 남쪽 면에서 더 많이 볼 수 있을 것이라는 사실은 자명하다.

나는 숲의 남쪽 가장자리에서 작은 산사나무의 붉은 열매가 길고 밝은 가상의 선상으로 나무의 남쪽 면을 덮고 있는 모습을 보는 것을 좋아한다. 열매들은 넓은 붓으로 남쪽을 붉게 칠한 것처럼 보일 뿐만 아니라, 열매 하나하나가 모두 남쪽을 가리키고 있다.

언제나 그렇듯이 하나의 예술 안에서 또 다른 예술이 존재한다. 일부 열매와 씨앗은 남쪽 면에서 더 풍성하게 자랄 수 있지만, 그때 바람이 흔적을 남긴다. 매년 2월마다 수꽃male flower이 미상꽃차례catkin(꼬리화서에서 나뭇가지 끝에 기다랗게 무리 지어 달리는 꽃송이를 말한다 — 옮긴이)처럼 개암나무에 매달려 있는데, 이때가 바로 '개암나무 깃발'을 찾아 기쁨을 만끽할 수 있는 시기이다. 늦겨울과 초봄에는 강한 바람이 불어오고, 꽃차례는 바람이 불어가는 방향으로 당겨진다. 그리고 마지막 폭풍이 불어온 방향으로 가지의 반대쪽에 매달려 있게 된다.

종자 풍년의 해

계절의 연간 주기는 우리에게 매우 익숙하지만, 더 길고 짧은 주기도 함께 존재한다. 너도밤나무, 참나무, 개암나무 등 대형 씨앗을 생성하는 나무들은 매년 같은 수의 씨앗을 생산하지는 않는다. 몇 년에 한 번씩 평년보다 더 많은 씨앗을 생성하는 해가 있다. 이를 '종자 풍년의 해mast year'라고 한다. 이 해는 날씨의 영향을 받기도 하지만, 동물의 영향을 받기도 한다.

나무들은 매년 씨앗을 생성하지 않아도 생존할 수 있지만, 동물들은 규칙적으로 먹이를 먹어야 한다. 나무는 진화를 통해 이를 자신들에게 유리하게 활용하는 방법을 익혔다. 참나무가 매년 같은 수의 도토리를 떨어뜨린다면, 적어도 이론적으로는 멧돼지 같은 야생 동물들은 도토리를 먹고 번식하며 숲 바닥에 떨어진 도토리를 모두 먹어 치울 때가지 충분한 수의 멧돼지가 생겨날 것이다. 그러나 참나무가 더 교활한 전략을 사용해 몇 년 동안 도토리를 거의 떨어뜨리지 않으면 돼지들은 굶주리게 되고 개체 수도 줄어들 것이다. 이 방법은 실제로 두 가지 형태로 나타난다. 일부 동물들은 굶어 죽지만, 다른 동물들은 어려운 시기에 적은 수의 새끼를 낳는다.

그다음 해에 참나무가 대량의 도토리를 떨어뜨리더라도 도토리를 먹어 치울 돼지가 부족하게 된다. 그 결과, 더 많은 도토리가 살아남아 묘목으로 성장하게 된다. 나무의 단순한 천재성을 엿볼 수 있다.

6월 낙과

초여름부터 한여름까지 사과나무 주변을 걷다 보면, 사과나무에 문제가 있다고 생각할 수 있다. 동물들이 먼저 먹지 않았다면, 나무 그늘 아래 지면에 작은 열매들이 흩어져 있을 가능성이 높다.

사과나무는 열매가 완전히 자라거나 익기도 전에 많은 양의 초기의 열매들을 땅에 떨어뜨린다. 이 자연적인 과정을 6월 낙과June drop라고 하며, 몇 주 동안 계속되어 개화 후 몇 달이 지난 7월에 정점에 이른다. 감귤류와 자두를 포함한 다른 많은 나무도 비슷한 현상을 보이므로 걱정할 필요는 없다. 나는 이를 번식을 위한 엽총shotgun 접근 방식의 일부라고 생각한다.

식물은 모든 꽃이 자손을 생산할 수 있다면, 필요한 양보다 훨씬 더 많은 꽃과 열매 그리고 종자를 생산하고자 할 것이다. 자라지 않는 열매에서 종자가 나올 수 없으며, 꽃보다 더 많은 열매가 열릴 수도 없다. 나무는 자신이 성장한 이후 어느 단계에서든, 원하는 부분을 얼마든지 제거할 수 있다. 그러나 시간을 되돌릴 순 없다. 각 단계에서 필요한 것보다 더 많이 생장한 후 잘라내는 것이 합리적이다. 5월, 나무에 달린 작은 사과가 모두 큰 열매로 자란다면, 나무는 이 많은 열매에 영양분을 공급하거나 지원하는 데 어려움을 겪을 것이고, 결국 그 열매들이 더 이상 필요하지 않게 될 것이다. 굶주린 열매가 많은 것보다, 적다고 하더라도 건강하고 잘 자란 열매가 나무에 더 유리하다. 따라서 낙과가 발생하게 되는 것이다.

수확제의 성장

무하마드 알리Muhammad Ali와 조지 포먼George Foreman의 대결은 "정글의 럼블Rumble in the Jungle"이라고 불리며, "20세기 최고의 스포츠 이벤트"라고 알려진 역사상 가장 유명한 복싱 경기 중 하나였다.[122] 이 경기는 지금은 콩고 민주 공화국에 속해 있지만, 당시에는 자이르Zaïre에 속해 있던 거대한 수도 킨샤사Kinshasa에서 열렸다. 킨샤사는 도시이고 분명히 정글은 아니지만, 라스베이거스보다는 정글에 가까웠기 때문에 마케팅 담당자들에게는 충분히 좋은 곳이었다.

알리는 명백한 약자였지만, "반격rope-a-dope"이라는 별명을 가진 위험천만한 새로운 전술을 사용하여 경기에서 승리했다. 알리는 로프로 후퇴하면서 포먼이 자신이 경기를 유리하게 이끌고 있다고 생각하게 한 후, 포먼이 펀치를 퍼붓는 동안 가드를 계속 유지했다. 지친 포먼은 경기 후반에 다시 돌진해 자신을 이기는 알리를 보고 깜짝 놀랐다.

매년 봄, 새싹에서 부드러운 새잎이 돋아 나오면, 애벌레와 다른 동물들이 조지 포먼처럼 잎을 향해 달려든다. 이 맹공격으로 나무는 거의 모든 잎을 잃을 수 있다.[123] 하지만 나무는 처벌을 감수하고 밧줄에 매달려 기다렸다가 늦봄에 "수확제의 성장lammas growth"이라고 불리는 새싹과 잎의 물결로 힘차게 되돌아온다(수확제는 수확의 첫 열매를 축하하는 기독교 축제로 전통적으로 북반구에서 8월 1일에 열린다).

참나무, 너도밤나무, 소나무, 느릅나무, 오리나무, 전나무 및 기타 많은 수종의 나무들은 봄이 지나고 한여름이 가까워지면 새싹과 잎이 여름 생장을 시작한다. 나무들은 밧줄에서 내려와 싸우기 시작한다. 흥미롭게도, 뒤늦게 수확제의 성장을 한 잎은 봄에 생장한 잎과는 다른 형태를 띤다. 참나무의 잎은 더 얇고 더 얕은 잎사귀를 가지고 있다.

생애 10단계

나무를 볼 때마다 그 나무의 수령에 대한 감을 잡을 수 있다. 크기를 보면 순간적으로 수령이 어느 정도인지 짐작할 수 있다. 둘레를 측정하는 방법은 천천히 체계적으로 진행된다. 이 외에도 많은 신호가 존재한다. 우리는 그런 신호들을 보지만 항상 인지하는 것은 아니다.

1995년, 프랑스 수목학자인 피에르 랑보Pierre Raimbault는 나무의 일생에 10단계가 있으며, 특정한 형태적 특징을 통해 그 단계를 파악할 수 있다고 주장했다.[124] 가장 초기 단계인 1단계에서는 나무의 크기가 매우 작지만, 중요한 점은 곁가지가 전혀 없다는 사실이다. 2단계에서는 나무에 가지가 생기고, 3단계에서는 가지에서 파생된 보조 가지가 생긴다. 4단계에서 나무는 그늘지고 비효율적인 하부 가지를 가지치기한다. 5단계와 6단계 사이에는 나무가 더 공격적으로 가지치기를 하고, 곁가지가 더 강하게 자란다. 이로 인해 그늘진 하부 가지가 있던 아래쪽과 캐노피 사이에 뚜렷한 간격이 생기고 캐노피는 더 넓어지는 외형의 변화로 이어진다. 7단계에 이르면 캐노피 아래 줄기가 맨살을 드러낸다.

나무의 키는 1단계부터 7단계까지 계속 더 커지지만, 그 이후로는 캐노피가 무너지기 시작하고 줄기는 계속 살이 찌지만 나무의 키는 줄어들게 된다. 8단계가 되면 나무는 끝부분의 생장이 멈추고, 몸통에 가까운 부분부터 재생력을 회복하며, 이어서 캐노피의 생장은 멈춘다. 9단계에서는 캐노피가 서서히 후퇴하기 시작한다.

나무의 줄기 껍질 아래에는 그늘에서 참을성 있게 차례를 기다리고 있는 눈이 있다는 것을 기억할 것이다. 노화로 인한 스트레스 때문에 잎들은 더 이상 끝단에서 자라지 않게 되고, 이제 빛이 줄기에 도달하여 껍질 속에 있던 눈들의 생장을 촉진시킨다. 몇 세기가 걸릴 수도 있겠지만, 말 그대로 햇볕을 쬐며 하루를 보내게 된다. 노화로 인한 스트레스는 나무의 호르몬에도 변화를 일으켜 새로운 생장으로 이어진다.

마지막 10단계에 도달한 나무는 물론 그렇지 못한 나무도 스스로 무너지기 시작한다. 이 시점에서도 나무는 여전히 살아 있긴 하지만, 무너져 가면서도 생존을 위해 줄기에서 새로 돋아난 하부 가지에 의존하게 된다.

물론 이는 랑보의 구분일 뿐이다. 우리 나름대로 몇 가지를 추가하거나 무시할 수도 있다. 나무도 사람들처럼 힘든 삶을 살았다면 노화 방식도 달라진다. 잉글랜드 남서부 다트무어 국립공원Dartmoor National Park에 있는 위스트맨스 우드Wistman's Wood의 얇고 노출된 토양에서 자라는 기괴한 난쟁이 나무들은 실제 나이를 쉽게 드러내지 않는다. 하지만 랑보처럼 나무를 살펴보고 나무가 어느 단계에 도달했는지 추측해 보는 일은 여전히 흥미로운 작업이다. 마치 안개 속에서 멀리 있는 마을 시계탑의 숫자를 읽는 것과 같다. 때로는 숫자가 분명하게 보이지만, 때로는 더욱 알아보기 어렵기도 하다.

나무가 죽어도 시계는 멈추지 않는다. 우리 집 근처의 거대한 너도밤나무 줄기가 땅에서 약 33피트(10미터) 높이에서 부러져 쓰러졌다. 오랜 세월 동안 자신의 약점을 숨기고 있었을 것이다. 아마도 나무껍질에 구멍이 나면서 곰팡이가 침투해 들어와 줄기의 힘을 서서히 갉아먹었을 가능성이 높다. 그 나무는 약 5년 전에 쓰러졌는데, 놀랍게도 쓰러진 다음 해에도 땅 위에 떨어진 부분은 봄과 여름 내내 생장을 이어갔다. 뿌리와는 연결되어 있지 않았지만 줄기와 가지 그리고 새싹에는 잎이 한 시즌을 더 자랄 수 있는 충분한 에너지가 있었던 것이다.

나무 달력과 숲 시계

침엽수의 경우 가지들이 매년 한 층씩 자란다. 이러한 가지의 층들이나 소용돌이무늬를 찾으면 침엽수의 나이를 측정할 수 있음을 의미한다. 어린나무, 특히 약 10년까지 나이는 측정하기가 가장 쉽다. 매년 생기는 층 사이의 간격이 뚜렷한

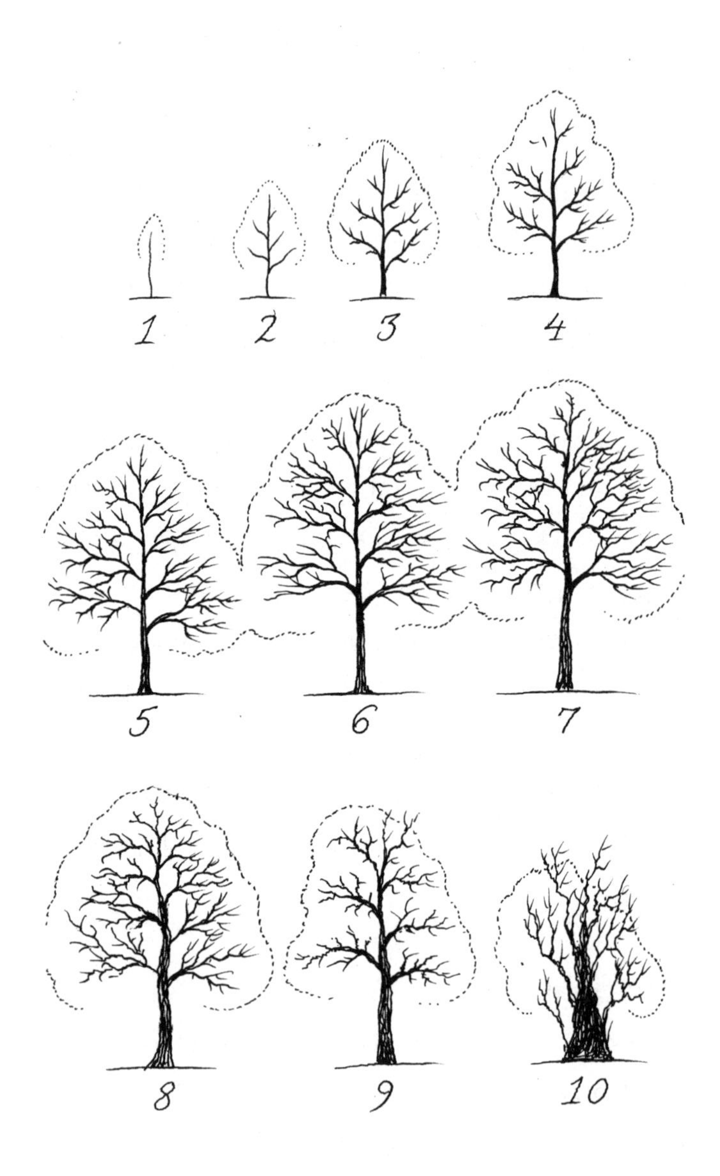

랑보의 10단계

시기이기 때문이다. 어린 전나무에서 이런 효과가 강하게 나타난다. 나무가 성숙해질수록 더 복잡해져서 찾기 어려워지지만, 여전히 같은 원리를 적용할 수는 있다.

어린 가지는 끝눈을 통해 가지 끝에서 생장한다. 이 과정은 나무의 상단이 생장하는 방식과 유사하지만, 가지는 바깥쪽으로만 자란다는 차이가 있다. 가지의 생장은 계절에 영향을 받으며, 생장이 멈추었다가 다시 시작되는 특성으로 인해 잔가지 주위에 흉터가 생긴다. 각 흉터 사이의 간격이 그해의 생장 정도를 나타낸다. 생장의 정도는 나무의 나이, 해당 계절 동안의 상황 그리고 그 이전 계절의 상황에 따라 달라진다. 이상적인 온도, 빛, 비가 적절하게 균형을 이룬 완벽한 조건에 있는 어린나무의 어린 가지의 경우 흉터 사이의 간격이 더 길어진다.

숲의 나이는 더 작은 식물들을 통해 알 수 있다. 일부 종은 한 지역에서 군락을 이루는 속도가 매우 느리기 때문에 그 종이 서식하고 있다면, 일반적으로 해당 지역에 대한 기록이 존재하는 한 수 세기 동안 그 자리에 해당 숲이 유지되어 왔음을 의미한다. 이러한 특정 환경에 적응한 틈새 식물을 고대 삼림 지표Ancient Woodland Indicators, AWIs라고 한다. 나는 운이 좋게도 집 근처에 고대 삼림이 많이 있어서 등대풀wood spurge(황록색 꽃송이가 가지 끝에 핀다—옮긴이)과 부처스브룸butcher's broom(참나릿과의 일종이다—옮긴이)을 포함해 기타 많은 고대 삼림 지표 식물들을 자주 볼 수 있다.

시간은 숲을 변화시킨다. 초창기 수십 년 동안은 모든 나무

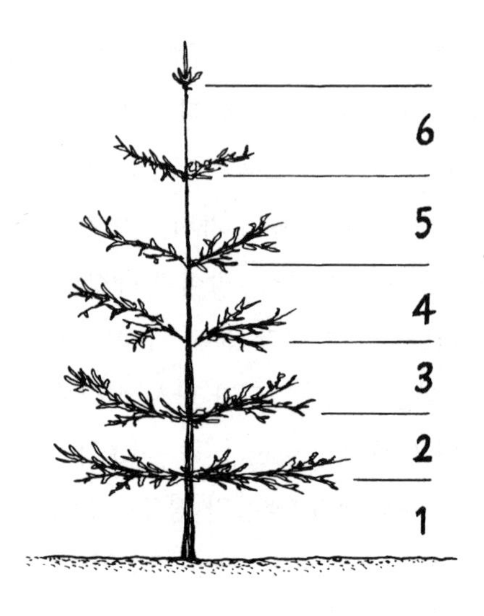

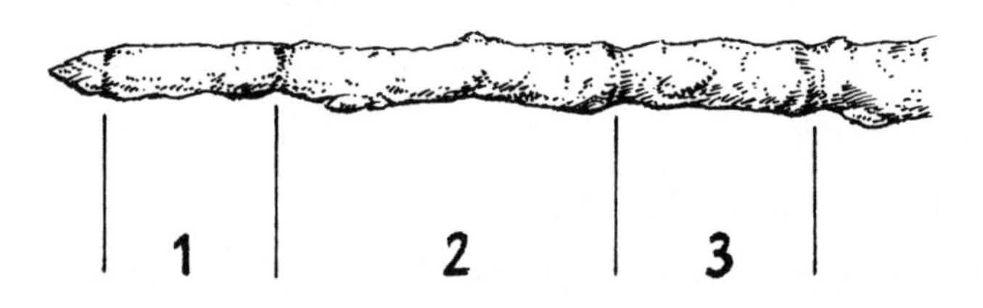

침엽수 나뭇가지의 나선형 패턴과 눈 흉터는 나무의 연간 생장을 보여준다.

가 스스로를 위해 가능한 한 많은 햇빛을 받으려고 노력하는 초기 단계라고 할 수 있다. 하지만 이로 인해 지속 불가능한 수의 나무들이 생긴다. 나무들이 성숙해지면서 캐노피가 올라가고 채워지면 문제는 더욱 커진다. 그중 많은 나무가 경쟁에서 이기지 못하고 죽게 된다. 성숙한 숲은 어린 숲보다 나무의 수와 종의 수가 적다. 숲을 관리하기 위해 주기적으로 간벌을 하는 이유 중 하나가 이 때문이다. 내가 이 글을 쓰는 동안에도 숲 밖으로 멀리서 목재를 운반하는 중장비가 둔탁하게 울리는 소리를 들을 수 있다. 사람들은 본능적으로 간벌을 우리의 소중한 숲을 훼손하는 혐오스러운 행위로 여기지만, 사실은 나무를 건강하게 하고 생물 다양성을 증진시키므로 숲에도 좋은 일이다.

나무와 함께 공생하는 생물들에게는 흥미로운 순환이 있다. 가장 흥미로운 동물 대부분은 숲의 생성과 소멸 무렵에 번성한다.[125] 초기에는 빛이 풍부하기 때문에 상대적으로 작은 식물들, 곤충들 그리고 새들이 더 많이 서식하게 된다. 숲이 오래되면 썩어가는 죽은 나무가 바닥에 많이 쌓이게 되고, 이로 인해 곤충들의 개체 수가 급증하면서 다른 많은 종에게 도움을 주게 된다.

겨울철 활엽수림을 걷다보면 훨씬 더 멀리까지 볼 수 있다는 사실을 알게 될 것이다. 다소 역설적이기도 하다. 우리는 여름이 빛의 계절이라고 생각하지만, 활엽수림의 경우 캐노피가 울창하기 때문에 답답할 정도로 어둡게 느껴질 수도 있다. 겨울에는 하늘이 납빛처럼 회색일지라도 나무 사이로 빛이 쏟아져 내린다. 이끼와 양치류, 지의류 그리고 우산이끼는 겨울철의 습기를 좋아하고 빛을 최대한 활용하며, 기온이 허용하는 한 계속 자란다. 온화한 기간이 끝나면 마치 겨울이 끝나고 찾아오는 봄처럼 숲의 바닥과 줄기 또는 가지의 아래쪽 부분이 초록빛으로 변하는 것을 여러분도 볼 수 있을 것이다.

12

잃어버린 지도와 나무의 비밀

나는 그 나무 앞에서 너를 만날 것이다

나는 오래된 습관을 가지고 있는데, 인간에게는 오래된 습관이고, 동물에게는 그보다 더 오래된 습관이다. 나는 새로운 지형을 이해하기 위해 랜드마크를 찾아내는 것을 좋아한다. 랜드마크란 자연적이이든 인공적이든 우리의 현재 위치를 이해하는 데 도움이 되는, 눈에 보이는 모든 물체를 의미한다. 나무는 지역의 랜드마크로 오랫동안 사용되고 있다. 눈에 띄는 독특한 나무들은 랜드마크로서 갖추어야 할 조건들을 모두 충족시기키 때문에 지역 전설로 자리 잡게 된다. 랜드마크 나무들은 독특하고, 식별이 가능하며, 수명이 길고, 눈에 잘 띄기 때문이다.

> 아브람Abram이 그 땅을 지나 세겜Shechem 땅 모레Moreh 큰 나무에 이르니 그때에 가나안 사람이 그 땅에 거주하였더라. —창세기 12장 6절

특정 나무 앞에서 모임을 주선해 본 적 있는 사람이 있는가? 랜드마크 나무는 꼭 고립되어 있을 필요가 없으며, 눈에 잘 띄면 더 좋다. 우리 동네 숲에는 인상적인 너도밤나무 두 그루가 있다. 이 두 나무는 주변의 나무들보다 약 100년 정도 더 오래되었고, 당당하게 서 있으며 확실히 웅장해 보인다. 우리 가족은 이 나무들을 '요정 나무'라는 애칭으로 불렀다. 우리 아들들이 어릴 때 나무 밑동에 울퉁불퉁한 뿌리 사이에서 동전이 숨겨져 있는 것을 자주 발견했기 때문이다. 아내와 나는 산타 이야기를 할 때만큼이나 진지한 표정으로 요정들이 남겨둔 것이 틀림없다고 설명했다. 요정들은 엄격한 규율을 가지고 있었다. 동전만 남기고 지폐는 절대로 남기지 않는다. 이 게임은 약 5년 동안 계속되었고, 아이들이 나무뿌리보다 우리 손을 더 오래 바라보기 시작하면서 중단되었다.

대부분의 사람은 풍경에서 눈에 띄거나 극적인 것만 보고 비교적 미세한 것들은 놓치곤 한다. 스마트폰 시대에 모든 것을 놓치는 사람도 있지만, 그건 다른 이야기이다. 잠시 시간을 내서 파리, 런던, 샌프란시스코, 아그라, 뉴욕과 같은 도시들을 차례로 떠올리며 머릿속에 그려보자.

에펠탑, 빅벤, 금문교, 타지마할, 타임스퀘어…… 등 하나 이상의 이미지가 머릿속에 떠올랐을 가능성이 높다. 어떤 도시

에 대해 잘 알지 못할수록 랜드마크를 더 많이 필요로 한다. 그 반대의 경우도 마찬가지이다. 평생을 한 도시에서만 산 사람이라면 "그 분홍색 그래피티 옆에서 만나요"처럼 훨씬 더 귀여운 랜드마크를 사용할 수도 있을 것이다.

사람들이 어떤 도시를 처음 접할 때 매우 대담한 것을 언급하는 경향이 있는데, 매우 대담하다는 것은 진부하다는 것을 의미한다. 극단적인 경우에는 랜드마크가 도시 자체보다 더 유명해지기도 한다.

자연에도 동일한 규칙이 적용된다. 누구나 고립된 대형 참나무는 발견하지만, 앞서 지나쳤던 가시나무 묘목을 눈여겨보는 사람은 없다. 여러분이 우리 동네 숲을 걷는다면, 앞서 언급한 눈에 띄는 요정 나무에 주목할 것이다. 하지만 나는 그 숲에서 아주 많은 날을 보냈기 때문에 수십 개의 랜드마크 나무들을 기쁜 마음으로 나열할 수 있다. 나는 오래전에 죽은 나무를 포함해 많은 나무에 이름을 붙여왔다. 예를 들면 그루터기 양옆으로 무성하게 자란 나무는 바이킹 헬멧Viking Helmet, 뿌리 밑동이 위를 향하고 있는 거꾸로 된 너도밤나무 그루터기는 왕관crown, 남쪽 하늘을 향해 아치형으로 뻗어 있는 썩은 가지는 발톱으로 불렀다. 나는 이런 나무들이 대부분의 행인에게는 보이지 않을 것이라고 확신한다. 그 이유는 내가 직접 목격했기 때문이다*.

---

* 이와 같은 랜드마크에 관한 사진은 아래 링크를 통해 볼 수 있다.
naturalnavigator.com/news/2021/03/what-is-a-landmark.

여러분도 잘 아는 장소에 대한 자신만의 랜드마크를 가지고 있을 것이다. 하지만 이제 막 처음으로 그 장소를 방문했다면 그런 특징들을 어떻게 알아차릴 수 있을까? 간단한 방법이 하나 있다. 지금 서 있는 곳과 가까운 곳에서 몇 시간 후 누군가를 만날 계획인데, 나무만 보고 그 위치를 설명해야 한다고 상상해 보자. 하지만 여전히 더 좋은 방법은 그곳에서 누군가를 실제로 만나는 것이다. 이렇게 하면, 이 연습에 명료함이 생기며, 그 나무들이 두 사람의 기억 속에 선명하게 남아 있을 것이다.

도시공원에서는 재미있는 연습이 되겠지만, 커다란 숲속으로부터 멀리 떨어진 곳에서 동일한 연습을 한다면 더 그럴듯하게 느껴질 것이다. 그리고 이전에는 보이지 않던 특징들이 눈에 들어오게 될 것이다.

욕망의 지도

나무들을 볼 것이라는 기대를 하자. 누군가 여러분을 납치해 눈을 가린 다음 무작위로 어딘가로 데려갔다면, 눈을 떴을 때 가장 먼저 눈에 들어오는 것은 나무일 것이다. 자연에 맡겨 두면 극한적인 환경을 제외한 모든 상황에서 생존의 힘을 가진 나무가 승리하기 때문에 거의 모든 상황에서 나무가 등장하게 된다.[126] 자연의 모토는 "달리 지시하지 않는 한…… 나무"이다.

이런 논리를 뒤집어 보면 하나의 단서를 찾을 수 있다. 어떤 풍경을 보았을 때 나무가 보이지 않는다면, 그 땅에 대한 인간의 욕망에 특이한 점이 있다고 자신 있게 말할 수 있다. 큰 산의 정상이나 바다 혹은 덥거나 추운 사막에는 나무가 없다. 인간은 그런 곳에서 살기를 원하지 않으며, 나무도 그런 환경에서는 생존할 수 없다. 그런 곳을 제외하면, 거의 모든 다른 풍경에서는 나무가 자라는 것을 기대해야 한다.

사람들이 가장 원하는 땅은 나무가 적은 곳이다. 나무는 도시와 콘크리트 정글에 밀려났다. 그러나 시골 지역에서도 우리는 지난 만 년 이상 동안 주택과 농업을 위해 땅에서 나무를 제거해 왔다. 농지에서 살아남은 나무들은 쟁기질에서 벗어날 수 있었다. 농부들은 너무 가파르거나, 바위가 많거나, 작업할 수 없는 비생산적인 땅은 나무에 맡겼다. 우리 집 근처에는 마지막 빙하기 때의 빙하가 녹은 물이 급류에 휩쓸려 깎아낸 가파른 협곡이 있다. 이 가파른 계곡은 말이 끄는 쟁기나 놀랍도록 민첩한 현대식 트랙터조차도 이겨낼 수 없는 험한 곳이다. 이 계곡에는 고대 숲으로 둘러싸여 있다.

집에서 남쪽으로 오르막길을 향하자마자 너도밤나무 숲이 펼쳐진다. 너도밤나무 사이, 특히 가장자리 근처에 물푸레나무와 단풍나무가 약간 산재해 있지만, 활엽수가 지배하는 풍경을 걷고 있다는 점에는 의심의 여지가 없다. 몇 시간 후 잉글랜드 남동부에 있는 사우스다운스South Downs(잉글랜드 남동부에서 동서로 뻗은 구릉지다—옮긴이)의 백악질 능선에서 내려오면 언덕의 북쪽에 있는 암석과 토양이 다르다는 것을 알고 있기 때문에 변화가 있을 것으로 기대했다. 그리고 활엽수가 사라지고 침엽수로 대체되는 것을 보자마자 그라팜 코먼Graffham Common(잉글랜드 웨스트서식스주에 있는 자연 보호 구역이다—옮긴이)에 도착했다는 사실을 알 수 있다. 토양은 발밑에 눈에 띄게 모래가 많고, 농사를 짓기에는 너무 건조하고 가혹했다. 관목과 침엽수 그리고 평민들이 이 땅을 차지했다*. 혹은 작가 존 루이스 스템펠John Lewis-Stempel의 말처럼 "침엽수는 가난을 상징한다"라고 할 수 있다.[127] 나무가 보이지 않는다면, 그 이유는 많은 사람이 그 땅을 원하거나 아무도 원하지 않기 때문이다.

계곡은 선물이다

계곡에 발을 내디딜 때마다 확실히 보장된 사항들이 있다. 높은 곳과 낮은 곳이 있을 것이고, 경사가 다른 두 개 이상의 경사면이 있을 것이며, 햇빛과 비, 바람의 양도 다를 것이다. 영양분이 내리막으로 씻겨 내려가면서 아래쪽의 토양에 영양분이 더 풍부해진다. 그리고 나무는 이 모든 것을 반영한다. 모든 환경에 적응할 수 있는 나무는 없다. 나무는 전문화되어야 한다. 각각의 수종은 특정 서식지에서 번성하도록 진화해 왔다. 다시 말해서 모든 나무는 빛, 수분, 바람, 온도, 영

---

* 그라팜 코먼. 이 이름 그 자체로 하나의 단서가 된다. 영국에서 공유지란 지역 사회 전체, 즉 평민들이 그 땅에서 소를 풀게 하는 역사적 권리를 의미한다. 그 땅은 개인이나 회사가 소유한 것이 아니라 모든 사람에 의해 함께 공유된다. 이는 예전 세대들의 자선적인 기증 덕분이 아니라 모래로 이루어진 토양 때문으로 농지로는 너무 영양분이 부족하기 때문이다. 각 세대마다 불필요한 자원을 다른 이들과 나누기 마련이다.

양분, 산성도, 교란 등 특정 요소에 대해 까다롭게 반응한다. 많은 나무는 이러한 변수들의 중간 지대에서 편안함을 느끼지만, 각각의 나무는 하나 이상의 변수에 특히 민감하다. 이것이 바로 나무가 선호하는 특정 환경에서 우위를 점하는 이유이다. 계곡을 바라볼 때마다 나무가 주는 선물로 받아들이고 변화들을 찾아보자.

나무 조합의 비밀

킹리 베일Kingley Vale은 우리 집 부근에 있는 자연 보호 구역이자 고대 주목 숲으로 전국적으로 유명하다. 숲에 서식하고 있는 일부 나무들은 거대하고 기이하며 약간 으스스한 느낌을 주기도 한다. 10월의 시원하고 화창한 어느 아침, 나는 킹리 베일을 방문하여 보호 구역 정상에 있는 기념비에 손을 얹었었다. 흥미로운 한 사람에 대한 작은 경의의 표시였다. 금속 명판에 새겨진 글은 다음과 같다.

> 그가 설립한 자연 보호 구역 한가운데에 있는 이 돌은 평생 영국 제도에 남겨진 자연 유산에 대한 지식을 넓히고, 애정을 깊게 하며, 이를 보호하기 위해 노력한 아서 조지 탠슬리 경Sir Arthur George Tansley을 기리기 위해 세운 것이다.

탠슬리는 시대를 앞서가는 환경 보호 활동으로 찬사를 받았지만, 또 하나의 중요한 측면에서 보면 나무에 대한 우리의 이해와 매우 관련이 있는 사람이기도 하다.

20세기 초, 탠슬리는 덴마크 식물학자 오이겐 바밍Eugen Warming이 수행한 연구에서 영감을 받아 생태학의 한 분과가 국제적인 주목을 받도록 발전시켰다. 1911년, 최초의 국제 식물지리학 탐방International Phytogeographic Excursion을 조직하는 데 기여했다. '국제'와 '탐방'이라는 단어가 의미하는 바는 단순하다. 유럽과 미국에서 온 과학자들이 연구를 위해 영국 제도로 탐방을 떠나는 행사였기 때문이다. 하지만 중간에 사용된 단어인 '식물지리학'은 우리에게 중요한 의미를 가진다. 접두사 '파이토phyto'는 식물과 관련된 모든 연구를 의미한다. 지리학은 훨씬 더 친숙한 단어이지만, 정의하기가 쉬운 단어는 아니다.

약 10년 전, 운이 좋게도 당시 왕립지리학회Royal Geographical Society 이사였던 리타 가드너Rita Gardner 박사와 대화를 나눌 수 있었다. 나는 다음과 같은 고백을 했다. "조금 부끄러운 이야기인데, 제가 왕립지리학회 회원이긴 하지만 지리학에 대한 정의를 못 내리겠습니다. 지리학이란 무엇인가요?"

나의 질문은 진지하고 정중했지만, 내가 살아오는 동안 지리학이 이렇게 방대하고 거대한 학문으로 변모한 것에 대한 약간의 불안감에서 비롯된 질문이기도 했다. 빙하나 화산과 같은 물리적 과정에 대한 연구에 뿌리를 둔 지리학이 도시계획과 소득 분포 차트를 포함하게 되었다는 것이 나의 개인적이고 불완전하며 구시대적인 견해였다. 하지만 리타 가드너는 그녀의 이름 뒤에 붙은 대영제국 훈작사, 왕립지리학회 펠로우 등의 17개 직함이 말해주듯 그 해답을 알고 있었다.

"지리학의 핵심은 변화에 대한 지역적 연구입니다."

따라서 식물지리학은 위치에 따라 식물이 어떻게 변화하는지, 또는 식물이 어떻게 지도를 만드는지 연구하는 학문인 셈이다. 나무에서 의미를 찾으려는 우리의 탐구에서 탠슬리는 식물 과학의 매혹적인 한 분야를 발전시키는 데 중요한 역할을 해왔다. 식물지리학은 우리 눈앞에 숨어 있는 나무를 이용해 우리가 어떻게 지도를 만들 수 있는지 그 방법을 알려주는 학문 분과인 셈이다.

나는 모든 사람이 무의식적으로라도 특정 식물이 근처에 있는 다른 식물과 함께 자라는 것을 감지하고 있다고 생각한다. 수많은 성인이 어린 시절에 배운 교훈 하나를 기억하고, 이를 따른다. 쐐기풀에 찔리면 소리쟁이dock(마디풀과 소리쟁이속 식물로 흔하게 생긴 넓은 잎사귀와 톡쏘는 맛과 향기를 가지고 있다—옮긴이) 잎을 문질러라. 우연히도 마침 근처에 항상 소리쟁이가 자라고 있는 것처럼 보인다. 이런 배치 속에서 친절함을 엿볼 수도 있겠지만, 진실은 더 단순한 곳에 있다. 사실은 이 두 식물 모두 영양분이 풍부한 교란된 토양이 특징인 서식지를 좋아하기 때문이다.

모든 식물은 우리 주변의 땅에 대한 정보를 우리에게 전달하려 노력한다. 어떤 하나의 식물이 자라는 것을 보면 다른 식물들을 보게 될 것이라는 확률이 생기지만, 만약 한 지역에 두 개의 식물이 잘 자라는 것을 보게 된다면 그 확률은 크게 달라질 것이다. 만약 내가 사는 지역에서 쐐기풀이 자라는 것을 목격한다면 거친 왕포아풀meadow grass도 자라고 있을 확률이 상당히 높아진다. 이들은 유사한 토양을 선호하기 때문이다. 하지만 내가 쐐기풀과 수염노루풀을 함께 보게 된다면, 나는 그 근처에서 거친 왕포아풀을 발견할 수 있다고 거의 확신할 것이다. 그럴 가능성이 엄청나게 높기 때문이다.

그게 도대체 나무 읽기와 무슨 상관이 있느냐고? 아주 많은 상관이 있다. 조금만 기다려보라.

이 책의 도입부에서 단일 수종으로 지도를 만드는 방법을 살펴봤다. 매우 흥미로운 지도이긴 하지만 너무 광범위한 측면이 있다. 예를 들어 버드나무를 이용해 강을 발견하고 침엽수를 이용해 척박한 토양을 발견하는 데 익숙해지면, 훨씬 더 자세한 지도를 읽는 법을 배울 준비가 되었음을 의미한다. 자 이제 나무들의 조합을 관찰함으로써 훨씬 더 상세한 지도를 읽는 방법을 배워보자.

나무가 자라는 전 세계 어디에서나 나무와 다른 식물이 짝을 이루는 것을 인식하면 주변 환경을 매우 자세하게 파악할 수 있다. 이 작은 비법을 아는 사람은 거의 없기 때문에 나는 이를 "나무 한 쌍의 비밀"이라고 부른다. 전 세계에 너무 많은 나무 조합이 있기 때문에 여기서 모두 나열하는 것은 의미가 없다. 게다가 단어를 배우는 것이 목적이 아니라, 여러분이 살고 있는 지역에서 자주 볼 수 있는 조합과 패턴을 알아차리는 것이다. 웨스트서식스주에서 내가 가장 좋아하는 몇 가지 예시를 통해 이 작업이 어떻게 작동하는지 살펴보자.

내가 사는 지역 근처에 있는 너도밤나무 숲을 이미 언급했다는 것을 알고 있을 것이다. 나는 이 숲을 지나갈 때 너도밤나무들 사이에 어떤 식물이 번성하고 있는지 주목하려고 노력한다. 너도밤나무와 어떤 식물이 조합을 이루고 있을까? 보통은 산쪽풀dog's mercury이나 검은딸기나무가 조합을 이루는데, 두 식물은 각각 다른 이야기를 들려준다.

만약 바닥에 산쪽풀이 깔려 있는 모습을 본다면, 너도밤나무가 우세해져서 그늘을 드리워 다른 나무와 하등 식물들을 대부분 밀어낸 지역을 지나고 있다고 생각한다. 가끔 주목이나 그늘에서도 잘 견디는 다른 식물 한두 그루를 발견할 수도 있지만, 그늘이 깊어 다양한 식물을 발견하기는 어렵다. 이 숲의 가장자리 부근에는 담쟁이덩굴이 있고 사람들이 숲을 교란시킨 곳에는 자작나무나 물푸레나무가 산재해 있긴 하지만, 식물의 다양성은 거의 존재하지 않는다. 숲 중심부의 경우, 여름에는 다소 억압적인 분위기로 새와 곤충들도 조용하다.

다음으로 너도밤나무들 사이에서 검은딸기나무가 자라는 것을 발견한다면, 이는 새로운 조합에 해당하므로 내가 걷고 있는 미시 세계가 바뀌었다고 본다. 이는 바닥 부근이 더 밝아졌음을 의미하고(검은딸기나무는 그늘이 깊으면 살아남지 못한다), 햇빛을 가리기에는 너무 어린 너도밤나무가 있는 곳이거나 햇빛이 들어올 수 있는 산책길이나 공터 부근에 있음을 뜻한다. 또한, 그 근처에서 호랑가시나무, 담쟁이덩굴, 고사리, 더 많은 이끼와 참나무, 단풍나무, 물푸레나무도 볼 수 있음을 의미한다. 식물의 종류가 다양해지고, 동물들도 그 뒤를 따른다. 새와 곤충들은 훨씬 더 바쁘게 활동하며, 춘분과

추분이 되면 새벽과 해 질 녘에 더 시끄럽고 분주하게 움직인다.

여러분이 걷는 땅에서 어떤 나무가 우세한지와는 상관없이, 그 나무의 일반적인 조합을 찾아보자. 여러분의 지도에 다양한 색상과 경치, 소리가 추가될 것이다.

나무와 시계

9월의 어느 날 오후, 나는 언덕길을 걸어서 할니커Halnaker라는 마을에서 친구들을 만날 계획이었다. 걸어서 몇 시간이나 떨어진 곳에 제시간에 맞춰 도착하기 위해서는 한 가지 기술이 필요하다. 나는 수년 동안 논리적 접근 방식이 나에게는 통하지 않는다는 사실을 깨달았다. 대부분의 현명한 사람들은 간단한 공식을 따를 수 있다. 걸어야 할 거리를 계산하고, 걷는 속도를 추정한 뒤, 거리를 속도로 나누고, 그 값을 약속 시간에서 뺀 다음 출발하는 것이다. 하지만 이 공식에는 사소한 결함이 있지만, 그 결함은 나에게는 큰 골칫거리에 해당한다.

이 공식은 특정한 가정들을 기반으로 하는데, 가장 놀라운 것은 물리적 또는 철학적인 돌발 상황이 없다는 가정이다. 기분 좋게 한눈팔 여유 없이 계획된 산책을 묘사하는 단어가 있다. '끔찍한appalling'이라는 단어이다. 이 책의 독자라면 나무들 사이에서 시간을 보낼 기회를 즐기고 싶을 것이다. 우리가 무슨 말을 하는지 이해하지 못할 불쌍한 사람들을 잠시 생각해 보자. 숲속 시간의 법칙은 다음과 같다. '한 시간을 나

무 속에 숨길 수 있지만, 결코 찾을 수는 없다.'

계획에 시간을 추가하는 것은 언제나 합리적이다. 최악의 상황은 목적지에 가까워지고 있는 상황에서 아직 한 시간 정도가 남은 것인데, 이 얼마나 안타까운 일인가?

나는 할니커로 가는 길에 이런 호화로운 상황에 처했다. 침엽수로 뒤덮인 언덕을 내려오는데 태양을 통해 내가 일찍 도착할 것을 알게 되었다. 이 행복한 상황에 어쩔 수 없이 나는 경로를 벗어나 더 이상 들어오지 말라는 사유지 표지판을 지나쳐 주변을 돌아다녔다. 정확한 문구는 기억나지 않지만, 문맥상 총에 맞지 않고 100야드만 가면 운이 좋다는 의미였던 것 같다. 나는 운이 좋았다.

나는 경사를 오르내리며 부드러운 솔잎이 깔린 바닥에 발을 디디면서 단단한 돌부리와 나무 그루터기를 헤쳐나갔다. 침엽수 나무들 속에서 하루가 끝날 무렵 나뭇잎과 땅 사이로 태양이 가끔 보이기도 했다. 나는 석양과 한번 놀아보기로 마음을 먹었다.

내리막길을 바라볼 때는 일몰이 늦게, 오르막길을 바라볼 때는 일몰이 일찍 일어나는 것처럼 보인다. 내리막길을 바라보면 지평선이 낮아지는 효과가 발생하므로 태양이 지평선에 도달하기 위해서는 더 멀리 가야 해서 일몰이 늦어진다. 나는 이어지는 언덕배기들을 돌아다니면서 일몰이라는 테이프를 앞뒤로 재생했다. 그리고 가문비나무 대신 소나무 사이에서 시간을 보내기로 선택했기 때문에 게임은 훨씬 쉬워졌다. 하부 가지를 다 떨군 소나무 아래에서 일몰의 창은 훨씬 더 크게 보인다.

활엽수 속에서 이 게임을 해보면 흥미로운 패턴을 발견할 수 있다. 사슴이나 다른 대형 포유류가 살아 있는 나뭇잎을 뜯어 먹는 지역이라면, 브라우즈 라인browse line(초식동물이 나뭇잎을 뜯어 먹는 한계선을 뜻한다—옮긴이)을 한번 찾아보자. 먹이를 먹는 사슴들은 꼼꼼한 정원사처럼 나무의 캐노피 아랫부분에 깔끔한 선을 만들어낸다. 발길이 닿지 않은 캐노피는 고르지 않고 울퉁불퉁하다. 동물들은 땅에서 동일한 높이까지 도달하기 때문에 브라우즈 라인은 땅의 윤곽을 반영한다. 경사면에 있는 나무들은 나뭇잎도 동일한 경사를 가지며, 면적당 동물 개체 수가 많을수록 먹이가 부족해 브라우즈 라인은 더 깔끔해진다.

브라우즈 라인

고립된 나무에서 발견되는 브라우즈 라인은 두드러져 보이며, 하늘을 향해 가지치기한 것처럼 보인다. 그러나 숲에서는 이를 놓치기 쉽다. 사슴과 기타 초식동물들은 숲의 낮은 부분을 정리하여 시야를 개선시킨다. 내가 사는 지역의 숲에는 동물로부터 묘목을 보호하기 위해 넓은 지역이 울타리로 둘러싸여 있다. 이런 울타리 지역을 지나면 나뭇잎은 훨씬 더 아래까지 내려오고 작은 식물들은 위로 올라오는데, 마치 나무와 덤불이 그 틈새를 꽉 채우는 것처럼 보인다. 다시 말해 활엽수림에서 여러분이 자유롭게 걸어 다닐 수 있고 먼 곳까지 볼 수 있다면, 여러분은 혼자가 아니라는 뜻이다. 이 모든 것은 숲에 사는 동물의 수에 따라 일출과 일몰 시각이 달라진다는 것을 의미한다.

어느새 일정에 맞게 돌아왔지만, 마을에 도착하고 싶은 마음은 사라졌다. 안타깝게도 언덕에서 태양을 위아래로 움직일 수 있는 마법으로는 친구들을 숲속으로 불러들일 수 없다. 나는 언덕을 내려왔지만, 마음속으로는 집으로 돌아가는 길에 나무 아래에서 달을 가지고 놀 생각으로 가득 차 있었다.

시간의 황제

나무의 나이는 우리가 보는 모든 것에 극적인 영향을 미친다.

잉글랜드 저지대의 최초 대규모 자연복원 프로젝트의 공동 책임자이자 수상 경력이 있는 작가 이저벨라 트리Isabella Tree와 그녀의 남편인 찰스 버렐Charles Burrell과 함께 웨스트서식스주의 넵 에스테이트Knepp Estate에서 오후를 보내는 행운을 누린 적이 있다. 넵 에스테이트는 끈적끈적한 점토 위에 자리 잡고 있어 농사를 짓기에는 굉장히 힘든 지형이었다. 찰스와 이저벨라는 선택의 여지가 없다는 사실에 용기를 얻어 자연에 선택의 일부를 맡기기로 했다. 실제로 그렇게 되지는 않았고, 그렇게 되리라 생각하지도 않지만, 그들이 바람 속에 울부짖으며 다음과 같이 외치는 모습을 상상하고 싶다. "식물들아, 너흰 합리적이지 않아! 조금이라도 협력하려 노력하지 않는다면 우리 역시 어떠한 시도도 하지 않을 거야. 너희들끼리 알아서 해!"

용감한 결정이었다. 어쩌면 10대 청소년에게 방이 어질러진 것을 인정하지 않는다고 해서 방이 저절로 정리되지 않는다는 것을 가르치는 것과 비슷한 느낌일 것이다. 실제로, 이런 전술은 절반 정도 자체적으로 복원이 될 때까지 지속되었다.

한때 갈아엎은 들판에서 별다른 수확이 없던 이곳에 이제 스스로 재생하는 활기찬 생태계가 존재한다. 이는 방문객의 감성을 시험하는 하나의 풍경과도 같다. 만약 여러분이 완벽한 줄무늬 잔디를 좋아하고 가을 낙엽이 더러워지는 것에 민감하게 반응하는 사람이라면, 눈을 다른 곳으로 돌려라. 아직 준비되지 않았다. 하지만 인위적이지 않은 자연 그대로의 모습을 좋아한다면 파고들어 가보자. 마음에 들 것이다.

땅은 대부분 개방되어 있으며 가시덤불과 버드나무, 일부 고대 참나무가 산재해 있다. 이 식물들은 각각 나무의 시간 측면에서 한순간을 표현한다. "가시는 참나무의 어머니The thorn is the mother of the oak"라는 옛날 속담이 있다. 검은딸기나무와 다른 가시들 사이에 최근에 껍질이 단단해진 어린 참나무가 있었다. 가시덤불은 어린 참나무가 취약한 초창기에 동물로부터 보호받을 수 있게 한다. 이저벨라가 2018년에 출간한 저서 《야생 식물Wilding》에서 설명했듯이, 참나무는 한때 국가 이익에 매우 중요했기 때문에 가시덤불을 보호했다. 1768년 법령에 따르면 가시나무를 채취하는 사람은 3개월의 징역형과 태형에 처하도록 규정되어 있다.

가시는 제 역할을 다했다. 검은딸기나무들의 가장자리에는 갉아 먹힌 새싹을 볼 수 있었지만, 중앙에 있는 어린 참나무는 위험에서 충분히 오래 살아남아 자랐다. 검은딸기나무들은 이에 대해 고마워하지 않을 것이다. 수십 년 내로 같은 참나무에 의해 빛을 빼앗기고, 에너지도 고갈될 것이기 때문이다. 자연은 고마움을 모르는 법이다.

그 어린 참나무로부터 걸어서 1분도 채 걸리지 않은 곳에 생애의 마지막 단계에 가까워진 거대한 베테랑 참나무 한 그루가 있었다. 이 고목의 그늘에 서서 나는 웅장하고 기괴한 그 형태에 감탄했다. 원가지 가운데 하나는 완전히 쓰러졌고, 줄기에 있는 거대한 도장지가 적당한 크기의 가지로 자라서 성공적인 플랜 B 가지들이 되어 있었다.

나무에 기생하는 유기체는 숙주가 무슨 종인지 중요하게 생각한다. 그리고 수많은 유기체가 숙주의 크기와 나이도 까다롭게 다룬다. 이저벨라는 "특정한 폭의 가지에만 특화되어 있어 그런 크기의 가지에서만 자라는 곰팡이도 있습니다"라고 말했다. 그녀는 고대 참나무의 구멍장이버섯을 가리키며, 그 곰팡이는 매우 희귀한 찰진흙버섯*Phellinus robustus*이라고 했다*. 이 곰팡이는 베테랑 참나무에서 다른 참나무로 옮겨가야만 생존할 수 있으며, 어린 참나무가 있는 풍경에서는 살아남지 못하는데, 이는 쓰러진 나무와 같은 수의 나무를 다시 심어도 아무런 해가 없다는 추측이 틀렸음을 단적으로 보여주는 예이다.

호랑버들은 희귀하고 많은 사랑을 받는 번개오색나비Purple Emperor butterfly를 유혹한다. 이 나비의 애벌레는 호랑버들 위에서 먹이를 먹고 번성한다. 성체도 호랑버들 주변에서 활발하게 활동한다. "번개오색나비의 수컷은 알을 낳을 수 있는 완벽한 잎사귀를 찾기 위해 암컷을 쫓아다니며 많은 시간을 보낸다. 자신의 영역을 확보하기 위해 매우 공격적이며, 심지어 새까지 쫓아다니는 정말 특이한 곤충이에요."

"뭐라고요?" 내가 말했다. 나비가 새를 공격하는 모습을 상상하면서 분명히 내 표정도 변했을 것이다.

---

* 이저벨라는 테드 그린(Ted Green)이라는 사람으로부터 찰진흙버섯에 대해 알게 되었다. 테드 그린은 고목 세계에서 전설적인 인물이다. 몇 년 전에 나는 운이 좋게도 테드보다 못한 취급을 받았지만 우드렌드 트러스트 자선 행사를 위해 런던 서부에 위치한 윈저 그레이트 공원(Windsor Great Park)의 고대 참나무 주위를 산책한 적이 있다. 균류와 나무처럼, 자연 애호가들은 상호 의존하는 생태계 내에서 살아가며, 그 서식지에서 성장하는 자신을 발견하곤 한다.

번개오색나비는 수액을 먹기도 하지만, 배설물과 썩은 고기를 먹기도 하는 특이한 입맛을 가진 나비이다. 번개오색나비를 가까이서 보고 싶어 하는 애호가들은 자신만의 기이한 미끼 레시피를 사용하여 나비를 캐노피에서 땅으로 유인한다는 이야기도 있다. 우리는 땅콩버터, 새우 페이스트, 아기 기저귀, 썩은 생선, 브리 치즈, 개똥 등 우리가 들어본 적이 있는 미끼의 예를 공유하며 즐거운 시간을 보냈다. 하지만 구역질이 나기 전에 멈췄다.

번개오색나비들은 공중 행진을 통해 자신들의 영역을 표시하는데, 그들이 가장 선호하는 장소는 고대 참나무의 상단 주변과 바람이 불어가는 방향 부근이다. "나비들은 수관 주변에서 서로를 쫓아다닐 것이다. 마치 다마사슴이 구애하는 장소처럼 보인다."

이저벨라는 나비에게는 호랑버들이 필요하지만, 호랑버들에게는 씨앗을 발아시키기 위한 맨땅이 필요하다고 말했다. 4월 하순에 씨앗이 나무에서 떨어질 때 풀이나 수풀에 떨어지면 아무 소용이 없다. 씨앗에서 싹이 트려면 축축한 토양이 필요하다. 그곳 넵 에스테이트에 돼지들이 사는 이유이기도 하다. 돼지는 수 세기 전 고대 멧돼지가 그랬던 것처럼 흙을 파내어 호랑버들의 씨앗이 자리를 잡을 수 있게 한다. 나무는 시간의 제왕이다. 어느 유쾌한 오후에 나는 어린 가시나무와 어린 참나무, 성숙한 버드나무, 고대 참나무가 어떻게 풍경을 형성하는지, 그리고 가장 덧없는 나비들의 날갯짓에서 각자의 역할을 어떻게 해왔는지 목격했다.

새와 나무의 노래

항상 우리의 뇌는 다소 혼란스러워 보이지만, 천천히 심호흡하고 제대로 바라보면 놀랍도록 다양하고 풍부한 것들을 발견해 낸다. 사실 우리가 그동안 얼마나 많은 것을 무시해 왔는지 놀라울 정도이다.

어느 늦은 봄날 오후, 이스트서식스주East Sussex의 사우스다운스를 두어 시간 걷고 나서 나는 백악질 토양의 강둑에 앉아 물 한잔을 마셨다. 그리고는 주위의 땅을 훑어보았다. 앉아 있으면 어떻게 다르게, 가끔은 더 잘 볼 수 있는지 항상 놀랍다. 앉으면 멀리 볼 수 없기 때문에 비논리적이다. 평평한 지형에서 우리는 바닥에 앉아 있을 때보다 일어서 있을 때 약 50퍼센트 더 멀리 볼 수 있다. 50퍼센트 더 멀리 볼 수 있다는 것은 실제로 모든 방향에서 두 배 이상에 해당하는 땅의 면적을 볼 수 있다는 것을 의미한다.

편안하게 앉아 있으면 이전에는 보이지 않던 것들이 보이기 시작한다. 이는 물리적인 요인보다는 심리적인 요인과 더 관련이 있다. 내 이론에 따르면 앉으면 뇌의 멀티태스킹 작업량이 줄어들면서 근육에 보내는 신호도 줄어들고, 근육으로부터 '피곤하니 다른 쪽 발에 체중을 실어'와 같은 잔소리 신호를 덜 받게 된다. 아마도 이 때문에 풍경에서 사물을 알아차릴 수 있는 여유가 생기는 듯하다. 다음번에 나무를 지나칠 때 한번 시도해 보라. 걷는 동안 나무를 바라보다가 자리에 앉은 후 다시 한번 바라보라. 이전에는 보지 못했던 것들을 보게 될 것이다. 학자 여러분, 이 간단한 현상에 대해 운동

터널 시각 증후군kinetic tunnel-vision syndrome과 같이 복잡한 이름 하나 지어서 내게 보내주기 바란다.

휴식 지점에서 가시와 가시 사이에서 새들을 찾아보는 재미에 푹 빠져 있었다. 그러다 몇 층을 뛰어오르더니 어린 단풍나무 꼭대기에서 노래를 시작하는 울새 한 마리를 발견했다. 새는 왜 나무 꼭대기에서 노래하는지 궁금해졌다. 눈을 사용해야 할 때는 이해가 되지만, 노래할 때는 다르다. 왜 편안하게 덤불에 몸을 숨기고 노래하지 않는 것일까? 모든 소리와 마찬가지로 새소리도 높은 곳에서 부를수록 더 멀리 퍼진다. 교회 종이 탑 꼭대기에 있는 이유도 마찬가지다.[128] 높은 곳에서 노래를 부르기 위해서는 어느 정도의 노력이 필요하며, 종을 탑의 꼭대기에 올리는 것 역시 어느 정도의 노력이 필요하다. 그렇기 때문에 가치가 있다고 볼 수 있다.

우리가 듣는 새소리는 나무의 높이와 나무가 풍경에서 형성하는 패턴과 관련이 있다. 새들은 자신의 영역을 지키지만 선호하는 영역은 일반적으로 혼합되어 있다. 대부분의 종은 넓게 트인 공간과 깊고 울창한 숲을 피하려고 한다. 새들이 동일하게 필요로 하는 완벽한 삼각형에는 나무, 탁 트인 땅에서 먹잇감, 수원지가 포함된다.

이 두 가지 간단한 아이디어를 결합하면, 새소리와 나무가 같은 지도의 일부를 형성한다는 사실을 알 수 있다. 공터를 걷다가 무성하게 자란 나무들을 발견하면, 새를 보게 되거나 새소리가 들릴 가능성이 높다. 반대 관점에서도 마찬가지이다. 공터에서 새소리가 들리면 나무를 발견할 가능성이 높다.

울창한 숲을 지날 때, 새소리가 들리지 않다가 갑자기 새소리가 커지는 것을 경험하는 경우가 종종 있다. 이는 숲의 가장자리에 가까워지고 있음을 의미하는 것일 수도 있다.

다양한 지형을 걸을 때마다 나무의 높이와 밀도는 우리가 듣는 소리에 영향을 미치며, 그 소리는 공유할 만한 가치가 담겨 있다. 잠시 멈춰서 눈을 감고 나무의 노래를 음미해 보자.

소형 지도

나무는 서식지의 환경을 반영해 하나의 대형 지도를 만든다. 하지만 나무는 수동적인 존재가 아니기 때문에 땅에 자신만의 흔적을 남긴다. 각 나무의 습성을 배움으로써 나무 주변에서 일어나는 특정 변화를 예측할 수 있다. 이 중 일부 상식적인 내용도 있지만, 그렇지 않은 부분이 더 많다. 하지만 여기에 시간을 들여 주목하는 사람은 극소수이다.

각각의 나무는 자신만의 그늘 프로필shade profile을 가지고 있다. 나무가 드리우는 그늘의 모양과 깊이 그리고 시기는 고유하다. 가문비나무는 좁은 지역에 깊은 그늘을 드리우고, 참나무는 넓은 지역에 적당한 정도의 그늘을 드리우며, 사시나무는 많은 양의 빛을 통과시킨다. 물푸레나무는 잎이 늦게 돋아나지만, 딱총나무는 잎이 일찍 나온다. 앞서 살펴본 바와 같이 이러한 차이에는 타당한 이유가 있다. 지금부터는 나무의 그늘 습관이 주변의 다른 식물들에 어떤 영향을 미치는지 살펴보자.

여름에는 자작나무 아래에서 야생화를 자주 발견하지만,

주목 밑에서는 거의 찾아볼 수 없다. 그리고 블루벨과 같이 일찍 꽃이 피는 숲 식물은 너도밤나무와 같이 잎이 늦게 돋아나는 나무 아래에서 발견되지만, 잎이 일찍 돋아나는 딱총나무 아래에서는 거의 발견되지 않는다.

나무는 그늘은 물론 바람과 증발을 통해 공기와 그 아래 땅을 식혀준다.[129] 고립된 나무의 하부에서는 나무가 기류에 압력 차이를 일으키기 때문에 바람이 빨라진다. 나무는 잎을 통해 수분을 잃는데, 증산 작용으로 인해 나무 아래의 공기도 차가워진다. 그늘과 바람 그리고 증산 작용을 통해 나무마다 고유한 냉각 프로필cooling profile을 갖게 된다. 캘리포니아에서 진행한 연구에 따르면, 도시에 자라는 나무들은 에어컨의 필요성을 30퍼센트까지 줄일 수 있다고 한다.[130]

각각의 나무가 드리우는 그늘은 그 하부 세계를 변화시킨다.

나무마다 독특한 방식으로 잎을 떨어뜨리며, 땅에 떨어진 낙엽은 자신만의 수명 주기를 가진다. 어떤 잎은 빨리 썩는가 하면, 어떤 잎은 오래 유지된다. 어떤 잎은 특히 영양분이 풍부한 반면, 어떤 잎은 그렇지 않다. 너도밤나무의 잎은 영양분이 풍부하지만, 깊은 그늘에서는 다른 식물들이 그 영양분들을 거의 이용할 수 없기 때문에 대부분 영양분을 너도밤나무가 흡수한다. 하지만 거미들은 너도밤나무의 잎을 좋아한다. 도시에서 자라는 나무들은 영양분을 재활용할 수 없기 때문에 먹이가 필요한 포장도로와 나무에 낙엽을 발견할 수 있다.

오리나무는 몇 가지 독특한 방식으로 주변의 땅을 변화시킨다. 오리나무는 부근에 물이 있음을 알려주는 신호가 되며, 일련의 오리나무들이 보이면 시냇물이 흐르고 있을 가능성이 높다. 이런 의미에서 나무들은 넓은 지역의 지도를 형성하지만, 그 풍경 또한 변화시킨다. 앞서 살펴본 것처럼 오리나무의 뿌리는 강둑이 침식되는 것을 방지해 흙을 갉아먹는 물의 습성을 완화시키는 완충재 역할을 한다. 이는 강둑에 오리나무가 늘어선 곳에서 볼 수 있는 몇 가지 패턴을 이해하는데 도움이 될 수 있다. 자연적으로 형성된 강과 하천은 곡선 형태를 가지고 있다. 만약 오리나무들이 강둑의 어느 한 곳에 자리를 잡게 되면, 자연적인 흐름을 방해해 더 복잡한 패턴을 만들게 된다.

오리나무가 땅을 변화시키는 두 번째 방법은 대기 중 질소를 고정하는 보기 드문 능력에서 나온다. 모든 식물은 질소화합물이 필요하지만, 대부분은 뿌리를 통해 토양에서 충분한 양을 흡수한다. 오리나무는 질소가 풍부한 공기에서 직접 질소를 흡수할 수 있는 박테리아와 파트너십을 형성한다. 오리나무의 뿌리를 살펴보면, 박테리아가 마법을 부리는 뿌리혹nodule을 쉽게 발견할 수 있을 것이다. 나는 수십 년 동안 이 결절을 찾아다녔지만, 그 형태만 알고 있었다. 나는 늘 내가 보지 못한 것에 숨겨진 단순함에 놀라고 기뻐하곤 한다. 최근 생태학 전문가 한 분과 대화를 나눈 후 좀 더 주의를 기울이게 되었다. 킬대학교의 강사인 사라 테일러Sarah Taylor 박사는 다음과 같이 말했다. "오리나무는 프란키아 박테리아Frankia bacteria와 공생 관계를 맺고 있는데, 마치 작은 꽃양배추cauliflower가 뿌리 시스템에 붙어 있는 것처럼 보입니다. 붉은색은 박테리아가 활성화된 상태를 뜻하며, 칙칙한 회갈색은 박테리아가 죽었음을 의미해요. 침식된 강둑에서 이런 구조물을 찾는 것을 좋아하는데, 정말 신기하죠."

이런 협력 관계를 통해 나무는 필요한 질소를 얻고 박테리아에게 당분을 제공한다. 이는 개별 나무에도 좋지만, 토양에도 매우 긍정적인 영향을 미친다. 오리나무는 다른 나무가 자라기에는 질소가 많이 부족한 지역에서도 자랄 수 있다. 질소가 풍부한 잎이 떨어지면 토양이 비옥해지고 다른 수종들이 살 수 있는 환경이 조성된다. 이런 오리나무는 다른 나무들을 위해 길을 닦는 길잡이 나무에 해당한다. 1613년 시인 윌리엄 브라운William Browne은 다음과 같이 표현했다.

뚱뚱한 그림자로 영양을 공급하는 오리나무,
각 식물은 그 곁에서 오랫동안 번성했네.

도요타의 하이럭스 차량의 라이트가 깜박였고, 나도 라이트를 깜박이며 응답했다. 운전자는 검은색 랜드로버 차량이 내 차임을 단숨에 알아봤다. 나는 차를 잠시 뺐다가 핸들을 돌려 하이럭스 차량을 따라나섰다. 나는 그 차량을 따라 잉글랜드 남서부의 윌트셔주Wiltshire의 시골 지역에 있는 어느 숲 속으로 이동했다. 시골길은 문이 잠겨 있는 숲 입구에서 끝이 났고, 우리는 서로를 소개하기 위해 차량 밖으로 나왔다.

"혹시 콜린이신가요?" 나는 손을 내밀었고 따뜻한 인사를 받아 안심이 되었다. 만약 내가 자동차 라이트의 깜박임을 잘못 읽고 낯선 사람을 따라 시골 깊숙이 들어왔다면 어색한 대화가 오갔을지도 모를 일이다.

3월의 선선한 어느 날 오후, 윌트셔주의 식스페니 핸들리Sixpenny Handley라는 마을로 차를 몰고 가서 평생 산림 관리사로 일하고 있으며, 작가로도 활동 중인 콜린 엘퍼드Colin Elford를 만날 예정이었다. 우리가 서로의 일을 좋아한다는 사실을 알게 된 후, 우리 모두를 알고 있던 또 다른 산림 관리사의 소개로 만나게 되었다*.

* 나는 콜린의 책 《숲에서의 일 년(A Year in the Woods)》을 매우 즐겨 읽었다. 콜린도 나의 책 《자연의 본능(Nature Instinct)》을 정말로 즐겨 읽었다고 했다.

특별 자연경관 지역Area of Outstanding Natural Beauty(국립공원은 아니지만, 그에 필적할 정도의 경관을 보호하기 위해 지정된 지역을 의미한다－옮긴이)으로 선정된 크랜본 체이스Cranborne Chase에 들어서자, 콜린은 한두 종이 아닌 모든 종의 이익을 위한 토양 관리법을 설명하기 시작했다. 그러나 그는 풍부한 도싯주의 억양으로 “딱 한 종에만 초점을 두는 걸 싫어해요. 그렇게 하면 당신이 잘 모르는 것들까지 문제가 발생하기 때문이죠”라고 더욱 설득력 있게 설명했다.

콜린은 개암나무를 잘라 이동시켜 나무를 떨어뜨리고 내려놓는 방식으로 아래 경사면에 다양한 서식지를 조성하는 방법을 설명했다. 이를 통해 여름철 동면쥐류dormouse의 둥지를 비롯해 다양한 생물종에 이상적인 서식지가 만들어진다. 내가 사는 지역에서 자주 보는 많은 식물을 지나쳤다. 제비꽃과 러브풍로초herb Robert와 같은 야생화뿐만 아니라, 자주 보지 못하는 식물인 개종용toothwort도 있다. 예쁘지도 않고 그렇다고 못생기지도 않은 분홍빛 크림색 꽃을 가진 개종용은 개암나무 뿌리에 사는 일종의 기생식물이다. 우거진 덤불 속에서 우리를 피해 빠르게 움직이는 다람쥐들 소리도 들렸다. 진흙 속에서 다마사슴과 노루 그리고 문착 사슴Muntjac의 발자국도 보았다.

최근 강풍에 쓰러진 나뭇가지를 살펴보면서 그 원인을 추적했다. 부러진 부위에는 곰팡이에 의한 부패가 있었고, 이를 통해 수년 전 다람쥐가 낸 상처에 곰팡이가 침투했음을 알 수 있었다.

요즘 내게는 두 가지 기쁨이 있다. 하나는 아름다운 곳에서 좋은 사람들과 함께 시간을 보낼 수 있다는 점이고, 다른 하나는 황금처럼 소중한 것을 항상 배울 수 있다는 점이다. 이는 일종의 보물찾기와 같은데, 어떤 보물인지 미리 알지는 못한다. 나는 콜린처럼 많은 경험을 가진 사람이 자신의 뒤뜰에서 많은 것을 가르쳐 줄 수 있을 것이라는 점을 이미 알고 있었고, 실제로 그는 많은 것을 알려주었다. 오후 내내 나는 세상에서 이 지역을 가장 잘 아는 사람의 눈을 통해 풍경을 읽는 데 열중했다. 해가 저물어 초저녁이 되었고, 이미 몇 시간 동안 탐험을 하던 중이었다. 그때 콜린이 나를 소중한 황금 보물로 안내했다.

우리는 신석기 시대 묘지와 약 2300년 전에 파서 한때 철기 시대 부족 간의 경계를 표시했던 그림의 도랑Grim's Ditch을 지나쳤다. 이 지역에는 고고학자들이 좋아하는 특징들이 많이 있었지만, 보물은 진흙 길에서 조금 떨어진 숲속 깊숙한 곳에 있었다. 나무들 사이를 이동하며, 우리는 더 많은 개암나무 사이를 걸어갔고, 콜린은 밀렵꾼들과 격렬한 싸움에 휘말린 현지 사냥꾼에 대한 이야기를 들려주었다. 갈등은 점점 커졌고, 결국 그 사냥꾼은 싸움에서 패하고 목숨까지 잃었다. 밀렵꾼은 해적처럼 화려한 평판을 얻고 있었지만, 어둠은 멀리 있지 않았다. 최근 나는 해 질 녘에 어두운 숲을 가로지르다가 덤불의 딱딱한 무엇인가에 정강이가 걸린 적이 있다. 헤드 랜턴을 켜고 보니, 사슴 밀렵꾼이 쏜 것으로 보이는 금속 석궁의 볼트가 오래된 통나무에 단단히 박혀 있었다. 만약 내가 다른 시간에 산책했다면, 다리의 통증은 훨씬 더 심각했을지도 모른다.

숲의 바닥은 짙은 녹색이었다. 산쪽풀, 쐐기풀, 램슨ramson 등 수십 종의 작은 식물들이 시야에 잡힐 듯이 멀리 퍼져 있었다. 그러자 갑자기 땅이 급격하게 변했다. 한 쌍의 호두나무 아래에는 작은 식물들이 자취를 감추었고 흙이 완전히 드러났다. 조금 전만 해도 눈에 보이는 어느 방향이든 숲 바닥에는 작은 식물들의 잎이 카펫처럼 깔려 있었지만, 이제 우리는 초록색이나 나뭇잎을 전혀 찾아볼 수 없는 일종의 검은 진흙 섬 옆에 서 있게 되었다. 맨땅은 호두나무의 앙상한 가지 만큼이나 넓게 펼쳐져 있었다. 나는 주위를 거닐며, 사진도 찍고, 신나게 이야기를 나눴다. 우리가 보고 있는 것이 무엇인지는 알고 있었지만, 이제까지 이렇게 완벽하고 아름다우며 인상적인 예시를 본 적은 없었다.

나무들은 포근한 녹색의 성인군자가 아니다. 유전적 수준에서 모든 자연은 이기적인 계획을 가지고 있으며, 일부 수종은 다른 수종보다 더 무자비하게 그 계획을 보여준다. 타감 작용allelopathy이라는 식물학적 현상이 있는데, 이는 식물들이 주변의 다른 식물들을 독살하거나 억제하는 화학 물질을 스스로 생산하는 것을 의미한다. 진달래속 식물, 말밤나무, 검은호두나무를 포함해 수많은 날카로운 팔꿈치 모양의 관목과 나무들이 이러한 습성을 가지고 있다.[131] 이들은 독한 이웃으로 악명이 높다.

타감 작용을 하는 나무들은 자신들의 범위 안에 있는 모든 것들을 죽이려는 무분별한 사이코패스가 아니다. 그들은 특정 수종에 가장 효과적인 화학 물질을 분비하는 매우 목표지향적인 존재들이다. 검은호두나무는 주변의 토양에 주글론juglone이라는 독을 주입하는데, 이 독은 자작나무와 같이 경쟁할 가능성이 매우 높은 나무들에 특히 치명적이다. 주변에 흙이 드러나 있지만 그늘이 짙게 드리워지지 않은 나무를 발견한다면, 흙에 독이 퍼져 있을 가능성이 있다.

나무는 주변에서 볼 수 있는 동물들의 종류에 대한 단서를 제공하며, 많은 동물은 둥지나 큰 뿌리 사이에 집을 짓는다. 일반적으로 마을 가장자리에는 딱총나무가 흔하고, 토끼와 같은 동물들은 딱총나무 부근에 집을 짓는 것을 좋아한다. 나는 이렇게 기억한다. '그 마을의 딱총나무들은 그 동물들이 어디에 사는지 잘 알고 있다.'

나무는 늘 토양의 상층부를 변화시키기 때문에 숲의 바닥은 일반 땅과는 다른 형태를 가지고 있으며, 그 느낌도 다르다. 각 숲은 그 속에서 우세한 나무와 그 나무의 잎이 분해되는 방식에 따라 독특한 느낌을 준다. 침엽수의 잎은 활엽수보다 천천히 분해되며, 추운 지역에서는 침엽수가 더 우세하다.[132] 따라서 그 효과는 더 커진다. 일부 침엽수림에 형성된 깊은 바늘잎층이 만들어내는 부드러운 튕김은 짧은 거리에도 큰 즐거움을 선사한다. 강력히 추천한다.

토양 과학자들은 숲 토양의 상층에 등급을 매기고, 멀mull, 모더moder, 모mor와 같은 이름으로 분류한다. 멀은 동물이 낙엽을 소화할 때 형성되며 활엽수 아래에서 더 흔하고, 모는 곰팡이가 대부분의 분해를 할 때 형성되며 침엽수 아래에서 더 흔하다.[133] 모더는 이 둘 사이에 위치한다. 우리는 한 나무의 영역에서 다른 나무의 영역으로 넘어갈 때 땅의 모양과 느낌이 어떻게 변하는지를 관찰하는 것을 즐기면 된다.

모든 나무를 주변에서 발견할 수 있는 단서로 바라보는 법을 배우면, 작은 경이로움으로 가득한 지도가 펼쳐지는 것을 알게 될 것이다.

두 가지 여정

나무를 읽는 기술을 습득하기 위한 하나의 여정은 거의 끝났지만, 또 하나의 여정은 이제 막 시작되었다.

이 책의 도입부에서 나는 수백 가지가 넘는 나무의 신호들을 살펴볼 것이며, 생각지도 못한 곳에서 의미를 발견하는 법을 배우면, 나무가 예전과 달라 보일 것이라고 약속했다. 이 모든 것이 거의 사실에 가깝다는 데 동의할 것이라고 생각하지만, 한 가지 빠진 부분이 있다. 여러분이 직접 밖으로 나가서 여러 가지 신호들을 찾아보아야만 이 책의 효과가 발휘될 수 있을 것이라는 점이다. 그런 여러분의 노력을 지원하기 위해 간단하면서도 강력한 한 가지 기술을 공유하겠다. 나는 이 기술을 매일 사용하고 있다.

이 기술의 핵심은 사고방식의 전환이다. 운이 좋으면 무엇인가 발견할 수 있으리라는 희망이나 소망을 품고 나무를 보러 나가선 안 된다. 억누를 수 없는 자신감과 필연성을 가지고 나가야 한다. 여러분은 분명히 보게 될 것이다. 무적의 논리는 당신 편이다. 두 그루의 나무가 완전히 동일한 경우는 없으며, 그 차이에는 반드시 이유가 있기 마련이다. 이제 그 원인을 알게 되었으니, 나무의 메시지를 읽는 데 필요한 모든 것을 갖추었다. 여러분은 나무의 투명한 망토를 벗길 수 있는 비약을 마신 것이나 다름없다.

앞으로 일주일 동안 이 작업을 몇 번 반복하다 보면 아주 사소한 것이라도 주변 세계를 열어줄 것이다. 나뭇가지의 모양이나 껍질의 무늬를 통해 그 독특한 나무와 그 풍경에 얽힌 이야기도 눈치채게 될 것이다.

길을 걷다가 나무 몇 그루를 지나치고 있다. 거리의 다른 사람들과 마찬가지로 그 나무들이 나뭇잎이 무성한 벽지처럼 배경으로 사라지게 두지 않고, 잠시 멈춰 선다. 여러분은 그 나무들 속에 한 가지 신호가 있으니 그 신호를 찾을 것이라고 스스로에게 말한다. 30초가 지나도 아무것도 발견하지 못하고, 이 임무를 포기하고 싶은 유혹이 밀려온다. 그러나 동요하지 않고 계속해서 다시 살펴본다. 그러다가 나무들 가운데 하나가 다른 나무와 조금 다르게 보이는 것을 발견한다.

그 나무는 눈에 띄는 특징을 가지고 있다. 한 줄로 늘어선 다섯 그루 중 가장 작다는 점이다. 이는 무엇을 의미할까? 다섯 그루 모두 똑같이 번화한 대로변을 따라 줄지어 있지만, 그 나무는 모퉁이와 옆 거리에 가장 가까이 있다. 그 나무가 다른 나무들보다 작은 이유는 뿌리가 대로와 옆 거리에 둘러싸여 있기 때문이다. 그리고 다른 나무들보다 잎이 무성하지 않으며, 잎 일부에는 노란색이 살짝 보이는 것을 알아차리게 된다. 뿌리는 필요한 수분이나 영양분을 얻지 못하고 있고, 나뭇잎들은 고통받고 있다. 길가를 따라 바람이 불어오는 방향에 있는 일부 나뭇잎은 이미 땅에 떨어졌다.

이런 것들을 볼 수 있다는 것을 알기 때문에 우리는 그것들을 보게 되고, 그것이 가져다주는 만족감 때문에 하나의 습관이 형성된다. 곧 다음 단계로 넘어가고 싶은 유혹은 다른 유혹, 즉 나무 하나하나에 들르고 싶은 열망으로 바뀐다. 그리고 길거리에서 낯선 사람을 멈춰 세우고 "안 보이세요?"라고 말함으로써 바쁘게 걷고 있는 그들을 부드럽게 흔들어 깨우고 싶은 충동을 느낄 때, 여러분의 나무 읽기 기술이 열광적인 수준에 도달했음을 알게 될 것이다.

나가며

이 책을 쓰는 동안 나는 이탈리아 북부의 볼로냐에서 짧은 시간을 보냈다. 쉬는 날, 나는 비덴테강Bidente River에서 시작해 아펜니노산맥Apennine Mountains의 산기슭 능선을 향해 언덕을 걸어 올라갈 계획을 세웠다. 이 지역에 대한 지도는 없었지만, 세상에서 가장 아름다운 지도를 가지고 갔다.

산행을 나서면서부터 실용적인 이유보다는 감성적인 이유로 비덴테강을 따라 흐르는 물을 만져보고 싶었다. 나는 높은 아치형 다리 아래 졸졸 물 흐르는 소리가 나는 곳을 지나 물가로 내려갈 수 있는 안전한 길을 찾았다. 사이드 미러 한쪽에 가방이 걸려 있는 차를 지나쳤다. 그게 하나의 단서였다. 낚시꾼들은 악취를 막기 위해 미끼 주머니를 차 밖에 걸어두곤 한다. 현지 낚시꾼보다 물가로 내려가는 최적의 경로를 더 잘 아는 사람은 없을 것이다. 얼마 지나지 않아 나뭇잎이 갈라지는 것을 보고 진흙 길을 따라 아래로 내려갔다.

강 가장자리에서 물을 좋아하는 검은 포플러들을 발견했

다. 강둑마다 나무가 어떻게 다른지 관찰하는 일이 즐거웠다. 자연적으로 형성된 물길은 항상 구불구불한 코스를 따라 흐르며 자기 폭의 10배 이상 직선으로 흐르지 않기 때문에 강의 모든 구간에는 항상 안쪽과 바깥쪽이 구부러져 있다.

물은 더 빠르게 흐르면서 바깥쪽 굴곡의 둑을 침식시키고, 안쪽 굴곡에 퇴적물을 쌓아 각 둑의 특성을 바꾼다. 나는 얕은 강변이 있는 안쪽 굴곡에 서서 건너편에 있는 더 가파른 둑을 바라보았다. 발 근처에는 무릎 높이까지 자란 포플러 묘목 수십 그루가 둥근 자갈 사이를 비집고 올라와 강이 만들어준 기름진 새 토양에서 번성하고 있었다. 저 멀리 강둑에는 포플러들이 하늘을 찌를 듯이 우뚝 솟아 있었다. 바깥쪽 굴곡에는 오래된 식물들을, 안쪽 굴곡에는 어린 식물들을 볼 수 있다. 강물은 바깥쪽 굴곡의 식물들을 공격하는 반면, 안쪽 굴곡의 식물들에는 안식처를 제공하기 때문이다.

나는 잠시 물가에서 머물며 이곳에서 생명을 시작한 모험적인 야생화들을 감상하며 시간을 보냈다. 나의 시선은 달콤쌉싸름한 가지류nightshade(가짓속의 각종 식물을 뜻한다 — 옮긴이)의 밝은 노란색 꽃밥anther과 진한 보라색 잎사귀에 머물렀다. 그 후 강 건너편에 있는 포플러의 가지와 캐노피를 올려다봤다. 그 웅장한 모습은 앞으로 힘든 하루가 기다리고 있음을 말해주었다.

나는 경작지 가장자리와 바람으로부터 건물과 포도밭을 보호하고 있는 측백나무들이 있는 곳을 올라가기로 했다. 9월이었고, 공기는 측백나무 향과 함께 으깬 포도의 달콤한 펑크 향으로 가득했다. 더 높이 올라갈수록 경사가 가파르고 땅이 미끄러워 몇 번이나 발을 헛디뎠고, 손목은 날카로운 돌에 부딪힌 자리에서 피가 조금 흘러내렸다. 가장 적절한 경로를 찾는 데 몇 분이 걸렸다. 낮은 나뭇가지 사이를 헤치고 나가지 않아도 되며, 뿌리가 흙에 안정적으로 고정되어 있는 경로를 원했다.

한 시간쯤 지나 동물의 흔적이 있는 곳을 발견했다. 덕분에 두 개의 산 정상 사이의 가파른 분지를 내려다볼 수 있었다. 두 개의 정상 사이에 계곡 아래까지 밝은 녹색의 땅이 이어져 있었다. 하지만 놀랍게도 그곳에는 나무 한 그루도 자라고 있지 않았다. 그보다 훨씬 더 높은 곳에도 나무들이 자라고 있었지만, 그 좁고 기다란 땅에는 나무가 하나도 없었다. 너무 높고 가파르며 모양새가 모두 엉망이었기 때문에 경작지가 아닌 것이 틀림없었다. 토양은 나무가 자라기에 완벽했고, 그보다 높은 곳에도 나무가 자라는 것을 생각하면 고도도 문제 될 것이 없는데, 그런 땅에 번성하는 나무가 없었다. 분명히 이유가 있을 것이다.

몇 분 후 내가 선택한 경로에서 왼쪽으로 약 325피트(100미터) 떨어진 지점에서 끔찍한 상처를 발견했다. 가장자리 너머를 들여다보니 광활한 적갈색 땅이 울퉁불퉁한 바위로 뒤덮여 있는 것이 보였다. 최근 산사태가 일어난 곳이었다. 나무가 보이지 않는다면 모두가 그 땅을 원하거나 아니면 아무도 원하지 않는 것을 의미한다. 앞서 본, 좁고 긴 땅은 가파른 경사면을 타고 내려오는 상상할 수 없는 토사의 힘, 멈출 수 없는 어두운 눈사태에 의해 나무들을 잃었던 것이었다. 풀과 다른 작은 식물들이 그 토양 위를 다시 뒤덮기 시작하면서 초록빛이 나타나기 시작했지만, 나무들은 아직 제자리를 잡지 못했다. 나는 그 후 몇 시간 동안 더욱 조심스럽게 발걸음을 옮겼다.

조금 더 높이 올라가서야 지금 보이는 참나무들이, 계곡 아래에서 보았던 담쟁이덩굴로 뒤덮인 웅장한 모습의 참나무보다 키가 더 작다는 것을 알게 되었다. 조금 더 올라가자 참나무들은 모두 포기하고 침엽수가 우세했다. 키가 큰 소나무 몇 그루가 전나무 위로 솟아 있었다. 소나무들이 향나무 군락으로 바뀔 때까지 계속 오르막길을 올라갔다.

키 큰 소나무들이 만든 따뜻하고 촉촉한 그늘에서 몇 시간을 보낸 후, 더 건조하고 더 매서운 태양열 아래 자라고 있는 키 작은 향나무들 사이로 들어왔다. 향나무의 캐노피가 벗겨지면서 처음으로 주변 땅이 완전히 보이기 시작했다. 나는 더 큰 향나무 아래에서 찾을 수 있는 작은 그늘을 찾아 몇 분 동안 앉아 땅과 하늘의 전체 모습을 관찰했다. 우려가 되는 신호들이 나타났다.

하루가 시작될 무렵에 보았던 몇 개의 친근한 뭉게구름은 먼 산등성이 위로 더 높이 솟아오른 우람한 탑 모양으로 변해 있었다. 하늘에는 유백색 권층운cirrostratus이 짙게 드리워져 있었고, '높이 날고 있는 비행기 뒤로 만들어지는 가늘고 긴 흰 구름'을 의미하는 비행운contrail도 훨씬 더 길어졌다. 모든 신호가 날씨가 변하고 있음을 의미했다. 몇 차례 돌풍이 부는 소리가 들리고 나서 몸으로 돌풍이 느껴졌다. 앞쪽 산등성이 위의 길고 넓게 형성된 적란운cumulus도 빠르게 변화하며 시시각각 상승하고 있었다. 대기가 불안정하고 폭풍이 몰아칠 가능성이 높은 매우 긴박한 상황임을 알리는 신호였다. 더 높이 올라갈 때가 아니었다. 정상이나 다른 특정 지점을 목표로 삼지 않을 때의 기쁨이 존재한다. 현명한 결정을 내리기가 더 쉬워진다는 장점이 있다. 물 한 병을 다 마시고, 사진을 몇 장 찍은 다음, 방향을 돌려 내리막길로 향했다.

강가에 있던 그 키 큰 포플러는 이미 몇 시간 전에 이 모든 것을 예상하고 있었다. 나무의 남쪽에 더 많은 가지가 있었고, 크기도 더 큰 가지들이 뻗어 있었다. 수십 년 동안 남서풍이 불면서 그와 같은 캐노피가 형성되었기 때문이다. 하지만 가지 끝을 올려다보니 나무가 매번 다른 바람과 싸우고 있다는 것을 알 수 있었다. 장기적인 추세인 남서풍에 대항하는 북동쪽의 돌풍으로 캐노피가 휘면서 나무의 모양이 뒤틀린 어색한 나무가 되었다. 포플러는 악천후가 다가오고 있으며, 그날 내가 정상까지 결코 올라가지 못할 것이라고 속삭이고 있었다.

나무는 우리에게 우리가 알아야 할 것들에 대한 메시지를 보낸다. 우리는 그 메시지를 읽을지 아니면 읽지 않을지 선택할 수 있다. 천둥을 뚫고 계곡으로 돌아와 편백나무 그루터기에 앉아 감사의 미소를 지으며, 옷에 박힌 향나무 바늘잎을 뽑아냈다.

부록

수목 식별

이번 부문에서는 수목을 처음 식별하는 분들에게 도움이 될만한 몇 가지 팁을 알려드리고자 한다. 나무의 특성에 대한 종합적인 가이드가 아니라 나무를 구분하는 데 도움이 되는 몇 가지 특징을 나열한 것이다. 하지만 먼저 주의할 점이 있다.

동일한 수목 내에서도 다양성이 존재하기 때문에 여러분이 만나게 될 모든 단일 나무나 수종에 해당하는 간단한 가이드를 만들거나 전 세계에 적용되는 가이드를 만드는 것은 불가능하다. 많은 경우에 도움이 될만한 몇 가지 단서를 제공하고 싶었다.

이 책에 있는 대부분의 신호와 패턴을 인식하는 데는 필요하지 않지만, 좀 더 지역적인 수준이나 개별 수종으로 자세히 알아보고 싶다면 이 책과 함께 해당 지역의 전문 식별 도감을 사용하는 것을 추천한다. 미국에서는 《시블리 나무 도감 The Sibley Guide to Trees》, 《미국 내셔널 오듀본 협회의 북미 나무 도감National Audubon Society Trees of North America》, 영국에서는 《콜린스 영국 나무 도감The Collins Complete Guide to British Trees》을 추천한다.

활엽수

오리나무류alders

- 높이: 작은 나무(북미 오리나무red alder는 예외적으로 키가 큼).
- 잎: 타원형에 톱니가 있으며, 옅은 녹색의 밑 잎과 큰 뿌리 혹을 가지고 있음.
- 열매: 겨울에 눈에 띄는 솔방울과 꽃차례를 가지고 있음.
- 눈, 잎, 가지의 형태: 어긋나기.
- 서식지: 물 근처에서 흔함.

물푸레나무류ashes

- 높이: 상당히 큰 나무이지만 이 지역에서 가장 큰 나무인 경우는 드묾.
- 줄기: 분기가 자주 발생함.
- 가지: 캐노피의 바깥쪽 가장자리에서 가지가 위로 쓸려 올라감.
- 잎: 녹색 줄기에 작은 잎들이 쌍으로 마주 보게 배열된 '깃 모양'임.
- 꽃: 일반적으로 꽃잎이 없으며, 바람에 의해 수분이 되므로

곤충을 유인할 필요가 없고, 이른 봄에 잎보다 먼저 돋아남.
- 열매: 헬리콥터의 반쪽 날개같이 생긴 열쇠 모양의 열매가 무리 지어 매달려 있으며, 처음에는 녹색이었다가 갈색으로 변함.
- 눈, 잎, 가지의 형태: 마주나기.
- 서식지: 습하지만 젖지 않고 영양분이 풍부한 곳, 특히 계곡의 낮은 경사면이나 강 근처에서 흔히 볼 수 있지만, 일반적으로 물가에서 멀리 떨어져 있음.

너도밤나무류beeches
- 높이: 키가 큼.
- 수피: 부드러운 회색 껍질.
- 눈: 길고 가늘고 뾰족함.
- 잎: 단순 타원형으로 중앙에서 잎 가장자리까지 곧게 뻗은 평행한 잎맥이 특징임.
- 열매: 날카로운 모서리를 가진 견과를 가시에 품고 있음.
- 눈, 잎, 가지의 형태: 어긋나기.
- 서식지: 건조하거나 배수가 잘 되는 토양을 좋아하고 백악토에서 잘 자라며, 단독으로 자라는 것보다 숲에서 더 자주 발견됨.
- 기타: 다른 식물이 아래에서 자라기 어렵도록 짙은 그늘을 드리우며, 이미 죽은 옅은 갈색의 잎은 겨울까지 나무에 남아 있을 수 있음(발생 지연).

자작나무류birches

- 높이: 키가 작은 나무이지만, 중간 높이까지 자랄 수 있다는 점이 특이하며, 주로 공터에서 자라고 다른 나무와 빛 경쟁을 하지 않음.
- 수피: 껍질은 항상 눈에 띔. 수종에 따라 색상이 다양함. 흰색, 은색, 검은색, 노란색 등 눈에 띄는 경향이 있음. 껍질에 수평선 형태의 피목이 있으며, 밑동 근처에는 훨씬 더 거친 경우가 많음.
- 가지: 날씬한 잔가지 형태로 회색과 백자작나무는 아래로 흘러내리고, 북미산 자작나무paper birch와 솜털 자작나무 가지는 더 직립으로 자람.
- 잎: 단순하고 타원형의 뾰족한 모양이며 가장자리가 톱니 모양처럼 생김.
- 눈, 잎, 가지의 형태: 어긋나기.
- 서식지: 숲 가장자리와 개간지에서 서식하며, 높은 위도에서 흔히 볼 수 있는 고전적인 개척자 나무임.

벚나무류cherries

- 높이: 키가 꽤 큰 종도 있지만, 한 지역에서 가장 키가 큰 종인 경우는 드묾.
- 수피: 매끄럽고 짙은 회색 또는 적갈색이며, 어린나무는 거의 금속성의 반짝이는 껍질을 가지고 있음. 가로로 거친 선 형태의 피목이 뚜렷하고 오래된 나무에서는 더 거칠어짐.
- 잎: 큰 타원형의 잎은 끝부분이 톱니 모양이고, 종종 붉게

물든 긴 줄기에 붙어 있으며, 잎 근처의 잎줄기가 부풀어 오름(꿀샘).

- 꽃: 흰색 또는 분홍색 꽃이 봄에 쇼를 펼치며, 각 꽃에는 다섯 장의 꽃잎이 있음.
- 열매: 붉은 열매에는 돌과 같은 씨앗이 있어서 새나 다른 동물이 수확할 때까지 쉽게 식별할 수 있음.
- 눈, 잎, 가지의 형태: 어긋나기.
- 서식지: 정원, 공원, 숲 가장자리에서 흔히 볼 수 있음.

밤나무류chestnuts

미국 밤나무American chestnut

- 수피: 성숙한 나무껍질은 깊게 팬 수피 형태를 띠며, 회색의 수직 융기가 있음.
- 잎: 크고 폭이 좁은 잎의 끝은 길고 날카로운 톱니 모양임.
- 열매: 가시로 뒤덮인 열매가 커다란 식용 견과(보통 2-3개)를 감싸고 있음.

말밤나무horse chestnut

- 높이: 키가 크고, 폭이 넓음.
- 잎: 톱니 모양의 잎은 손을 펼친 것처럼 독특한 숫자 형태를 띠고 있음(5-7개).
- 꽃: 수직 이삭꽃차례(수상화서라고도 한다—옮긴이) 위에 꽃이 있음.
- 열매: 가시로 뒤덮인 열매가 반짝이는 갈색 견과를 감싸고

있음.

층층나무류dogwoods

- 높이: 키가 작은 나무로, 일반적으로 관목에 가까움.
- 잎: 타원형이며, 가장자리가 매끄럽고 약간 잔물결 모양임. 밑에서부터 주맥과 거의 평행할 때까지 위로 구부러진 잎맥을 가지고 있음.
- 열매: 송이 형태로 열매가 모여 있음.
- 눈, 잎, 가지의 형태: 마주나기.
- 서식지: 길가, 숲 가장자리, 울타리에서 흔히 볼 수 있음.

딱총나무류elders

- 높이: 관목과 유사하거나 작은 나무 크기.
- 수피: 거칠고 코르크 같은 껍질에 접시같이 생긴 비늘이 있음.
- 가지: 부러지거나 잘린 나뭇가지는 중앙에 하얀 속살을 드러냄.
- 잎: 보통 5~9개씩 한 세트를 이루며, 끝과 반대편에 한 쌍씩 달려 있고 으깨면 불쾌한 냄새가 남
- 꽃: 초여름에 흰 꽃이 소나기처럼 내림.
- 열매: 가을에 짙은 색의 식용 열매가 열림.
- 눈, 잎, 가지의 형태: 마주나기.

느릅나무류elms

- 높이: 작거나 크며 매우 다양함.

- 잎: 타원형이고, 잎 가장자리가 톱니 모양이며, 줄기가 짧고, 줄기와 잎이 만나는 지점에서 잎의 양면이 다르게 보이는 비대칭 모양이 특징임.
- 꽃: 빽빽한 군락을 이루며 피어남.
- 열매: 둥글고, 종이로 만든 날개 모양으로 씨앗이 납작한 형태임.
- 눈, 잎, 가지의 형태: 어긋나기(나뭇가지가 생선 뼈처럼 보일 수 있음).
- 서식지: 서늘하고 습하며 영양이 풍부한 지역에서 잘 자람. 물가 근처, 범람 지역, 해안가는 피해야 함.
- 기타: 네덜란드 느릅나무 줄기마름병Dutch elm disease 이후 키 큰 나무가 많이 감소함.

산사나무류hawthorns

- 높이: 키가 작음.
- 수피: 거친 나무껍질을 가짐.
- 잎: 긴 가지에서 자라며, 모양이 다양하고 결각이 많은 경우가 많지만, 결코 단순하지는 않음.
- 열매: 붉은색 과일.
- 눈, 잎, 가지의 형태: 어긋나기.
- 서식지: 울타리, 높은 언덕, 수목 한계선 부근에서 잘 자라는 낮은 키의 강인한 나무임.
- 기타: 이름에서 알 수 있듯이 가시가 있으며, 매우 다양하고 많은 수종이 있음.

개암나무류hazels

- 높이: 키가 작거나(미국 서부의 경우) 관목처럼 지저분하고 여러 줄기가 있음.
- 잎: 크고 둥글며, 잎의 가장자리가 크고 작은 이중 톱니 모양임.
- 꽃: 초봄에는 노란색 양 꼬리lamb's tail 모양의 꽃차례(꼬리화서)를 가짐.
- 열매: 늦여름에 작은 잎으로 싸여 돋아나며, 가을에는 갈색으로 변함.
- 눈, 잎, 가지의 형태: 어긋나기.
- 서식지: 울타리, 숲의 가장자리, 바위가 많은 경사면, 관목지대에서 흔히 볼 수 있음.

히코리나무류hickories

- 수피: 미국 동부에 널리 퍼져 있는 성숙한 샤그바크 히코리나무shagbark hickory의 이름 그대로 털이 많은 나무껍질 조각이 있음.
- 잎: 봄에는 새로운 생장을 통해 황록색 또는 붉은색의 특수한 잎이 붙어 있음. 보통 5개, 때로는 7개 이상인 겹잎 형태임(잎이 쌍을 이루며 마주나기보다 어긋나기를 하는 물푸레나무와 구별됨).
- 열매: 두세 개씩 모여 있는 크고 둥근 녹색 열매로, 식용이 가능한 네 개의 면을 가지는 견과를 감싸고 있음.
- 눈, 잎, 가지의 형태: 어긋나기.

호랑가시나무류hollies

- 높이: 키가 작은 상록수이지만, 상황에 따라 키가 커질 수 있음.
- 수피: 매끄러운 회색 껍질.
- 잎: 광택이 나는 짙은 녹색의 가시 형태의 잎을 가지고 있으며, 하부의 잎이 더 뾰족하고, 나무 상단 부근의 잎은 매끈할 수 있음.
- 열매: 붉은색 과일.
- 서식지: 숲의 캐노피 아래 그늘에서 발견되지만 울타리, 공원, 정원에서도 발견되며, 미국 수종의 경우 모래와 같은 토양에서 흔히 볼 수 있음.

피나무류lindens(basswoods)

- 높이: 키가 크며, 둥근 모양의 수관을 가지고 있음.
- 가지: 생장을 멈췄다가 다시 생장하기를 반복함. 원가지가 잠시 멈추고 나면 또 다른 가지가 다시 생장하기 시작하여 약간 다른 방향의 아치형으로 뻗어나감. 이런 효과는 지그재그 모양을 가진 나뭇가지에서도 찾을 수 있음.
- 눈: 몸통 밑동 근처에서 새싹이 돋아날 가능성이 매우 높음.
- 잎: 긴 줄기에 하트 모양의 섬세한 잎이 돋아나 있으며, 잎의 가장자리는 톱니 모양이고, 줄기와 만나는 잎의 하단 부분은 비대칭인 경우가 많음.
- 꽃: 꽃 냄새가 향긋함.
- 눈, 잎, 가지의 형태: 어긋나기.

• 서식지: 비옥한 토양에서 흔함.

단풍버즘나무류London planes

• 높이: 키카 큼.
• 수피: 매우 독특하게 위장한 모양의 나무껍질을 가지고 있음.
• 잎: 각 잎에 다섯 개의 뾰족한 엽이 있음.
• 꽃: 봄에는 가을에 성숙해지는 동그란 공 모양의 꽃차례를 생산하고, 가을에는 겨울까지 유지되는 갈색 공 모양의 꽃차례를 생산함.
• 열매: 버즘나무의 일종으로 양버즘나무와 매우 흡사하지만, 잎이 더 작고 줄기당 열매가 보통 2개(때로는 그 이상)가 달리는 것이 특징임.
• 눈, 잎, 가지의 형태: 어긋나기.
• 서식지: 마을과 도시에서 흔히 볼 수 있음.

단풍나무류maples

• 높이: 키가 크지만, 지역에서 가장 키가 큰 경우는 드묾.
• 가지: 하늘을 향해 뻗어나가는 경향이 있음.
• 잎: 여러 개의 결각을 가지고 있으며, 종종 5개의 결각을 가지고 있기도 하지만, 모양은 매우 다양하며, 붉은색과 노란색의 화려한 단풍으로 유명함.
• 꽃: 크기가 작고, 군락을 이루며, 일반적으로 잎보다 먼저 돋아남.
• 열매: 독특한 열매를 맺는데, 구근 모양의 끝에 종이 같은

납작한 날개가 붙어 있으며, 공식적으로는 '열쇠'라고 알려져 있지만, '헬리콥터'로 더 많이 알려져 있음.
- 눈, 잎, 가지의 형태: 마주나기.

참나무류oaks
- 높이: 키가 크고, 폭이 넓음.
- 잎: 전부는 아니지만 많은 잎이 결각을 가지고 있음.
- 열매: 상록수를 포함한 많은 종과 형태가 있지만, 참나뭇과에 속하는 모든 나무는 쉽게 알 수 있는 열매인 도토리를 가지고 있음.
- 눈, 잎, 가지의 형태: 어긋나기.

포플러류poplars(**사시나무류**aspens **포함**)
- 높이: 상당히 키가 큰 나무로 다양한 형태가 있음.
- 잎: 떨리는 사시나무의 잎은 줄기가 유연하여 산들바람에도 눈에 띄게 흔들리며, 흰 포플러의 잎은 흰색 털로 덮여 있고 짧은 흰색 줄기를 가지고 있음.
- 눈, 잎, 가지의 형태: 어긋나기.
- 기타: 바닥이 얇은 로켓처럼 키가 크고 날씬한 양버들을 찾아보면 멀리서도 종종 볼 수 있음.

호두나무류walnuts
- 가지: 부러지거나 잘린 잔가지는 중앙에 속이 드러나며, 겨울에는 떨어지는 낙엽에 의해 말굽 모양의 상처가 있음.

- 잎: 가장자리가 매끄럽고 끝이 뾰족하고 긴 형태이며, 줄기에 5개에서 많게는 25개의 폭이 좁고 작은 잎들로 구성되어 있음. 종에 따라 다양하고, 잎을 으깨면 강하고 매콤하거나 시트러스한 향이 남.
- 열매: 일부는 크고 둥근 녹색 열매로 식용 견과를 감싸고 있음.
- 눈, 잎, 가지의 형태: 어긋나기.
- 서식지: 야생 호두나무는 경쟁자를 죽이기 위해 독을 배출하기 때문에 때때로 야생 호두나무 아래 토양이 드러나기도 함(타감 작용).

버드나무류willows

- 높이: 일부는 관목이고 일부는 중소형임.
- 가지: 잔가지로 채찍처럼 유연함.
- 눈: 하나의 눈이 잔가지와 평행하게 뻗어 나뭇가지를 단단히 감싸고 있음.
- 잎: 대부분 길고 좁은 형태이며, 잎 중앙에 옅은 맥이 있음(주목할 만한 예외 사항: 호랑버들은 잎이 더 넓고 타원형이며, 잎 끝이 비틀어져 있음).
- 눈, 잎, 가지의 형태: 어긋나기.
- 서식지: 물 근처에서 흔히 볼 수 있으며, 강과 개울에서 흔히 발견됨.

침엽수

때로는 멀리서 봐도 침엽수라는 것을 알 수 있지만, 특히 나무 바로 옆에 서 있다 하더라도 보고 있는 나무가 어떤 종류의 침엽수인지 알아내기는 쉽지 않다.

아래에 언급된 모든 침엽수는 달리 명시하지 않는 한 상록수를 의미한다.

삼나무류cedars

- 높이: 키가 큼.
- 잎: 잔가지에서 튀어나온 것처럼 보이는 암녹색 바늘잎이 소용돌이 형태를 이룸.
- 열매: 크기가 크고, 위쪽으로 세워진 원통 모양의 솔방울을 가지고 있음.
- 서식지: 건조한 지역이 원산지이지만, 공원과 넓은 정원의 특징적인 식물로 널리 사용됨.
- 기타: 심재가 노출될 경우 향긋한 냄새가 남.

삼나무의 가지는 다양하지만 도움이 되는 구별 방법이 있다. 아틀라스개잎갈나무는 위로 상향하는 가지를, 레바논시다는 수평 가지를, 개잎갈나무는 아래로 하향하는 가지를 가지고 있다. 바깥쪽 가장자리에 있는 가지들 중 가장 어린 가지에 적용하면 가장 효과적이다. 이 모든 것은 상대적인 것으로, 각각의 경우 상단에 가까운 가지는 더 위쪽으로 상향하고, 바닥에 가까운 가지는 더 아래쪽으로 하향한다. 개잎갈나무는 끝이 눈에 띄게 아래로 처지는 몇 안 되는 나무 중 하나이다. 나는 레바논시다가 마치 수십 개의 팔을 가진 것처럼 보이며, 각각 평평한 단풍 쟁반을 들고 있다고 생각한다. 서부 적삼나무와 북부 백삼나무는 측백나뭇과 눈측백속에 속하며, 바늘잎 대신 평평하고 여러 갈래로 갈라진 비늘 모양의 잎을 가지고 있으며, 다른 삼나무보다 금백과 더 비슷하다. 서부 적삼나무는 붉은 껍질과 잎이 있으며, 으깨면 파인애플 냄새가 난다. 북부 백삼나무는 잎 밑면에 흰색 띠가 있지만, 서부 적삼나무는 그렇지 않다.

측백나무류cypresses

- 높이: 키가 크지만, 정원에서는 더 작게 키우는 경우가 많음.
- 가지: 납작한 나뭇잎이 가지를 뒤덮고 있어 가지가 잘 보이지 않음.
- 잎: 고사리처럼 편평한 형태이며, 길게 갈라진 작은 잎들이 서로 약간 겹쳐져 있음.
- 열매: 비교적 작은 구형 솔방울, 각 비늘 중앙에서 뾰족한 돌출부가 있음.
- 기타: 이탈리아 측백나무는 따뜻하고 건조한 기후 속에 자랑하듯 큰 키에 원통형 모양으로 서 있으며, 금백은 종종 윗부분이 구부러져 있고 꼭대기에 있음.

전나무류firs

- 잎: 편평한 잎사귀를 가지고 있으며, 끝이 날카롭지 않고

둥글고 부드럽고 구부러지기 쉬움.

- 열매: 대부분 침엽수의 솔방울은 아래쪽으로 향하는 경향이 있지만, 삼나무의 솔방울과 거의 모든 전나무의 솔방울은 예외이며 전 나무는 위쪽을 향하는 직립형 솔방울을 가지고 있음. 전나무의 솔방울은 창공을 가리킴.

미송Douglas fir

- 높이: 곧은줄기를 가진 매우 키가 큰 나무로 자람.
- 수피: 거침.
- 가지: 위로 뻗어 올라감.
- 열매: 특이하게도 솔방울이 아래를 향하고 있음.
- 기타: 미송을 기억하기 위해 내가 즐겨 사용하는 특이한 기법을 알려주려고 한다. 특이한 기법이기 때문에 아무 소용이 없다면 무시해도 된다. 미송의 솔방울 비늘 각기에는 세 갈래로 갈라진 포엽bract이 있다. 포엽이 어떻게 생겼는지에 대한 설명은 여러 가지가 있다. 일부에서는 쥐의 뒷다리와 꼬리라고도 한다. 내게는 포엽이 왕관처럼 보인다.

솔송나무류hemlocks

- 높이: 키가 큼.
- 잎: 모든 잎이 실제 바늘보다 넓으며, 일부 잎은 눈에 띄게 작고 다른 잎과 다른 방향을 향하고 있음. 잔가지에 잎들이 너저분해 보임. 끝이 둥글고 윗부분은 광택이 나며, 짙은 색이고, 밑에 두 개의 흰색 선이 있음.

- 열매: 달걀 모양의 솔방울은 아래쪽을 향하고, 넓은 비늘을 가지고 있음.
- 서식지: 강수량이 많은 지역에서 흔함.

향나무류junipers

- 높이: 키가 작으며, 끝이 뾰족한 관목처럼 보임.
- 수피: 얇고, 잘 벗겨지는 껍질은 좁은 줄기를 너저분하게 보이게 함.
- 가지: 땅 근처 아주 낮은 위치에서 시작해 위로 뻗어나감.
- 잎: 날카롭고 뾰족한 바늘잎은 세 개로 그룹화되어 있음. 청록색이고, 으깨면 향기롭고 진gin 냄새가 나며, 바늘잎의 윗면에는 연한 흰색 왁스 선이 있음.
- 열매: 딱딱하고, 녹색인 베리류가 흰색 꽃이 피면 진한 파란색으로 변함.
- 서식지: 북반구 전역에서 발견되지만, 주로 햇볕이 잘 드는 곳에서 자라며, 대부분의 다른 침엽수보다 높은 고도에서도 생존할 수 있음.

잎갈나무류larches

- 높이: 키가 큼.
- 잎: 바늘잎 군락이 잔가지에 무리를 형성하며, 침엽수 가운데 겨울에 잎이 떨어지는 나무임. 특유의 울퉁불퉁한 잔가지만 남음. 숲 바닥에 떨어진 바늘잎이 카펫처럼 쌓여 있는 것을 종종 볼 수 있음. 잎은 대부분의 다른 침엽수보다 열

은 색이며, 여름이 지나면서 조금씩 어두워지고, 가을이 다 가오면 노란색이나 주황색으로 물듦.
- 열매: 작고, 직립 형태의 솔방울을 가지고 있음.
- 서식지: 빛을 좋아해 남향 경사면을 선호하며, 그늘이 짙은 곳에서는 서식하지 않음.

소나무류pines
- 가지: 키가 큰 나무의 경우 하부 가지가 떨어져 나가면서 윗부분이 무거워지고 아래쪽 줄기가 맨살을 드러내게 됨.
- 잎: 바늘잎은 1개, 2개, 3개 또는 5개씩 쌍을 이루는데, 길고 가늘며, 유연함.
- 열매: 2개의 바늘잎이 쌍을 이루고 있는 소나무는 쪼그리고 앉은 듯한 둥근 솔방울을 가지고 있으며, 3개의 바늘잎이 쌍을 이루는 소나무는 매우 큰 구형 솔방울을 가지고 있음. 5개의 바늘잎이 쌍을 이루는 소나무는 원통형 솔방울을 가지고 있음. 솔방울의 비늘은 맑은 날씨에는 열리고, 젖으면 닫힘. 솔방울은 뻣뻣하고 쉽게 구부러지지 않지만, 일부 바늘잎이 5개씩 쌍을 이루는 소나무는 더 부드러움. 많은 솔방울의 비늘에는 일반적으로 중앙 근처에 약간 돌출된 돌기가 있음. 가까이서 보면 작은 산처럼 보임. 솔방울은 고산 식물임.

- 유럽 소나무Scotch pine: 쌍으로 약간 꼬여 있고, 청회색 단풍이 짐. 나무껍질은 주황색 색조가 위로 갈수록 강해짐.

- 이탈리아 석송Italian stone pine 또는 우산 소나무umbrella pine: 파라솔 효과를 냄.
- 오스트리아 소나무Austrian pine: 껍질이 두꺼움.
- 몬터레이 소나무Monterey pine: 바늘잎이 3개씩 쌍을 이룸.

가문비나무류spruces

- 높이: 키가 크며, 원뿔형의 수관을 가지고 있음.
- 잎: 가문비나무 잎은 바늘보다 평평하지만, 엄지와 검지 사이로 굴렸을 때 측면의 느낌이 일반 연필과 비슷함(횡단면이 마름모꼴임). 전나무 잎은 너무 평평해서 이렇게 할 수 없으며, 바늘은 뻣뻣한 느낌이 듦.
- 열매: 솔방울은 너비보다 눈에 띄게 길며, 나뭇가지에 매달려 아래쪽을 향하고 있고, 비늘은 솔방울보다 얇고 물고기 비늘과 비슷하며, 전체 솔방울은 다른 침엽수의 솔방울보다 부드럽고 유연함.
- 전나무와 가문비나무의 차이점: 전나무의 잎은 가문비나무 잎보다 끝이 약간 부드럽다. 손에 닿는다면 잎사귀를 한 줌 쥐어보고, 약간 아프고 따끔거리는 느낌이 든다면 전나무보다는 가문비나무일 가능성이 높다. 잔가지에서 잎을 떼어보자. 잎이 떨어지는 방식에 하나의 단서가 있다. 가문비나무 잎은 줄기를 향해 다시 휘어진다. 전나무 잎은 줄기에서 퍼져 나간다.

주목류yews

- 높이: 오랫동안은 키가 작은 상태이지만 수명이 길고 천천히 자라기 때문에 결국에는 더 인상적인 높이에 도달할 수 있음.
- 수피: 벗겨지는 적갈색 껍질과 복잡한 모양의 줄기를 가지고 있음.
- 잎: 크기가 작고, 암녹색이며, 편평하고 부드러운 잎을 가지고 있음. 이 때문에 나무가 어둡고 위협적으로 느껴짐. 잎 뒷면은 흰색 선이 없고 더 옅은 색임.
- 열매: 선홍색이며, 베리류와 유사함.
- 기타: 다듬기가 쉬워 울타리 나무로 인기 있음. 캐노피 아래는 억압적인 느낌이 들 정도로 매우 어두우며, 밝은 변재에서는 나이테가 잘 보이지 않지만, 더 어두운 심재에서는 나이테를 볼 수 있음.

위에 팁들과 함께 앞서 배운 기법들을 활용하면 모양이나 형태, 서식지, 가족 관계를 이해하는 데 도움이 될 수 있다. 이를 통해 많은 의심을 제거할 수 있다. 예를 들어, 햇빛을 많이 받는 순서대로 나열하면 '소나무는 태양열을 느낀다'로 기억했던 것처럼 소나무, 전나무, 가문비나무, 솔송나무순이 된다. 그리고 '낮은 잎, 낮은 태양'도 도움이 된다.

키가 큰 침엽수의 매우 낮은 위치에 가지와 잎이 많다면, 햇볕을 좋아하는 소나무보다 그늘에 잘 견디는 솔송나무일 가능성이 높다.

마지막으로 한 가지 더 특이한 팁이 있다. 자주 보는 침엽수와 친구가 되는 것이 정말 도움이 된다. 자주 이용하는 경로에서 특정 침엽수를 발견하면 지나갈 때마다 인사를 건네고, 그 관계를 유지하도록 하자. "안녕, 가문비나무" "안녕, 소나무" "안녕, 전나무"라고 차례로 말해보자. 이상하게 들릴지도 모르지만 도움이 된다. 친숙함과 인지도가 높아진다.

감사의 말

불과 몇 년 전만 해도 보이지 않던 무언가를 보지 않고는 1분도 걸을 수 없을 때, 나는 다른 사람들도 이러한 변화를 누릴 수 있다는 신호로 생각했다. 이는 책에 대한 아이디어로 이어졌다. 그 후부터는 협업의 과정이었다.

이 책이 나오기 전 아주 초기에 나는 문학 에이전트인 소피 힉스Sophie Hicks, 영국 및 미국 출판 발행인인 루퍼트 랭커스터Rupert Lancaster와 니컬러스 시젝Nicholas Cizek과 대화를 나눴다. "우리가 나무에서 볼 수 없는 것들에 관한 좋은 책이 몇 권 있었어요"라고 내가 말했다. "우리가 볼 수 있는 것들에 관한 책도 써야 할 것 같아요." 소피, 루퍼트, 닉, 그리고 이 단순한 나의 아이디어를 뒤엎고 철저한 전문성을 바탕으로 이 책을 쓰는 매 단계 즐겁게 만들어 준 여러분께 감사드린다.

특히 매슈 로Matthew Lore, 시아라 몬게이Ciara Mongey, 레베카 먼디Rebecca Mundy, 제니퍼 헤르겐로더Jennifer Hergenroeder, 헬렌 플러드Helen Flood, 도미닉 그리벤Dominic Gribben, 마야 콘웨이

Maya Conway를 비롯한 셉터Sceptre와 더 익스페리먼트The Experiment의 팀원들에게 감사의 말씀을 전하고 싶다.

멋진 일러스트를 제공해 준 닐 가워Neil Gower와 전문적인 도움을 주신 헤이즐 옴Hazel Orme에게 감사드린다. 무대 뒤에서 중요한 일을 해준 사라 윌리엄스Sarah Williams와 모라그 오브라이언Morag O'Brien에게도 감사드린다.

책을 쓰는 데는 많은 수고가 따르지만, 기쁨과 놀라움도 많다. 내게 가장 큰 즐거움은 새로운 단서를 발견하고 새로운 친구와 지인을 사귀는 것인데, 꼭 순서가 정해져 있지는 않다. 새로운 단서나 오래된 것을 바라보는 새로운 시각을 소개해 주는 사람을 만날 때면 두 배의 기쁨을 느끼며, 영원히 소중히 간직하고 있다. 이 책에 이러한 기쁨을 가져다준 많은 분께 감사의 말씀을 전한다. 이저벨라 트리, 콜린 엘퍼드, 스티븐 헤이든, 사라 테일러, 알라스테어 호치키스, 시간을 내어 나와 만나고 여러분의 경험을 공유해 주셔서 감사하게 생각한다. 시간을 내서 나와 만나고 책에 도움을 주었을 뿐만 아니라, 훌륭한 연구와 집필을 해주신 피터 토머스에게도 특별한 감사를 표한다.

모든 가족에게 감사드리며, 현명한 피드백을 제공해 준 여동생 시오반 메이친Siobhan Machin과 사촌인 해나 스크레이즈Hannah Scrase에게도 큰 감사를 드린다.

강연에 와주시고, 강의를 들으시고, 나의 이전 책들을 읽어 주신 모든 분께 감사드린다. 여러분의 도움으로 이 책이 출간될 수 있었다.

내가 집중할 수 있도록 사랑과 지지를 아끼지 않는 아내 소피Sophie와 아들 벤Ben과 비니Vinnie에게 감사의 마음을 전하고 싶다. 내가 산책을 하다가 잠시 멈춰 서서 무언가를 들여다볼 수 있도록 길을 벗어날 때마다 집중할 수 있도록 가족들이 많이 도와주었다.

의심하지 않는 생명체에게 다가가는 동안 잠깐의 지연이 발생한다. 공기는 긴장감으로 가득 차고 개들도 참을성 있게 기다려준다. 이제 덤불에서 나와 가족들을 가까이 불러 모으고 관찰의 결실을 나눈다. 새롭고 놀라운 관찰 결과를 설명한 후, 나는 잠시 멈춰서 모든 것을 받아들이려고 한다. 나는 작은 인정이나 짧은 박수를 기다릴 뿐 거창한 것은 바라지 않는다. 아니면 아들 중 한 명이 이 순간이 얼마나 고양되고 영감을 주는지 몇 마디 해줄 수도 있을 거다. 하지만 그런 일을 일어나지 않는다. 불만 섞인 웅성거림이 정적을 깨뜨린다. 아내와 두 아들의 얼굴, 세 사람의 표현에는 저마다의 의미가 담겨 있다. 불만은 조롱으로 이어진다. 무심한 가족들이다. 이럴 때 나는 길을 벗어나 다른 조사 대상을 찾는다.

참고문헌

1. Hirons, Andrew, and Peter A. Thomas. *Applied tree biology*. John Wiley & Sons (2018).
2. Ustin, Susan L., and Stéphane Jacquemoud. "How the optical properties of leaves modify the absorption and scattering of energy and enhance leaf functionality." *Remote sensing of plant biodiversity* (2020): 349-384.
3. Ennos, Roland. *Trees(Smithsonian's Natural World Series)*. Smithsonian (2021).
4. Kramer, P. J., and Stephen G. Pallardy. "The physiological ecology of woody plants." *Academic Press, Inc., San Diego, California*657 (1991): 155-158.
5. 오토 웬스쿠스Otta Wenskus 교수, 개인 서신 (2021년 1월 29일).
6. Kramer, P. J., and Stephen G. Pallardy. "The physiological ecology of woody plants." *Academic Press, Inc., San Diego, California*657 (1991): 155-158.
7. Thomas, Peter A. *Trees: their natural history*. Cambridge University Press (2000).
8. fullbooks.com/Poems-of-Coleridge3.html.
9. Oldeman, R. A. A., and P. B. Tomlinson. "Tropical trees and forests an architectural analysis." *Springer-Verlag* (1978).
10. Hirons, Andrew, and Peter A. Thomas. *Applied tree biology*. John Wiley & Sons (2018).
11. 이 속담은 '사람'이 '나무'를 대신하여 널리 퍼져 있는 속담을 개인적으로 재구성한 것이다. 실제 유래는 불분명하고 논쟁의 여지가 있지만 아인슈타인이 한 것으로 알려져 있다.
12. Kramer, P. J., and Stephen G. Pallardy. "The physiological ecology of woody plants." *Academic Press, Inc., San Diego, California*657 (1991): 155-158.
13. 위와 같음.

14. Ennos, Roland. *Trees(Smithsonian's Natural World Series)*. Smithsonian (2021).
15. Irving, Henry. *How to know the trees*. Cassell and Company (1911).
16. en.wikipedia.org/wiki/Tolpuddle_Martyrs_Tree (2022년 6월 8일).
17. 사라 테일러의 개인 서신 (2022년 6월 18일).
18. Hirons, Andrew, and Peter A. Thomas. *Applied tree biology*. John Wiley & Sons (2018).
19. Thomas, Peter A. *Trees: their natural history*. Cambridge University Press (2000).
20. Wohlleben, Peter, and Jane Billinghurst. *Forest Walking: Discovering the Trees and Woodlands of North America*. Greystone Books Ltd (2022).
21. Thomas, Peter A. *Trees: their natural history*. Cambridge University Press (2000).
22. Kramer, P. J., and Stephen G. Pallardy. "The physiological ecology of woody plants." *Academic Press, Inc., San Diego, California*657 (1991): 155-158.
23. 사라 테일러의 개인 서신 (2022년 6월 18일).
24. Mattheck, Claus. *Stupsi explains the tree: A hedgehog teaches the body language of trees*. Forschungszentrum Karlsruhe (2002).
25. Ennos, Roland. *Trees(Smithsonian's Natural World Series)*. Smithsonian (2021).
26. Thomas, Peter A. *Trees: their natural history*. Cambridge University Press (2000).
27. Mattheck, Claus. *Stupsi explains the tree: A hedgehog teaches the body language of trees*. Forschungszentrum Karlsruhe (2002).
28. Watson, Bob. *Trees: Their use, management, cultivation and biology-A comprehensive guide*. Crowood (2013).
29. Mitchell, Alan. "A field guide to the trees of Britain and northern Europe." *A field guide to the trees of Britain and northern Europe* (1974).
30. Richter, Jean Paul. *The notebooks of Leonardo da Vinci*. Courier Corporation (1970).
31. roys-roy.blogspot.com/2013/10/someunusualchurches.html.
32. Irving, Henry. *How to know the trees*. Cassell and Company (1911).
33. Douglass, William Tregarthen. "THE NEW EDDYSTONE LIGHTHOUSE.(INCLUDING PLATES AT BACK OF VOLUME)"

In *Minutes of the Proceedings of the Institution of Civil Engineers*75, no. 1884 (1884): 20-36.
34. 사라 테일러의 개인 서신 (2021년).
35. 킹리 베일 자연 보호 구역에서 본 표지판.
36. 사라 테일러의 개인 서신 (2021년).
37. Mattheck, Claus. *Stupsi explains the tree: A hedgehog teaches the body language of trees*. Forschungszentrum Karlsruhe (2002).
38. 위와 같음.
39. Mattheck, Claus, and Helge Breloer. *The body language of trees: a handbook for failure analysis* (1994).
40. 위와 같음.
41. Hirons, Andrew, and Peter A. Thomas. *Applied tree biology*. John Wiley & Sons (2018).
42. 위와 같음.
43. Wohlleben, Peter, and Jane Billinghurst. *Forest Walking: Discovering the Trees and Woodlands of North America*. Greystone Books Ltd (2022).
44. arstechnica.com/science/2017/09/moldy-mayhem-can-followfloods-hurricanes-heres-why-you-likely-wont-die.
45. courses.lumenlearning.com/microbiology/chapter/spontaneous-generation.
46. Watson, Bob. *Trees: Their use, management, cultivation and biology-A comprehensive guide*. Crowood (2013).
47. Ennos, Roland. *Trees(Smithsonian's Natural World Series)*. Smithsonian (2021).
48. Hörnfeldt, Roland, Myriam Drouin, and Lotta Woxblom. "False heartwood in beech Fagus sylvatica, birch Betula pendula, B. papyrifera and ash Fraxinus excelsior-an overview." *Ecological Bulletins* (2010): 61-76.
49. Ennos, Roland. *Trees(Smithsonian's Natural World Series)*. Smithsonian (2021).
50. McCormick, Michael, et al. "Climate change during and after the Roman Empire: reconstructing the past from scientific and historical evidence." *Journal of Interdisciplinary History*43.2 (2012): 169-220.
51. Kramer, P. J., and Stephen G. Pallardy. "The physiological ecology of woody plants." *Academic Press, Inc., San Diego, California*657 (1991):

155-158.
52. Hirons, Andrew, and Peter A. Thomas. *Applied tree biology*. John Wiley & Sons (2018).
53. northernarchitecture.us/thermal-insulation/naturaldefects.html.
54. Thomas, Peter A. *Trees: their natural history*. Cambridge University Press (2000).
55. Wessels, Tom. *Forest forensics: a field guide to reading the forested landscape*. The Countryman Press (2010).
56. Hirons, Andrew, and Peter A. Thomas. *Applied tree biology*. John Wiley & Sons (2018).
57. Mattheck, Claus. *Stupsi explains the tree: A hedgehog teaches the body language of trees*. Forschungszentrum Karlsruhe (2002).
58. Pavey, Ruth. *Deeper Into the Wood*. Prelude Books (2021).
59. Kramer, P. J., and Stephen G. Pallardy. "The physiological ecology of woody plants." *Academic Press, Inc., San Diego, California*657 (1991): 155-158.
60. 사라 테일러의 개인 서신 (2021년).
61. Mattheck, Claus. *Stupsi explains the tree: A hedgehog teaches the body language of trees*. Forschungszentrum Karlsruhe (2002).
62. Watson, Bob. *Trees: Their use, management, cultivation and biology-A comprehensive guide*. Crowood (2013).
63. 브라이튼의 프레스턴 공원에서 존 터커와 나눈 대화(2021년 9월 28일)
64. Mattheck, Claus. *Stupsi explains the tree: A hedgehog teaches the body language of trees*. Forschungszentrum Karlsruhe (2002).
65. Hirons, Andrew, and Peter A. Thomas. *Applied tree biology*. John Wiley & Sons (2018).
66. Wohlleben, Peter, and Jane Billinghurst. *Forest Walking: Discovering the Trees and Woodlands of North America*. Greystone Books Ltd (2022).
67. Kidd, Celeste, and Benjamin Y. Hayden. "The psychology and neuroscience of curiosity."*Neuron*88, no. 3 (2015): 449-460.
68. wired.com/2010/08/the-itch-of-curiosity
69. en.wikipedia.org/wiki/Dodona
70. Hirons, Andrew, and Peter A. Thomas. *Applied tree biology*. John Wiley & Sons (2018).

71. Thomas, Peter A. *Trees: their natural history*. Cambridge University Press (2000).
72. Kuusk, Vivian, Ülo Niinemets, and Fernando Valladares. "A major trade-off between structural and photosynthetic investments operative across plant and needle ages in three Mediterranean pines." *Tree Physiology*38, no. 4 (2018): 543-557.
73. Manuela, Darren, and Mingli Xu. "Juvenile leaves or adult leaves: determinants for vegetative phase change in flowering plants." *International Journal of Molecular Sciences*21, no. 24 (2020): 9753.
74. Thomas, Peter A. *Trees: their natural history*. Cambridge University Press (2000).
75. Hirons, Andrew, and Peter A. Thomas. *Applied tree biology*. John Wiley & Sons (2018).
76. newscientist.com/lastword/ mg24933161-200-why-aretree-leaves-so-many-different-shades-ofmainly-green.
77. nwconifers.blogspot.com/2015/07/stomatal-bloom.html.
78. Hirons, Andrew, and Peter A. Thomas. *Applied tree biology*. John Wiley & Sons (2018).
79. Clapham, Arthur Roy, and B. E. Nicholson. *The Oxford book of trees*. Peerage Books (1975).
80. Thomas, Peter A. *Trees: their natural history*. Cambridge University Press (2000).
81. Irving, Henry. *How to know the trees*. Cassell and Company (1911).
82. Thomas, Peter A. *Trees: their natural history*. Cambridge University Press (2000).
83. 위와 같음.
84. Hirons, Andrew, and Peter A. Thomas. *Applied tree biology*. John Wiley & Sons (2018).
85. Watson, Bob. *Trees: Their use, management, cultivation and biology-A comprehensive guide*. Crowood (2013).
86. 사라 테일러의 개인 서신 (2021년).
87. Hirons, Andrew, and Peter A. Thomas. *Applied tree biology*. John Wiley & Sons (2018).
88. Johnson, Charles Pierpoint. *The Useful Plants of Great Britain: A Treatise Upon the Principal Native Vegetables Capable of Application as*

Food, Medicine, Or in the Arts and Manufactures. R. Hardwicke (1862).
89. Mattheck, Claus. *Stupsi explains the tree: A hedgehog teaches the body language of trees*. Forschungszentrum Karlsruhe (2002).
90. 위와 같음.
91. 위와 같음.
92. Watson, Bob. *Trees: Their use, management, cultivation and biology-A comprehensive guide*. Crowood (2013).
93. 콜린 엘퍼드는 윌트셔에서 산책하는 동안 이 점을 지적해 주었다 (2022년 3월).
94. en.wikipedia.org/wiki/Anna_Karenina
95. Zhang TaiJie, Zhang TaiJie, et al. "A magic red coat on the surface of young leaves: anthocyanins distributed in trichome layer protect Castanopsis fissa leaves from photoinhibition." (2016): 1296-1306.
96. Thomas, Peter A. *Trees: their natural history*. Cambridge University Press (2000).
97. silvafennica.fi/pdf/article535.pdf.
98. Kikuzawa, Kihachiro, and Martin J. Lechowicz.*Ecology of leaf longevity*. Springer Science & Business Media (2011).
99. wikipedia.org/wiki/William_Lucombe.
100. en.wikipedia.org/wiki/Dipteryx_odorata.
101. Bakker, Elna, and Gordy Slack.*An island called California: an ecological introduction to its natural communities*. Univ of California press (2023).
102. Bedini, Silvio A. "The scent of time. A study of the use of fire and incense for time measurement in oriental countries." *Transactions of the American Philosophical Society*53, no. 5 (1963): 1-51.
103. Kramer, P. J., and Stephen G. Pallardy. "The physiological ecology of woody plants." *Academic Press, Inc., San Diego, California*657 (1991): 155-158.
104. 위와 같음.
105. 피터 토머스의 개인 서신 (2022년).
106. Kramer, P. J., and Stephen G. Pallardy. "The physiological ecology of woody plants."*Academic Press, Inc., San Diego, California*657 (1991): 155-158.
107. 위와 같음.

108. Hirons, Andrew, and Peter A. Thomas. *Applied tree biology*. John Wiley & Sons (2018).
109. Kramer, P. J., and Stephen G. Pallardy. "The physiological ecology of woody plants."*Academic Press, Inc., San Diego, California*657 (1991): 155-158.
110. https://www.bbc.co.uk/blogs/natureuk/2011/05/oak-before-ash-in-for-a-splash.shtml
111. Ennos, Roland.*Trees(Smithsonian's Natural World Series)*. Smithsonian (2021).
112. Rackham, Oliver. *The Ancient Woods of the Helford River*. Little Toller Books (2019).
113. https://en.wikipedia.org/wiki/Marcescence
114. Thomas, Peter A. *Trees: their natural history*. Cambridge University Press (2000).
115. Hirons, Andrew, and Peter A. Thomas. *Applied tree biology*. John Wiley & Sons (2018).
116. telegraph.co.uk/environment/2022/07/27/uk-weatherengland-records-driest-july-century.
117. Kramer, P. J., and Stephen G. Pallardy. "The physiological ecology of woody plants." *Academic Press, Inc., San Diego, California*657 (1991): 155-158.
118. 위와 같음.
119. Thomas, Peter A. *Trees: their natural history*. Cambridge University Press (2000).
120. Irving, Henry. *How to know the trees*. Cassell and Company (1911).
121. Rodríguez-Gironés, Miguel A., and Luis Santamaría. "Why are so many bird flowers red?." *PLoS biology*2 no. 10 (2004): e350.
122. Kang, Jay Caspian. "The End and Don King." *Grantland. ESPN. Retrieved April*4 (2013)., McDougall, Christopher. *The Best American Sports Writing 2014*. Houghton Mifflin Harcourt (2014).
123. keele.ac.uk/arboretum/ourtrees/speciesaccounts/pedunculateoak.
124. Raimbault, P. "Physiological diagnosis." *The proceedings of the second European congress in arboriculture (Versailles 26–30 September 1995), Societe Francaise d'Arboriculture* (1995).
125. Savill, Peter, Christopher Perrins, Keith Kirby, and Nigel Fisher,

eds. *Wytham Woods: Oxford's ecological laboratory*. OUP Oxford (2010).

126. Hirons, Andrew, and Peter A. Thomas. *Applied tree biology*. John Wiley & Sons (2018).
127. Lewis-Stempel, John. *The Wood: The Life & Times of Cockshutt Wood*. Random House (2018).
128. Naylor, John. *Now Hear This: A Book About Sound*. Springer Nature (2021).
129. Hirons, Andrew, and Peter A. Thomas. *Applied tree biology*. John Wiley & Sons (2018).
130. 위와 같음.
131. gardeningknowhow.com/gardenhow-to/info/allelopathic-plants.htm
132. Kramer, P. J., and Stephen G. Pallardy. "The physiological ecology of woody plants."*Academic Press, Inc., San Diego, California*657 (1991): 155-158.
133. forestfloor.soilweb.ca/definitions/humus-forms

찾아보기

ㄴ

ㄷ

ㄹ

ㅁ

ㅂ

ㅅ

ㅇ

ㅈ

ㅊ

ㅋ

ㅌ

ㅍ

ㅎ

옮긴이 이충 성균관대학교에서 화학공학과 학사 및 석사 학위를 취득한 후, 동국대학교 경영전문대학원에서 경영학으로 석사 학위를 취득하였다. 그 후 국립환경과학원, 현대약품, 국제특허 법률사무소 등에서 근무하였고, 현재는 전문 번역가로 활동 중이다. 옮긴 책으로 《우리들은 닮았다》《진화의 역사》《티코와 케플러》《전염병 시대》 등이 있다.

감수 이경준 산림녹화유네스코(UNESCO)등재추진위원회 위원장이며, 서울대학교 산림과학부 명예교수다. 서울대학교 농과대학 임학과를 졸업하고, 미국 위스콘신대학교에서 임학과(수목생리학) 석사 학위를, 미국 플로리다대학교에서 박사 학위를 취득했다. 산림청 임목육종연구소에서 전문직연구원으로 있었으며, 미국 워싱턴대학교 국비파견 연구교수와 서울대학교 농업생명과학대학 산림과학부 교수를 역임했고 서울대학교 식물병원을 설립한 후, 초대원장 및 외래임상의를 지냈다. 지은 책으로는 《수목생리학》《수목의학》《산림과학개론》《한국의 산림녹화 70년》(공저) 《산림생태학》(공저) 등이 있다.

나무를 읽는 법

초판 1쇄 발행 2024년 8월 23일
초판 3쇄 발행 2024년 12월 10일

지은이 트리스탄 굴리
일러스트 닐 가워
옮긴이 이충
감수 이경준

책임편집 김정하
디자인 주수현

펴낸곳 (주)바다출판사
주소 서울시 마포구 성지1길 30 3층
전화 02-322-3675(편집) 02-322-3575(마케팅)
팩스 02-322-3858
이메일 badabooks@daum.net
홈페이지 www.badabooks.co.kr

ISBN 979-11-6689-283-7 03480